Kompetenzen festigen, überprüfen, nachweisen und erweitern

Auf den Abschlussseiten TERRA **KOMPETENT** können Sie Ihre Kompetenzen festigen und überprüfen.

Mit dem **Klausurtraining** können Sie sich auf die Klausuren in der Oberstufe vorbereiten.

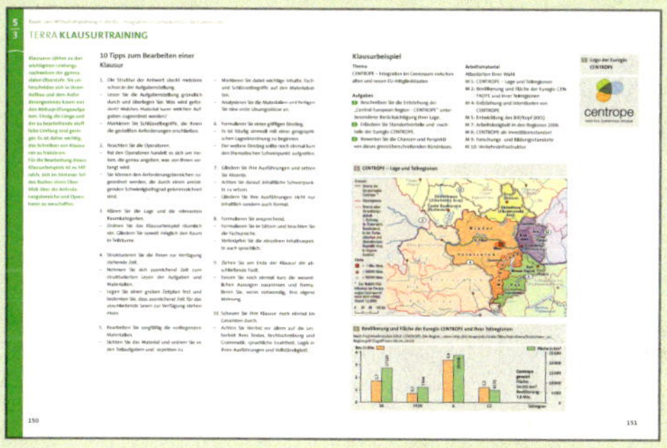

Arbeitsanhang:

Der **Arbeitsanhang** gibt Ihnen Hilfen für vertiefendes Arbeiten.
Über die Seitenangaben im Register können Sie sich z. B. bestimmte Begriffe und Inhalte des Buches erschließen.

Außerdem gibt es noch zusätzliche **Literaturhinweise** für die Vertiefung der Themen.

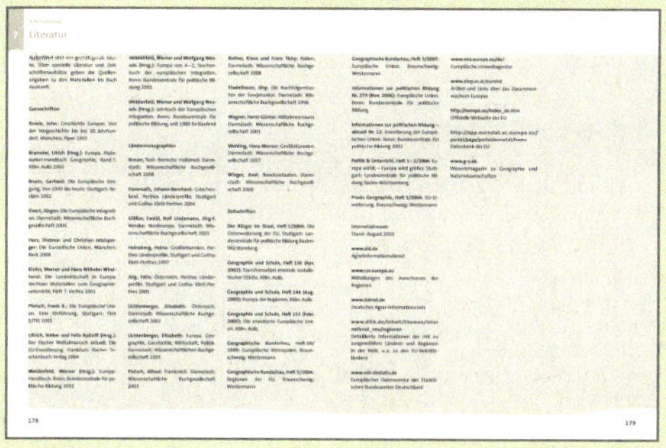

Vernetzt arbeiten

Europa – Kontinent zwischen Vielfalt und Identität – Europäische Identität – Vision oder Realität?

Der Kolumnentitel auf der linken oberen Buchseite zeigt Ihnen jederzeit, in welchem Kapitel und Teilkapitel Sie gerade arbeiten.

Ballungsgebiet

Fette Begriffe im Text sind im dazugöhrigen Glossar definiert.

Seite 114/115
Ein Wirkungsgeflecht erstellen

Mit dem Verweispfeil in der Randspalte wird auf andere Seiten,

(s. Grafik 1)

durch Verweise in Klammern wird im Text auf Materialien, Aufgaben, ... verwiesen.

Zusatzangebot im Internet:

Weitere Materialien sowie Links zu den Themen dieses Buches finden Sie im Internet mithilfe von Online-Links.
Die Online-Links, z. B. 104105-4201, stehen immer oben auf der rechten Buchseite.

Material
Infoblatt Altindustriegebiete
104105-4201

Öffnen Sie die Internetseite www.klett.de/online und geben Sie den Online-Link im Suchfenster ein.

So gelangen Sie zum jeweiligen Material.

Titelbild: Die Öresundbrücke zwischen Kopenhagen und Malmö – seit 2000 in Betrieb.

1. Auflage 1 5 4 3 2 1 | 14 13 12 11 10

Alle Drucke dieser Auflage sind unverändert und können im Unterricht nebeneinander verwendet werden.
Die letzte Zahl bezeichnet das Jahr des Druckes.

Herausgeber: Arno Kreus, Aachen; Norbert von der Ruhren, Aachen
Autoren: Helmut Geiger, Sonthofen; Jens Bickel, Altenburg; Dr. Wilfried Korby, Korb; Arno Kreus, Aachen; Norbert von der Ruhren, Aachen
Mit Beiträgen von: Lorenz Deuringer, Marktoberdorf; Dr. Günther Dress, Kempten; Paul Lindner, Bretten; Jürgen Mackevicius, Kempten
Redaktion: Jens Bickel, Mandy Görner
Herstellung: Birgit Jäkel

Gestaltung: Nathanaël Gourdin & Katy Müller GbR, Leipzig
Umschlaggestaltung: Nathanaël Gourdin & Katy Müller GbR, Leipzig
Illustrationen: Steffen Butz, Karlsruhe; Bettina Eckenfelder, Wenigenlupnitz; Rudolf Hungreder, Leinfelden-Echterdingen; Diana Jäckel, Erfurt; Wolfgang Schaar, Grafing
Karten: Klett-Perthes, Gotha (Henry Waldenburger)
Satz: Druckmedienzentrum Gotha GmbH, Gotha
Reproduktion: Druckmedienzentrum Gotha GmbH, Gotha
Druck: Offizin Andersen Nexö, Leipzig

Printed in Germany
ISBN: 978-3-12-104105-3

9 783121 041053

Europa

Themenband Oberstufe

TERRA

Arno Kreus (Hrsg.)
Norbert von der Ruhren (Hrsg.)

Helmut Geiger
Jens Bickel
Dr. Wilfried Korby

Ernst Klett Verlag
Stuttgart · Leipzig

Inhalt

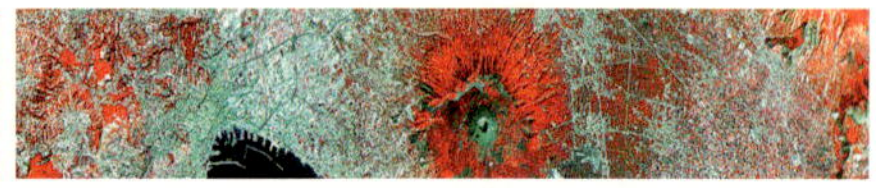

5

Raum- und Wirtschaftsplanung in der EU 128

6

Europäische Zusammenarbeit – Europa und die Welt 158

7

Arbeitsanhang 176

1 Europa – Kontinent zwischen Vielfalt und Identität

Wie kaum ein anderer Kontinent besitzt Europa eine über zweieinhalb Jahrtausende gewachsene Vielfalt. Rund 700 Millionen Menschen leben in fast 50 verschiedenen Ländern, sprechen Dutzende von Sprachen germanischen, romanischen oder slawischen Ursprungs, pflegen die unterschiedlichsten kulturellen Vorstellungen und Denkweisen, haben vielfältige historische Wurzeln und lange Zeit fast genauso vielfältige politische Vorstellungen.
Dennoch sind wir es gewohnt, von Europa als einem Kontinent zu sprechen und meinen damit nicht nur die geographische Dimension. In den letzten 20 Jahren, nach der Überwindung der Trennung zwischen „Ost" und „West", scheint der Weg zu einer europäischen Identität für alle 700 Millionen Bewohner des Kontinents frei.
Nationale Vielfalt und europäische Identität sind heute kein Widerspruch. Das zeigen das Bündnis der Europäischen Union genauso wie die wachsenden Verflechtungen der EU mit den anderen europäischen Ländern.

- Stellt die Vielfalt des Kontinents ein Hindernis für die Integration der Staaten dar oder ist sie vielmehr eine Bereicherung?
- Gibt es trotz aller Vielfalt so etwas wie eine europäische Identität?
- Wenn ja, wo liegen ihre Wurzeln?
- Welchen Raum umfasst dieses „Europa" eigentlich, wo sind seine Grenzen?
- Welche Ideen und Entwürfe für die Zukunft verbinden Europa?

Evropa Európa

Evropë Europa

Euroopa Ewropa Еўропа

Європа
Ευρώπη
Европа
Europe
Avrupa
Eoraip
Evrópa
Eurooppa
Eiropa
Еўропа

1.1 Europäische Identität – Vision oder Realität?

Kompetenzen in diesem Kapitel erwerben:
- Ideen, die Europa hervorgebracht hat, in ihren Grundzügen beschreiben;
- diese Ideen als mögliche Wurzeln einer europäischen Identität erörtern;
- Einflüsse anderer Regionen der Erde in ihrer Auswirkung auf Europa bewerten;
- in einem Kurzreferat wichtige Fakten geordnet darstellen und akzentuiert vortragen.

1 **Perikles (ca. 500–429 v. Chr.)**

2 **Platon (427–347 v. Chr.)**

Bei einem Kontinent mit so großer Vielfalt von Identität zu sprechen, erscheint auf den ersten Blick fragwürdig. Haben nicht jahrhundertelange nationalstaatliche Entwicklungen, Machtstreben, ideologische Auseinandersetzungen und Kriege gezeigt, dass Europa die kulturelle, geistige, sprachliche und politische Vielfalt kaum überwinden kann? Ein Blick zurück macht jedoch deutlich, dass es auch ein anderes Europa gibt. Über zweieinhalb Jahrtausende hinweg haben Epochen und geistige Strömungen Ideen entwickelt, die bis heute

3 **Wurzeln europäischer Identität**

Zu den wichtigsten Ideen, die Europa hervorgebracht hat, gehört die der **Demokratie**. Sie ist vor allem der griechischen Antike entsprungen, hat aber auch durch die Französische Revolution und besonders durch die Entwicklungen im Nachkriegseuropa Gestalt angenommen und ist heute die prägende Staatsform weltweit. Der griechische Staatsmann Perikles definierte sie für das Athen seiner Zeit: „Die Verfassung, die wir haben, ... heißt Demokratie, weil der Staat nicht auf wenige Bürger, sondern auf die Mehrheit ausgerichtet ist."

Ebenfalls in der Antike formulierte Platon eine **universale Weltsicht** über Europa hinaus: „Ich gelange immer mehr zu der Überzeugung, dass die Erde gewaltige Ausmaße besitzt und dass wir, die wir zwischen Phasus und den Säulen des Herkules ansässig sind, nur einen kleinen Teil davon bewohnen ... und dass es andernorts noch mancherlei verschiedene und große Völker gibt."

Nahezu 2000 Jahre später trat Erasmus von Rotterdam für eine Überwindung des Nationalismus in Europa ein und für einen Umgang der Staaten miteinander, der von der Leitidee des **Humanismus** geprägt sein sollte: „Der Engländer ist dem Franzosen Feind aus keinem anderen Grund, als weil er Franzose ist ... Der Deutsche ist wider den Franzosen und der Spanier wider beide. Welche Verkehrtheit: ein bloßer Ortsname bringt sie auseinander; gäbe es nicht genug Umstände, die sie zusammenbringen könnten? Du Engländer willst dem Franzosen übel – warum willst du nicht lieber als Mensch dem Menschen wohl?"

Etwa um die gleiche Zeit veröffentlichte Martin Luther seine 95 Thesen, die die Reformation einleiteten. Drei Jahre später verfasste er seine drei Hauptschriften, in denen er zentrale Wertvorstellungen des **Christentums** formulierte, wie z. B. in dem Text „Von der Freiheit eines Christenmenschen": „Nun sind diese und alle Gottes Worte heilig, wahrhaftig, gerecht, friedsam, frei und voller Güte ... Und obwohl der Christenmensch nun ganz frei ist, soll er sich gerade willig zum Diener machen, um seinem Nächsten zu helfen und mit ihm so umzugehen und zu handeln, wie Gott ihm durch Christus gehandelt hat ..."

Im politisch-gesellschaftlichen Bereich forderte der englische Arzt und Philosoph John Locke in seiner 1690 erschienen Schrift "Two Treatises on Government" als einer der ersten die **Freiheit und Gleichheit** aller Bürger: „Der Mensch wird, wie nachgewiesen worden ist, mit einem Rechtsanspruch auf vollkommene Freiheit und uneingeschränkten Genuss aller Rechte und Privilegien des natürlichen Gesetzes in Gleichheit mit jedem anderen Menschen ... geboren." Lockes Gedanken mündeten in die Forderung nach einem „Gesellschaftsvertrag" zwischen der Regierung

1 Beschreiben Sie, was Sie persönlich mit dem Begriff „europäische Identität" verbinden.

2 Wurzeln europäischer Identität
a) Wählen Sie aus den Texten eine Idee/Person aus, die Sie in besonderer Weise für eine „Wurzel Europas" halten.

Surftipp
Europäische Identität
104105-1101

als Wurzeln einer europäischen Identität gelten können. Verbunden waren diese Ideen immer wieder mit herausragenden Persönlichkeiten der Politik, Geschichte, Religion oder Philosophie. Dabei spannt sich der Bogen von der griechischen Antike mit Gelehrten wie Sokrates und Aristoteles bis hin zum 20. Jahrhundert mit Staatsführern wie Charles de Gaulle und Konrad Adenauer mit ihrer Vision von einem friedlichen, versöhnten Europa. Beispiele für bedeutende Ideen als geistige Wurzeln unseres Kontinents zeigt der folgende Überblick.

und den Bürgern, um die Freiheit und die Gleichheit jedes Einzelnen zu garantieren.
Im 18. Jahrhundert, dem Zeitalter der Aufklärung, entwarf der französische Philosoph Jean-Jacques Rousseau die Vision einer **Vereinigung von Staaten**, hier selbstverständlich am Beispiel Europas (1761): „Wenn es ein Mittel gibt, diese gefährlichen Widersprüche [gemeint sind Differenzen und militärische Bündnisse, die zum Krieg führen] zu lösen, so kann das nur durch eine Bundesregierung geschehen, die, indem sie die Völker durch Bande einigt – denen ähnlich, die die Individuen verbindet –, die einen wie die anderen in gleicher Weise der Autorität der Gesetze unterwirft. ... Das ist so gemeint, dass alle Mächte Europas unter sich eine Art von System bilden, das sich durch ein und dieselbe Religion, durch ein gleiches Völkerrecht, durch die Sitten, durch die Wissenschaften ... eint ...“

Zu den herausragenden geistigen Köpfen der Aufklärung gehörte neben Rousseau auch Immanuel Kant, der die Menschen aufforderte, von ihrer Vernunft Gebrauch zu machen und sich von der Bevormundung zu befreien: „Habe Mut, dich deines eigenen Verstandes zu bedienen.“ Auf dieser Basis entwickelte er seine Gedanken zum **Staatsprinzip der Republik** mit einer Teilung der staatlichen Gewalten und einer repräsentativen Struktur: „Der Republikanismus ist das Staatsprinzip der Absonderung der ausführenden Gewalt (der Regierung) von der gesetzgebenden ... Alle Regierungsform nämlich, die nicht repräsentativ ist, ist eigentlich eine Unform ... Zu jener aber, wenn sie dem Rechtsbegriffe gemäß sein soll, gehört das repräsentative System, in welchem allein eine republikanische Regierungsart möglich ist.“

Als im darauf folgenden Jahrhundert die Industrielle Revolution Europa von Grund auf veränderte und mit dem Arbeiterproletariat eine neue gesellschaftliche Klasse entstand, begründeten Karl Marx und Friedrich Engels die Ideologie des **Kommunismus**, in der die Forderung nach der Herrschaft des Proletariats zu einer der Leitideen wurde. Eine erste Umsetzung dieser „Diktatur des Proletariats“ sah Marx in der Pariser Kommune, die während der deutschen Belagerung der Stadt im Frühjahr 1871 entstand: „Die Kommune bildete sich aus den durch allgemeines Stimmrecht in den verschiedenen Bezirken von Paris gewählten Stadträten. Sie waren verantwortlich und jederzeit absetzbar. Ihre Mehrzahl bestand selbstredend aus Arbeitern oder anerkannten Vertretern der Arbeiterklasse.“
Rund sieben Jahrzehnte gab es in Europa kommunistische Staaten; die Idee spaltete den Kontinent vor allem nach dem Zweiten Weltkrieg in zwei Lager. Mit der deutschen Vereinigung 1990 und dem Auseinanderbrechen der Sowjetunion 1991 endete in Europa der Versuch der politischen Umsetzung der Marxschen Lehre.

4 John Locke (1632–1704)

5 Jean-Jacques Rousseau (1712–1778)

6 Karl Marx (1818–1883)

b) Erstellen Sie zu dieser Idee/Person ein Kurzreferat für Ihren Kurs (Schulbücher anderer Fächer, Biographien, Internet).

3 Diskutieren Sie in Ihrem Kurs, inwieweit die im Text vorgestellten Ideen Ihrer Ansicht nach tatsächlich als „Wurzeln einer europäischen Identität“ gelten können.

7 CentrO Oberhausen: Wie in einer US-„Mall“ wird „Shopping“ zum „Event“

8 Dalai Lama – ein geistiger Führer unser Zeit

Neue Einflüsse, neue Vorbilder – neue Identität?

Man könnte sagen, dass Europas universale Ideen den Kontinent selbst und darüber hinaus die Welt insgesamt beeinflusst und geprägt haben. Bei aller Richtigkeit dieser Annahme führt eine differenzierte Betrachtung zu Einschränkungen: Europa war im 20. Jahrhundert auch der Ausgangspunkt zweier Weltkriege und Ort faschistischer Regime und kommunistischer Diktaturen. Und in den Jahrhunderten zuvor betrieb man gegenüber großen Teilen der Welt einen Kolonialismus, der von Machtstreben und Ausbeutung gekennzeichnet war. Die Verbreitung europäischer Ideen und Werte erfolgte nicht selten auf dem Weg einer gewaltsamen „Zivilisierung“.

Heute stellt sich die Frage, ob im Zuge der Globalisierung nicht andere Regionen die geistige, kulturelle oder politische Führerschaft übernommen haben und nun ihrerseits Europa beeinflussen.

So sind die USA unbestritten zur ideologisch-politischen Leitmacht geworden, und der American Way of Life durchdringt seit dem Ende des Zweiten Weltkriegs den europäischen Alltag – längst sind Europa und die übrige Welt amerikanisiert.

Aus Asien dagegen wirken neben wirtschaftlichen Einflüssen z. B. auch spirituelle auf uns ein und bereichern (oder verdrängen?) traditionelle europäische Wertevorstellungen. Vor allem der Buddhismus und seine Strömungen erscheinen manchen Sinn suchenden Europäern als Alternative zum Tradierten. So gehört der tibetisch-buddhistische Dalai Lama nicht umsonst zu den großen Vorbildern gerade auch europäischer Jugendlicher.

4 „Man sollte die Einflüsse anderer Kulturen auf Europa zurückdrängen, da sie die Herausbildung einer europäischen Identität erschweren.“
Nehmen Sie zu dieser Aussage Stellung.

Surftipp
Was ist Europa?
104105-1201

1.2 Europa – ein Kontinent?

Europa wird als „**Kontinent**“ bezeichnet, worunter man in der geographischen Fachsprache eine große zusammenhängende Landmasse versteht einschließlich des Schelfbereichs und des Kontinentalsockels (bis 200 bzw. 2 400 Meter unter dem Meeresspiegel). Mithilfe dieser Definition lassen sich allerdings die Kontinente Europa und Asien nicht voneinander abgrenzen, sodass man häufig von „**Eurasien**“ spricht, das sich aus Europa und Asien zusammensetzt. Wo aber verläuft die Grenze zwischen diesen beiden Erdteilen?
Lange suchte man nach einer „Landmarke“, die als Trennungslinie zwischen Asien und Europa tauglich sein könnte, und bestimmte hierfür den Ural – im Süden ergänzt durch die Manytsch-Niederung zwischen dem Kaspischen und Asowschen/Schwarzen Meer. Bei genauerem Hinsehen zeigt sich jedoch, dass diese bis heute übliche physisch-geographische Abgrenzung zwischen Europa und Asien wenig sinnvoll ist. Das Uralgebirge mit seinen Ausläufern erstreckt sich zwar über mehr als 2 500 km und erreicht Höhen bis zu rund 1 900 m im Norden, verliert sich aber im Süden in Tiefebenen und Senken, aus denen erst nach über 1 000 km der Kaukasus bzw. die Hochgebirge Mittelasiens aufsteigen. Die gängige Abgrenzung Europas im Osten durch Uralgebirge und Manytsch-Niederung ist also sehr vereinfachend, ja eigentlich willkürlich.

Die Frage, inwieweit Europa eine kontinentale Einheit ist und wo deren Grenzen liegen, hat neben der geographischen auch eine politische und kulturelle Dimension. So verhinderte noch in jüngerer Zeit der „Kalte Krieg“ eine engere Kooperation oder gar ein Zusammenwachsen

1 Grenzstein Asien – Europa im Ural

aller europäischen Saaten. Der „Eiseren Vorhang“ schuf zwei völlig unterschiedliche Welten und war für nicht wenige Westeuropäer gleichzeitig eine Art Ostgrenze Europas. Noch viel länger bestand die äußerst tief greifende Trennung zwischen dem römisch-christlichen Europa und dem byzantinisch-orthodoxen. Und was ist mit dem Südosten Europas? Istanbul, die größte Stadt der muslimisch geprägten Türkei, gilt heute auch als bevölkerungsreichste Stadt unseres Kontinents – doch wo liegt dann Europas südöstliche Grenze? Am Bosporus oder an der Ostgrenze der Türkei zum Iran?

Kompetenzen in diesem Kapitel erwerben:
- die traditionellen Grenzen des Kontinents Europa beschreiben;
- die Eindeutigkeit und den Sinn dieser Abgrenzungen bewerten;
- den Weg Russlands zwischen Europa und Asien darstellen;
- die Frage erörtern, inwieweit man die Türkei als europäischen Staat sehen kann;
- ein Interview bzw. eine Befragung durchführen – hier zum Komplex „Europäische Identität“.

1 Beschreiben Sie anhand einer Atlaskarte die traditionellen geographischen Grenzen des Kontinents Europa, vor allem auch nach Asien hin.

2 Erläutern Sie, in welcher Weise Sie selbst Europa abgrenzen würden.

3 Diskutieren Sie, ob die Frage nach den Grenzen Europas heute überhaupt noch relevant ist.

2 St. Petersburg, Winterpalast – Residenz des Zaren

3 Modernes Moskau – Moskva City

Ist Russland ein europäisches Land?

Die Frage erscheint auf den ersten Blick kaum sinnvoll. Selbstverständlich ist die Hauptstadt Moskau eine europäische Metropole, z. B. mit dem höchsten Wolkenkratzer Europas, und ebenso selbstverständlich spielen russische Fußballmannschaften in europäischen Pokalwettbewerben – die Beispiele ließen sich fortsetzen. Und dennoch: Der flächenmäßig größte Teil Russlands befindet sich jenseits des Ural, also nach immer noch überwiegender Sichtweise in Asien. Und Russlands östlichste Großstadt, Wladiwostok, liegt am Pazifischen Ozean, einem Meer, dass wir zu Recht nicht mit Europa in Verbindung bringen. Auch hier ließen sich die Beispiele nahezu beliebig ergänzen.
Um die Frage zu beantworten, ist ein Blick in die Geschichte des Landes notwendig.

Europäisierung Russlands. Der asiatische Einfluss auf weite Teile des nordwestlichen Eurasiens rührte u. a. von den Mongolen her. Im Zuge ihrer Eroberungen unter Dschinghis Khan im 13. Jahrhundert wurden ganze Landstriche geplündert und gebrandschatzt. Die verbliebenen Siedlungen organisierte und verwaltete man nach den Vorstellungen der asiatischen Eroberer. Als die Mongolen sich nach dem gescheiterten Versuch, die Hansestadt Nowgorod zu erobern, zurückzogen, wurde der Weg für das zaristische Russland frei, an die alten Beziehungen zum Westen anzuknüpfen. Von Peter dem Großen bis heute sind immer wieder Tendenzen zu erkennen, Russland nach Westen hin auszurichten.

4 EU und Russland

„Eine noch umfassendere strategische Partnerschaft mit Russland in allen Bereichen der Politik und Wirtschaft ist das Ziel deutscher und europäischer Außenpolitik. Grundlage hierfür ist derzeit noch das Partnerschafts- und Kooperationsabkommen (PKA) von 1997. Wichtige Gremien der Zusammenarbeit auf Ministerebene sind die in dem Abkommen vorgesehenen „Ständigen Partnerschaftsräte", die bislang in den Bereichen Justiz und Inneres, Außenbeziehungen, Energie und Kultur abgehalten wurden. Auf dieser Basis haben sich die Beziehungen zwischen der EU und Russland in den letzten Jahren in vielen Bereichen intensiviert. [Es besteht] Einigkeit über eine engere Zusammenarbeit in vielen Bereichen, etwa im Energiesektor, beim Klimaschutz, in der Forschung und bei der Bewältigung internationaler Konflikte."

Auswärtiges Amt (Hrsg.): Die EU und Russland, vom 26.10.2009, unter: www.auswaertiges-amt.de/diplo/de/Aussenpolitik/RegionaleSchwerpunkte/Russland/Russland-und-EU.html

5 **Basar in Mittelasien**

6 **Ländliche Siedlung in Sibirien**

Kehrtwenden und Kontinuität. Eine politische Kehrtwendung, die räumliche Folgen hatte, ergab sich durch die Oktoberrevolution von 1917 und die darauf folgende Gründung der Sowjetunion. Auch wenn der kommunistische Staat die Erschließung Sibiriens vorantrieb und z. B. riesige Industriekombinate auf der Basis von Ressourcen (Bodenschätze, Wald, Wasser) errichtete, erfolgte die zentrale Steuerung der planwirtschaftlichen Vorgänge vom europäischen Moskau aus.

Nach dem Ende der Sowjetunion 1991 und den folgenden tief greifenden Veränderungen knüpfte die neue Russische Föderation noch mehr als bisher an die historisch angelegten, europäisch beeinflussten Strukturen an. Innerhalb weniger Jahre führten vor allem im urbanen Raum privatwirtschaftliches Handeln der russischen Bevölkerung, die Einführung der **Marktwirtschaft**, der Aufbau eines parlamentarischen Systems sowie ein intensiver wirtschaftlicher und kultureller Austausch mit westeuropäischen Ländern zu einer Angleichung der Strukturen in vielen Bereichen. Ein Supermarkt in Moskau oder St. Petersburg unterscheidet sich in seinem Warenangebot kaum von einem in Berlin oder Paris, und Ähnliches gilt für kulturelle oder Freizeitangebote.

Unterschiedliche Tendenzen. Die Frage nach der Europazugehörigkeit Russlands ist in einigen seiner Teilräume schwerer zu beantworten. Neben den russischen Siedlungen findet man in Sibirien häufiger solche, in denen seit Jahrhunderten ethnische Minderheiten leben, deren Herkunft meist Asien zuzuordnen ist. Diese „Ureinwohner" sind vergleichbar den Indianern Nordamerikas, aber ebenso wie diese eher marginalisiert.

Ambivalent sind auch die Vorgänge im russisch-chinesischen Grenzbereich. Während einerseits im Amurgebiet massive Neuansiedlungen europäisch-russischer Arbeitskräfte zur Ausbeutung der dortigen Bodenschätze zu beobachten sind, gibt es an der Grenze selbst entgegengesetzte Tendenzen: In Blagoweschtschensk z. B., einer russischen Stadt am Amur, dominieren immer stärker Chinesen das Geschäftsleben und bauen dort Strukturen auf, die eher dem asiatischen Kulturraum zuzuordnen sind.

4 Beschreiben Sie die in den Fotos dargestellten Impressionen von Russland.

5 „Ist Russland ein europäisches Land?" Erläutern Sie das Für und Wider bei der Beantwortung dieser Frage.

Die Türkei – der Südosten Europas?

7 Nach Europa und zurück – Territoriale Entwicklung der Türkei

8 Türkei und Europa – eine aktuelle Diskussion?

„Es war keineswegs der im Jahre 2004 von den Regierungen der 25 EU-Staaten getroffene Beschluss über den Beginn der Beitrittsverhandlungen mit der Türkei, der die heute so vehement geführte Diskussion um den EU-Beitritt der Türkei auslöste. Die Diskussion um den türkischen EU-Beitritt hat vielmehr eine lange Vorgeschichte; sie geht bis in die 1960er-Jahre zurück. So besteht bereits seit 1963 ein Assoziierungsvertrag der Europäischen Gemeinschaft mit der Türkei, und auf dieser Grundlage wurden in den Folgejahren mehrere Abkommen getroffen, wie z.B. der Beschluss über eine Zollunion zwischen EU und Türkei, die aber erst 1996 verwirklicht wurde. Korrekt ist wiederum, dass es gerade die im Jahre 2004 erfolgte massive Erweiterung der EU um zehn neue Mitglieder und die damals geplante Aufnahme weiterer Beitrittskandidaten waren, die die Diskussion in jüngerer Vergangenheit anheizten.

Die konfliktträchtige Diskussion um den Beitritt erfolgt auf sehr verschiedenen Ebenen. Der Streit zwischen Beitrittsgegnern und -befürwortern lässt allerdings oft vergessen, dass die ... Frage ‚Gehört die Türkei zu Europa?' nicht nur eine politische ist, sondern auch – und vielleicht sogar noch stärker – eine wirtschaftliche, kulturelle, religiöse und allgemein gesellschaftliche. Es wäre fatal, die Antwort nur in einem der vielen und mehrschichtigen Entscheidungsfelder zu suchen und entsprechend die Entscheidung einseitig aus einer Perspektive allein zu treffen."

Kreus, Arno und Norbert von der Ruhren: Gehört die Türkei zu Europa? In: Klett Magazin Terrasse, Nr. 2, 1. Hj. 2007. Stuttgart: Klett, S. 8

Material
Gehört die Türkei zu Europa?
104105-1202

Surftipp
Türkei und EU
104105-1203

9 Türkei zwischen Okzident und Orient

10 Die Türkei – ein europäischer Staat?

„Am augenfälligsten wird das Ergebnis der Europäisierung wohl im Stadtbild von Istanbul. Für die Türkei ist diese Stadt der Träger von Wirtschaft, Politik, Wissenschaft und Kultur – und nicht die Hauptstadt Ankara im fernen ostanatolischen Hochland. Hier, in Istanbul, boomen die Glaspaläste der Global Players, hier stellen Frauen die Hälfte der Studenten, hier streiten die Medien um die richtigen Reformen nach EU-Maß, hier laufen die entscheidenden Handels- und Verkehrsströme zwischen Orient und Okzident zusammen, hier bummeln die Touristen durch verkehrsberuhigte Einkaufs- und Fußgängerzonen mit modernen westlichen Geschäften. Kurz: Alles, was die Türkei zu einem europäischen Land macht, ist hier anzutreffen.
Die Beitrittsgegner werden ... schnell mit einem kompromisslosen Nein antworten und dabei auf folgende Fakten hinweisen: Der weitaus größte Teil der Staatsfläche liegt nach naturgeographischer Grenzziehung in Asien, und hier lebt auch die große Mehrheit der Bevölkerung. Die Religion der meisten Türken ist der Islam, dessen Entstehung und Schwerpunkt im vorderen Asien liegt. Die Türkei als Ganzes ist ein Land wirtschaftlicher Rückständigkeit – mit einem durchschnittlichen Pro-Kopf-Einkommen, das nicht einmal ein Fünftel des europäischen Durchschnitts erreicht."

Arno Kreus/Norbert von der Ruhren: Gehört die Türkei zu Europa? Ebenda, S. 8

11 Wirtschaftliche Grunddaten der Türkei und der jungen EU-Mitgliedstaaten im Vergleich (2008)

Nach Fischer Weltalmanach 2010. Frankfurt/M.: Fischer 2009, S. 121–544

	BIP/Kopf (Euro)	Arbeitslosigkeit (%)	Beschäftigte im Primären Sektor (%)	Handelsbilanz (Mrd. US-$)
Türkei	5 340	10,3	33,2	+34,4
Estland	7 800	9,2	7,0	−2,0
Lettland	5 980	9,8	15,5	+1,6
Litauen	5 275	11,2	17,8	−7,7
Polen	6 380	18,8	29,8	+14,1
Slowakei	6 920	18,2	6,2	−2,0
Tschechien	9 770	8,2	4,4	−0,6
Slowenien	13 100	6,5	9,7	+0,7
Ungarn	8 700	5,8	6,2	−4,7
Malta	11 150	7,3	1,9	−1,9
Zypern	14 785	5,0	8,0	−1,1
Bulgarien	2 300	13,0	25,6	−7,1
Rumänien	2 320	7,1	36,4	−7,4

6 Beschreiben Sie die territoriale Entwicklung der Türkei vom 14. Jahrhundert bis heute.

7 „Türkei – Land zwischen Okzident und Orient". Analysieren Sie unter diesem Aspekt die beiden Texte 8 und 10.

8 Bewerten Sie die wirtschaftliche Situation der Türkei an der Schwelle zur EU (Tabelle 11, ONLINE-Link).

9 Erörtern Sie die Frage einer türkischen EU-Mitgliedschaft.

TERRA **METHODE**

Interviews können zwei verschiedene Aufgaben erfüllen:
Indem Experten befragt werden, lassen sich Erkenntnisse vertiefen oder neue gewinnen. Hier dient die Befragung bzw. das Interview also der themen- und sachbezogenen Recherche.
Um eigene Ansichten zu einem Sachverhalt zu reflektieren oder zu erweitern, kann ebenfalls die Befragung anderer hilfreich sein. So bietet sich zum Beispiel die Möglichkeit, gewonnene eigene Einsichten und Überzeugungen durch Interviews mit den Vorstellungen anderer zu vergleichen.

Ein Interview führen

Zu den Grundlagen eines guten Interviews gehört, dass der Interviewer mit dem Thema, um das es geht, vertraut ist, dass er sich selbst gründlich informiert hat. Auf dieser Basis sollte er seine Befragung inhaltlich strukturieren, einzelne Themenbereiche abgrenzen und Fragen formulieren. Inwieweit man das Interview unmittelbar dokumentiert (Mitschrift, Aufnahme), hängt von seiner Komplexität ab, aber natürlich auch vom Einverständnis des Interviewten.

Anleitung zur Führung des Interviews

1. Schritt: Checkliste zum Interview vorbereiten

- Welches Interviewziel wird angestrebt?
- Wie soll die Kontaktaufnahme erfolgen?
- Welche Fragen sollen gestellt werden?
- Wie wird das Gespräch beendet?

2. Schritt: Fragenkatalog für ein strukturiertes Interview erstellen

- ein strukturiertes Interview hat einen vorab konstruierten Fragenkatalog zur Grundlage,
- Reihenfolge der Fragen und Frageformulierungen dürfen nicht geändert werden,
- Themenblöcke und sinnvolle Anordnung der Fragen müssen festgelegt werden,
- Überleitungsfragen zwischen den Themenblöcken sind zu formulieren.

3. Schritt: Interview durchführen

- die Interviewdauer auf höchstens eine Stunde begrenzen,
- am Ende sich für das Gespräch bedanken.

4. Schritt: Interview nachbereiten

- sinnvolle Kürzung von Fragen und Antworten,
- Fragen und Antworten vom Befragten autorisieren lassen,
- Überprüfen der Informationen und Analyse des Interviewinhaltes,
- Aufbereitung als Informationsquelle.

12 Fragetypen für ein Interview

Fragetypus	Merkmal	Einsatz und Wirkung	Beispiel
Offene Frage	Impuls setzen	Auflockerung der Gesprächsatmosphäre, Motivierung zum Reden, Einholen von Hintergrundinformationen	„Berichten Sie doch über Ihr ehrenamtliches Engagement“
Direkte Frage	konkrete Frage stellen	Sachverhalt wird direkt angesprochen	„Wie engagieren Sie sich denn genau?“
Rhetorische (Schein-) Frage	erwartet im Grunde keine Antwort	Eröffnungsplausch, Warming-up-Phase	„Wir sind uns doch einig, dass...
Indirekte Frage	fragt scheinbar nach Nebensächlichkeiten	Vermeidung von gezwungener Rationalität, Entlockung von Aussagen	„Sie sind ehrenamtlicher Vizepräsident der IHK. Bringt das Amt nicht viele Pflichten mit sich?“
Suggestivfrage	dem Befragten wird die Antwort unterschwellig nahegelegt	Testen der Stabilität des Befragten, zum Einschlagen oder Beibehalten einer bestimmten Gesprächsrichtung	„Meinen Sie nicht auch, dass...?“ „Gehe ich recht in der Annahme, dass...?“
Entscheidungs- (geschlossene) Frage	Antwort nur mit Ja oder Nein möglich	Zwingt den Befragten zu einer eindeutigen Aussage, Zusammenfassung von Ergebnissen	„Glauben Sie, dass...?“

13 „Dialog der Kulturen“

14 „… auf der Suche nach der europäischen Identität“

Eines der zentralen Themen des ersten Kapitels war die Frage nach einer europäischen Identität. Gibt es sie angesichts der Vielfalt der Staaten, Völker, Sprachen etc. überhaupt? Und wenn ja, auf welchen geographischen Raum bezieht sie sich? Inwieweit empfinden wir uns selbst als Europäer? Was bedeutet es für uns, Teil einer „Europäischen Union“ zu sein?

Spätestens nach der Arbeit mit Kapitel 1 wird bei Ihnen eine eigene Einstellung zu Ihrem „Europäertum“ entstanden sein. Es könnte von Interesse sein, wenn Sie diese eigenen Vorstellungen z.B. mit denen Ihrer Mitschüler vergleichen. Dieser Vergleich bzw. seine „Veröffentlichung“ in der Kursgruppe kann über die Reflexion hinausgehend einen Anstoß für eine Diskussion über die Fragen geben, mit denen sich das Kapitel „Europa – Kontinent zwischen Vielfalt und Identität“ auseinandersetzt.

Von besonderem Reiz könnte es sein, Schülerinnen und Schüler einer europäischen Partnerschule in das Interview mit einzubeziehen, indem man beispielsweise die zentralen Interviewfragen in Form eines Fragebogens zusendet und die Auswertung der Rückmeldungen mit den Aussagen der Kursgruppe vergleicht.

Ein Beispiel, das Ihnen beim Entwurf für einen Interview-Fragebogen helfen könnte, wäre z.B. folgende Einstiegsfrage:

a) Fühlst du dich in erster Linie als Europäer und dann als Bürger deines Landes oder eher umgekehrt?

b) ....

c) ....

10 Interview durchführen

a) Führen Sie mit Mitgliedern einer ausgewählten Gruppe (Mitschüler und Mitschülerinnen, Schüler einer europäischen Partnerschule, Familie, Freundeskreis ...) ein Interview zum Thema „Europäische Identität“ durch.

b) Stellen Sie anschließend die Ergebnisse Ihrer Interviews Ihrer Kursgruppe vor.

1 TERRA **KOMPETENT**

Die folgenden beiden Doppelseiten bieten die Möglichkeit der Selbsteinschätzung: Beherrsche ich das erforderliche Fachvokabular – verfüge ich tatsächlich über die mit der Bearbeitung dieses Kapitels angestrebten Sach-, Methoden- und Handlungskompetenzen? Überprüfen Sie sich selbst.

Wichtige Fachbegriffe
Eurasien
Europäisierung
Kontinent
Marktwirtschaft
Planwirtschaft

Die Definitionen dieser Begriffe finden Sie im Glossar (S. 180–185).

Wissen vernetzen

Der erste Gedanke, den wir mit Europa verbinden, wird mit großer Wahrscheinlichkeit die Europäische Union betreffen. Der Grund hierfür ist durchaus positiv, ist für die meisten von uns die EU doch mittlerweile ein selbstverständlicher Lebensraum geworden. Dennoch ist Europa mehr. Aber was umfasst dieses Mehr? Russland bis zum Ural oder doch bis Wladiwostok am Pazifik? Den „europäischen Teil" der Türkei oder doch das ganze Land bis zum Iran? Abgrenzungen für den Kontinent Europa sind nicht einfach, aber doch wichtig. Spätestens beim EU-Beitritt der Türkei wird die Frage danach, wo Europa endet, von Bedeutung: Ist die Türkei ein europäisches Land mit einem quasi gewachsenen Anspruch auf eine EU-Mitgliedschaft?

An die räumliche Frage schließt sich die nach einer europäischen Identität unmittelbar an. Die große Vielfalt Europas – z.B. in den Staaten, den Landschafts- und Kulturräumen und schließlich bei den Völkern – macht es auf Anhieb schwer, in ihr einen Reichtum zu sehen. Ist die Vielfalt nicht auch ein Integrationshemmnis? Eine Antwort hierauf könnte die EU geben mit ihrer Idee von der „Einheit in Vielfalt". Sie könnte in der Zukunft vielleicht auch ein Modell für das ganze Europa sein.
Die weiteren Kapitel dieses Bandes sollen Ihren eigenen Gedanken zu Europa eine sachlich fundierte Grundlage geben. Mit Ihrer Hilfe sollen Sie Europa in seiner Vielfalt kennen lernen, genauso aber auch das den Kontinent Verbindende.

1 Europa – Kontinent zwischen Vielfalt und Identität

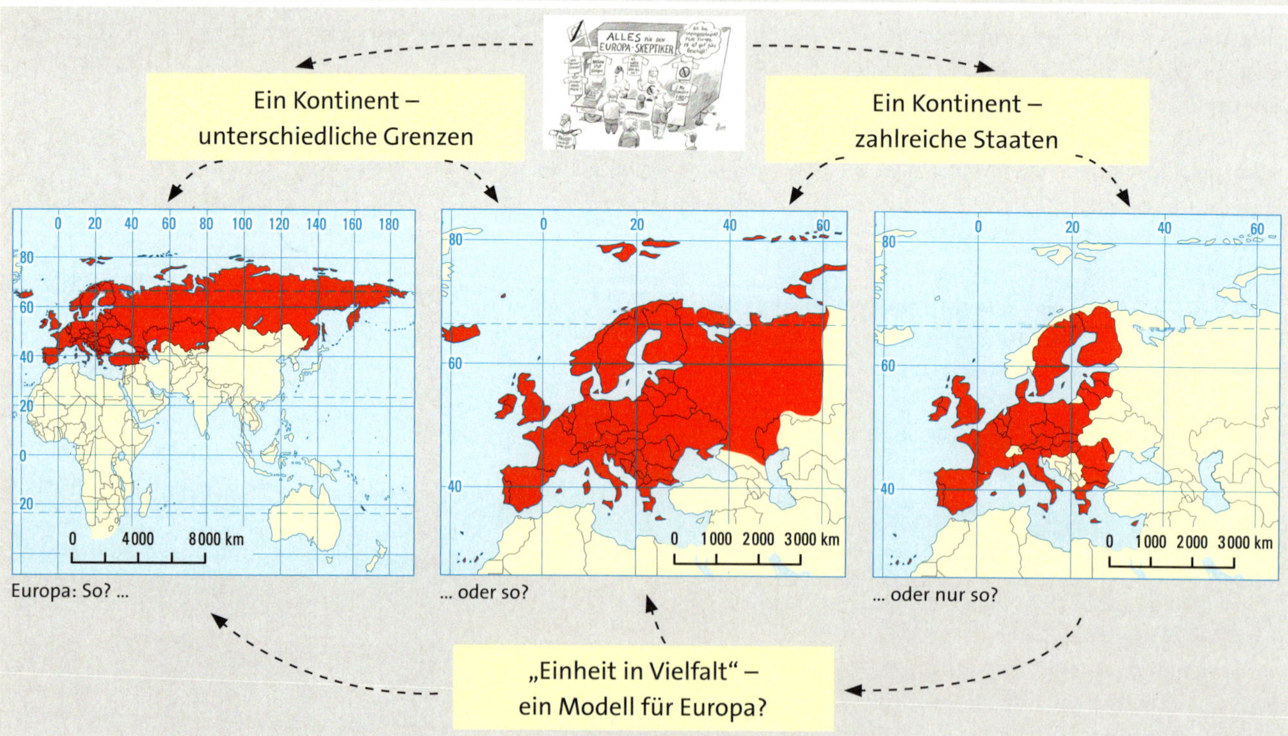

Material
Bogen zur Selbsteinschätzung
104105-1301

Kompetenzen überprüfen

Überprüfen Sie Ihre bei der Bearbeitung des Kapitels erworbenen Kompetenzen.
Nehmen Sie dabei die untenstehende Selbsteinschätzung Ihres Kompetenzstandes unter Verwendung der folgenden Klassifikation vor:
1 = stimmt
2 = stimmt überwiegend
3 = stimmt teilweise
4 = stimmt nicht
Eine Checkliste mit der Möglichkeit zum Kennzeichnen Ihres Kompetenzstandes steht Ihnen im Internetauftritt dieses Schulbuches unter dem Online-Link 104105-1301 zur Verfügung.

Führen Sie die Selbsteinschätzung zunächst allein durch. Vergleichen Sie dann die Ergebnisse im (Zweier-)Team. Arbeiten Sie schließlich Möglichkeiten und Methoden heraus, festgestellte Lücken zu schließen und Defizite zu beseitigen.
Wenn Sie Hilfe benötigen, wenden Sie sich an Ihre betreuende Lehrerin oder Ihren Lehrer.

Sachkompetenz – Ich kann ...
- grundlegende Ideen, die Europa hervorgebracht hat, beschreiben;
- die traditionellen Grenzen des Kontinents Europa darstellen;
- eine eigene Vorstellung von der Abgrenzung Europas erläutern;
- Grundzüge des Weges darlegen, den ein Land wie Russland mit seiner Lage auf zwei Kontinenten zwischen Asien und Europa gegangen ist;
- regionale Gegensätze im Erscheinungsbild des heutigen Russland beschreiben;
- die territoriale Entwicklung der Türkei von früher (14. Jahrhundert) bis heute in wesentlichen Punkten charakterisieren;
- Aussagen zur aktuellen wirtschaftlichen Situation der Türkei formulieren.

Methodenkompetenz – Ich kann ...
- ein Interview zu einer bestimmten Fragestellung vorbereiten und durchführen;
- Bilder zielgerichtet beschreiben;
- Texte unter einer Fragestellung analysieren und die herausgearbeiteten Textaussagen in den Themenzusammenhang einarbeiten.

Beurteilungskompetenz – Ich kann ...
- die Bedeutung wichtiger europäischer Ideen für das heutige Europa beurteilen;
- den Einfluss anderer Kulturen auf Europa kritisch abwägen;
- die Frage beurteilen, inwieweit Russland ein europäisches Land ist;
- mich erörternd mit dem Thema auseinandersetzen, wie es sich mit der Europa- und (möglichen zukünftigen) EU-Zugehörigkeit der Türkei verhält.

Handlungskompetenz – Ich kann ...
- mich in der Schule oder in Bereichen der Politik aktiv und fundiert an Diskussionen beteiligen, die sich mit europäischen Themen wie dem umstrittenen EU-Beitritt der Türkei auseinandersetzen.

2 Europa – Migration und Bevölkerung

Die Bilder sind erschreckend: Auf hoffnungslos überfüllten und kaum noch seetüchtigen Schiffen versuchen Männer und Frauen aus Afrika die Küsten Europas zu erreichen und hier Fuß zu fassen. Diese Bootsflüchtlinge erwecken zwar Mitleid, sie werden aber von den Staaten und Gesellschaften auf dem Alten Kontinent auch als Bedrohung und Gefahr empfunden. Dabei ist der Flüchtlingsstrom aus Afrika nur ein Teil der in den letzten Jahrzehnten auf Europa ausgerichteten Migration. Trotz immer aufwändiger ausgebauter Sicherungsanlagen an den Außengrenzen sowie verschärfter Grenz- und Visakontrollen wandern nach einschlägigen Schätzungen jährlich etwa 500 000 Migranten illegal ein. Hinzu kommen die im Rahmen einer geregelten Zuwanderung angeworbenen Arbeitskräfte. Europa, noch im 19. und beginnenden 20. Jahrhundert ein ausgesprochener Auswanderungskontinent, ist also heute ein bevorzugtes Ziel internationaler Migration.

- Wo liegen die Ursachen dieser Entwicklung?
- Welche Bedeutung hat Migration für die Wirtschaft und Gesellschaft eines Landes?
- Wie viel Zuwanderung verträgt ein Kontinent, ein einzelnes Land?
- Wie werden die Immigranten integriert?
- Kann Zuwanderung helfen, die Probleme alternder Gesellschaften zu lösen?

1 Europa als moderne Arche Noah (Graffiti in Rostock)

2.1 Vom Auswanderungs- zum Einwanderungskontinent

1 Mitte des 19. Jahrhunderts: Aufbruch nach Amerika

Kompetenzen in diesem Kapitel erwerben:
- Prozess der Emigration im 19. und 20. Jahrhundert mit seinen Ursachen beschreiben;
- Wandel Europas vom Auswanderungs- zum Einwanderungskontinent erläutern;
- Chancen und Probleme der aktuellen Zuwanderung nach Europa erörtern.

Emigration im 19. und 20. Jahrhundert

Als Massenphänomen trat die Auswanderung aus Europa bereits im 18. Jahrhundert auf. Ihre Höhepunkte erreichte sie dann aber vor allem ab der Mitte des folgenden Jahrhunderts. Weltweiter Kolonialbesitz europäischer Staaten, insbesondere Großbritanniens, bot die räumliche Alternative für Auswanderungswillige. Bevorzugte Migrationsziele waren Nord- und Südamerika, Südasien (Indien) und teilweise auch Südostasien sowie Südafrika. Australien war britische Sträflingskolonie. Konflikte mit der Urbevölkerung in den Zuwanderungsregionen gingen in der Regel zugunsten der Neuankömmlinge aus. So kam es zum Beispiel in Nordamerika zur fast vollständigen Ausrottung der Indianer. Erst der lang anhaltende wirtschaftliche Aufschwung im Gefolge der Industriellen Revolution seit der zweiten Hälfte des 19. Jahrhunderts verringerte nach und nach die Bedeutung Europas als Auswanderungskontinent.

2 Entwicklung der Auswanderung aus Deutschland nach Zielregionen 1871–1914

Asmut Brückmann: Die europäische Expansion – Kolonialismus und Imperialismus 1492–1918. Historisch-Politische Weltkunde. Stuttgart u. a.: Klett 1993, S. 73

	1871 bis 1880	1881 bis 1890	1891 bis 1900	1901 bis 1910	1911 bis 1914
Insgesamt	625 968	1 342 423	529 875	279 645	78 881
Nordamerika	526 353	1 244 015	491 860	255 173	64 632
Südamerika	23 435	29 801	20 957	8 617	4 439
Afrika	1 278	3 662	7 609	675	62
Asien	280	1 232	1 339	11	–
Australien	9 902	7 909	2 509	1 516	1 159

Beispiel Deutschland

3 Motive der Auswanderung

„Sie flohen vor Hunger und Willkür, sie fanden Ackerland und Freiheit. Doch die Wege dorthin waren verschlungen, die Strapazen fast unmenschlich. ...
Christoph Winkelhage ist Leinenweber, ein ehrbares Gewerbe ..., aber auch ein Beruf, der die Familie nicht mehr ernährt, seit die Engländer mit Maschinen produzieren und die Preise drücken. Am anderen Ende der Welt wird alles besser sein. Amerika! Land soll es geben. Arbeit ... Mehr als fünf Millionen Deutsche zog es im 19. Jahrhundert nach Amerika. ... Jahrhundertelang hatten deutsche Bauern, Handwerker und Tagelöhner von viel Arbeit und wenig Geld gelebt. Hatten gehaust auf dem Land in feuchten, zugigen Häusern oder dicht gedrängt in den Massenquartieren der Städte. Doch jetzt im 19. Jahrhundert begannen Dampfmaschinen die Arbeiter zu ersetzen: Europa industrialisierte sich. ... Das traf vor allem die deutschen Weber, die so zu den ersten Opfern dieser frühen Globalisierung wurden. ... Eine Missernte wie etwa 1846 – und Zehntausende hungerten, erkrankten, starben. Wie viel Gutes hörte man dagegen aus Amerika! ... In Amerika, da ist es fein, da fließt der Wein zum Fenster rein. Wir trinken eine Flasche Wein und lassen Deutschland Deutschland sein. ...“

Max Goergen, Alexander Kühn: Aufbruch in die neue Welt. Aus: Stern, 57 Jg., H 19 vom 04.05.2005. S. 32

Surftipp
Migration in Europa
104105-2101

4 Emigration aus Europa im 19. und 20. Jahrhundert

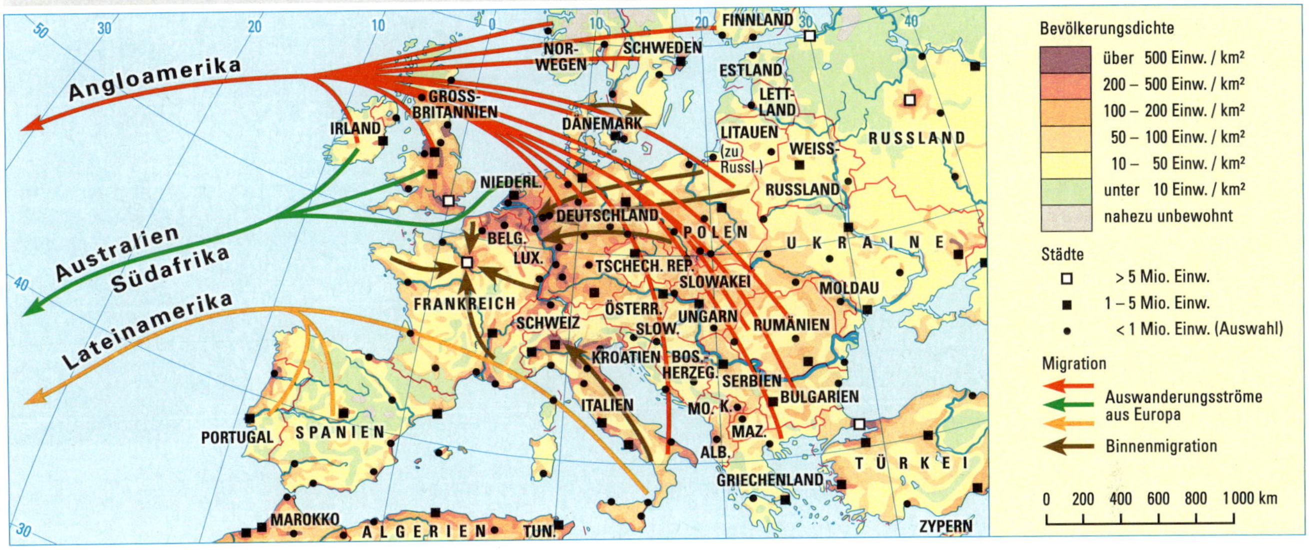

Beispiel Irland

5 The Great Famine

„In der Mitte des 19. Jhs. herrschte in Irland Hungersnot. Die Industrien im Süden des Landes, Woll-, Glas- und Brauereiindustrie, waren von den Engländern größtenteils vernichtet worden. Die Mehrheit der Bevölkerung, ca. 2/3, war von der Landwirtschaft abhängig. ... Die Bauern mussten ... den größten Teil ihrer Ernte an die Landherren und die Church of Ireland abgeben. Was ihnen blieb, war der Anbau von Kartoffeln. Als zwischen 1845 und 1851 die Kartoffelernten im ganzen Land von der Braunfäule befallen wurden, kam es zur Katastrophe. Schätzungsweise 1,5 Millionen Iren verhungerten. Ungefähr genauso viele emigrierten, hauptsächlich in die USA. Auch in den folgenden Jahrzehnten wanderten noch einmal drei Millionen Iren in die USA aus. Irland verlor so die Hälfte seiner Einwohner."

Dietrich Schulze-Marmeling (Hrsg.): Nordirland – Geschichte, Landschaft, Kultur, Touren. Göttingen, Verlag die Werkstatt, 1996. Zitiert nach: www.donegal.de/historisches/hungersnot.htm (02.12.2009)

6 Iren in den Vereinigten Staaten

„[Die Iren] sammelten sich in den Hafenstädten der Ostküste ..., wo etwa ein Viertel von ihnen blieb ... Zwischen 1820 und 1855 stellten sie 43 bis 47 % der Immigranten ... Quantitativ blieb die Zahl der irischen Einwanderer während des gesamten 19. Jh.s hoch; allein zwischen 1870 und 1890 waren es 1,3 Millionen. Niedriges Bildungsniveau, fehlende Erfahrung mit industrieller bzw. handwerklicher Arbeit führten die Iren in die unteren Bereiche körperlicher Arbeit."

Norman Fainstein (Übersetzung Gisela Schillings) in: Hartmut Häußermann/Walter Siebel (Hrsg.):New York – Strukturen einer Metropole. Edition Suhrkamp, Bd. 1798 = N. F., Bd. 798. Frankfurt a. M.: Suhrkamp 1993,S. 109–110

1 Arbeiten Sie aus den beiden Fallbeispielen Motive der Auswanderung heraus.

2 Stellen Sie die bevorzugten Zielräume deutscher und irischer Auswanderer dar.

3 Erörtern Sie mögliche soziale und wirtschaftliche Folgen der europäischen Migration für die Auswanderer- und Einwandererregionen.

7 **Afrikanische Flüchtlinge vor den Kanarischen Inseln**

9 **IT-Spezialist aus Indien**

Wanderungsziel Europa

8 **Auf der Suche nach Perspektiven**

„Die meisten Flüchtlinge hat die Armut aus ihrer Heimat vertrieben. Tausende von Afrikanern vertrauen sich Schleusern an, die sie in oft untauglichen Booten Richtung Europa bringen sollen. Die meisten von ihnen kennen dabei Europa nur aus dem Fernsehen oder aus Erzählungen. Ihre Vorstellungen sind oft wenig realistisch – Europa ist für sie ein Kontinent mit Zukunft, wo es genügend Arbeit für alle gibt ... In den Herkunftsländern herrscht eine wirtschaftliche Perspektivlosigkeit. ‚In den Zielländern erwarten die Afrikaner viele Arbeitsmöglichkeiten im informellen Sektor.‘ ... ‚Für Afrika ist der massenhafte Exodus eine Katastrophe. Vor allem afrikanische Akademiker, die zur Entwicklung des Kontinents beitragen könnten, können sehr leicht nach Europa einwandern‘, bedauert Adam Thiam, Pressesprecher der Afrikanischen Union. Auch er macht die ‚schwache politische und wirtschaftliche Entwicklung in Afrika‘ für die zunehmende Auswanderung verantwortlich. Deshalb könne das Problem der Migration nicht losgelöst von der Armut behandelt werden: ‚Der Jugend auf dem Kontinent fehlen die Perspektiven.‘“

Marina Guehi: Flucht vor Armut, vom 15.10.2005, unter: www.dw-world.de/dw/article/0,,1739956,00.html

Push- und Pull-Faktoren

So wie im 18. und 19. Jahrhundert gesellschaftliche, wirtschaftliche und politische Verhältnisse die Auswanderung vieler Europäer nach Übersee bewirkten, so sind dieselben Faktoren seit der zweiten Hälfte des 20. Jahrhunderts für eine Migrationsbewegung in die entgegengesetzte Richtung verantwortlich. Der Alte Kontinent ist zu einem bevorzugten Einwanderungsziel geworden. Neben Kriegsflüchtlingen und politisch Verfolgten bilden auch Zuwanderer aus ehemaligen Kolonialgebieten (besonders französischen und britischen) die Migrantengruppen. Als wesentlicher **Push-Faktor** gilt das Wohlstandsgefälle zwischen vielen europäischen Staaten und den Herkunftsregionen der Zuwanderer.

Neben humanitären und wirtschaftlichen Gründen (z. B. gezielte Anwerbung von Fachkräften) steht aus europäischer Perspektive die Zuwanderung in direktem Zusammenhang mit z. T. drastisch sinkenden Geburtenraten und der zunehmenden Überalterung der Bevölkerung. In einigen europäischen Staaten lässt sich nur über Zuwanderung eine Bevölkerungsstruktur aufrechterhalten, die den Fortbestand der derzeitigen volkswirtschaftlichen und sozialstaatlichen Strukturen ermöglicht.

Material
Infoblatt Migration
104105-2102

Material
Migration – viele Gründe, viele Grenzen
104105-2103

10 Qualifikation der Zuwanderer und deren wirtschaftliche Bedeutung

„Im Jahr 2000, zur vollen Blüte der New Economy, hatte Altkanzler Gerhard Schröder eine gute Idee. Gezielt ließ er indische Software-Programmierer anwerben, um den akuten Mangel an etwa 50 000 IT-Fachkräften zu decken, und lockte mit einer „Green Card“. Der Erfolg dieser Aktion blieb weit hinter den Erwartungen zurück. Bis Ende 2004, als die gesetzliche Regelung für das Sofortprogramm auslief, hatten sich knapp 18 000 Ausländer ... beworben. ...
Um den Rückgang der Bevölkerung auszugleichen, lautet eine Strategie, gezielt Migranten anzuwerben. Für einen vollständigen Ausgleich wären jedoch [in Deutschland] jährlich rund 700 000 Zuwanderungen erforderlich. Der Ausländeranteil würde sich von heute neun auf geschätzte 45 Prozent im Jahr 2050 steigern. Eine weder politisch vorstellbare noch kulturell sonderlich verträgliche Option. ... [Da] es im Grunde weniger um Population als um wirtschaftliche Effektivität und Sicherung der Sozialsysteme geht, liegt die Lösung auf der Hand: ... Gut ausgebildete Zuwanderer braucht das Land.
Eine wirtschaftstheoretische Faustregel besagt: Je höher die Qualifikation von Migranten, desto größer deren positiver Effekt auf das Bruttosozialprodukt. ... Unqualifizierte Einwanderer ... konkurrieren häufig mit den ohnehin von Arbeitslosigkeit bedrohten einheimischen Arbeitern. ...
Das Gros der Einwanderer innerhalb der [Europäischen] Union machen indessen gering qualifizierte Migranten aus. ... Großbritannien [z. B.] verzeichnet einen starken Zuzug von Osteuropäern, von denen nur jeder Dritte gut ausgebildet ist. Dennoch schätzt man auf der Insel die volkswirtschaftlichen Vorteile. Denn die vermehrte Zuwanderung von billigen Arbeitskräften hilft, das Lohn- und Preisniveau stabil ... zu halten. ... Sorge bereitet den Briten und vielen anderen Nationen [aber] der Anstieg illegal Eingereister und auf dem Schwarzmarkt Tätiger. In Großbritannien wird deren Zahl auf 570 000 geschätzt, in Spanien sogar auf eine Million.“

Helmut Merschmann: Der Krieg um die talentierten Köpfe. In: Das Parlament. Berlin 15.01.2007, S. 10

11 Einwanderung nach Irland

„Heute erleben die Iren wieder ein [Wanderungs]Phänomen, allerdings in umgekehrter Richtung. Die Kinder und Kindeskinder der einstigen Emigranten kehren zurück. Zusätzlich strömen Nigerianer und Chinesen auf die Insel. Vor allem aber entdecken Osteuropäer das einst als ‚Armenhaus Europas' bezeichnete Land. ... Als Magnet wirkt das erstaunliche Wirtschaftswachstum. ...
Dennoch gibt es kritische Stimmen. Organisationen wie das Immigrant Council of Ireland, eine unabhängige Lobbygruppe, werfen der Regierung vor, zu wenig zu unternehmen, um die Einwanderer in die Gesellschaft zu integrieren. ‚Wenn das Wirtschaftswachstum nachlässt, wird sich das bitter bemerkbar machen', sagt [eine] Sprecherin des Council. ...“

Claudia Bröll: Irland – der keltische Tiger. In: Das Parlament. Berlin 15.01.2007, S. 13

12 Wanderungssalden ausgewählter EU-Staaten 1997–2007

Europäische Kommission: Europa in Zahlen – Eurostat Jahrbuch 2009. Luxemburg: Amt für amtliche Veröffentlichungen der Europäischen Gemeinschaften 2009, S. 167

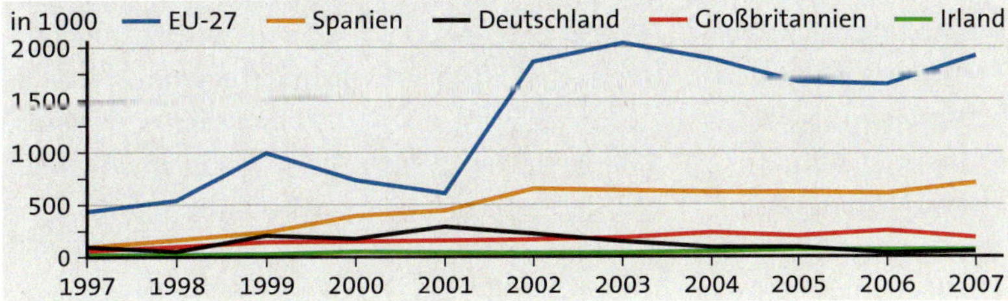

4 Beschreiben Sie – ausgehend von Text 8 – für einen (fiktiven) afrikanischen Flüchtling die Lebenssituation in seinem Heimatland.

5 Charakterisieren Sie die in den Texten 10 und 11 vorgestellten Typen von Migranten anhand ihrer Motive und Qualifikationen.

6 Vergleichen Sie die Motive und Qualifikationen mit den Interessen der Zielländer in Europa.

7 Erörtern Sie Chancen und Probleme der Zuwanderung für die Aufnahmeländer.

2.2 Binnenmigration in Europa – Freizügigkeit in der EU

1 Deutschland innerhalb der europäischen Migration seit dem 19. Jh.

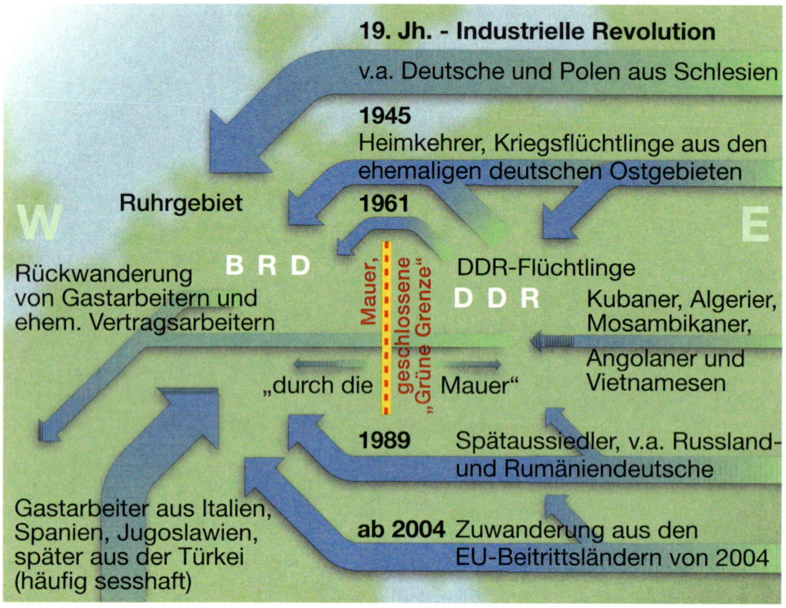

Kompetenzen in diesem Kapitel erwerben:
- Stellung Deutschlands innerhalb der europäischen Migration beschreiben;
- Grundlagen und Bedeutung der Freizügigkeit im „Schengen-Raum" erläutern;
- Abschottungsmaßnahmen der Europäischen Union erörtern.

Wie bei der Ein- und Auswanderung nach bzw. von Europa waren und sind wirtschaftliche Impulse und politische Ereignisse auch für innereuropäische Wanderungsbewegungen verantwortlich. Dabei ist die europäische Binnenmigration kein Phänomen des 20. Jahrhunderts. So führte z.B. der Aufruf von Katharina der Großen 1763 zur Einwanderung von landwirtschaftlichen Fachkräften nach Russland und zur Bildung von deutschen Bevölkerungsgruppen in der Wolga-Region. Von ihnen stammen die meisten Übersiedler ab, die seit dem Zusammenbruch des Ostblocks aus dem ehemaligen Gebiet der Sowjetunion nach Deutschland kommen. Ohne Zuwanderung aus Schlesien wäre der Arbeitskräftebedarf im aufstrebenden Ruhrgebiet seit Mitte des 19. Jahrhunderts nicht zu bewältigen gewesen. Der massenhafte Zustrom von „Gastarbeitern", zunächst aus süd- und südosteuropäischen Ländern – z.B. Spanien, Italien, Jugoslawien, später aus der Türkei – trug wesentlich zum „Wirtschaftswunder" in der Bundesrepublik Deutschland bei.

Die aktuelle **Binnenwanderung** in Europa wird wesentlich durch die **Freizügigkeit** im liberalisierten **Binnenmarkt** der EU bestimmt.

Beispiel: Von „Gastarbeitern" zu Einwanderern

Die Zuwanderung von Ausländern in die westlichen Bundesländer begann in der Zeit des „Wirtschaftswunders" der 1950er- und -60er-Jahre. In dieser Aufschwungphase der Nachkriegszeit hatte die westdeutsche Wirtschaft einen hohen Bedarf an Arbeitskräften, der zunächst in vielen Bereichen durch Flüchtlinge aus der DDR gedeckt werden konnte. Der Bau der Mauer im Jahre 1961 stoppte diesen ständigen Zustrom. Verstärkt wurden nun „Gastarbeiter", wie sie zunächst genannt wurden, aus den weniger entwickelten Regionen Südeuropas und der Türkei angeworben. Die wirtschaftlichen Disparitäten lösten Migrationen aus, die – im Sinne eines zukunftsfähigen Miteinanders – unsere Gesellschaft vor neue Herausforderungen stellte. Die Zuwanderer übernahmen als zunächst weitgehend ungelernte Arbeitskräfte die Stellen von besser ausgebildeten, aber teureren Deutschen. Vor allem dem Verarbeitenden Gewerbe gelang es auf diese Weise, unter Beibehaltung der Produktionsstrukturen die Lohn-Stück-Kosten zu senken und damit die internationale Wettbewerbsfähigkeit zu festigen.

2 Aus „Gastarbeitern" wurden Einwanderer

„Von 1955 bis 1973 wurden Millionen Arbeitskräfte aus den Mittelmeerstaaten angeworben, die maßgeblich zum sogenannten „Wirtschaftswunder" beigetragen haben. 1973 wurde im Zuge der Ölkrise ein Anwerbestopp verhängt. Dennoch nahm die Zahl der Ausländer zu. Die ausländischen Arbeitskräfte holten ihre Familien nach, denn bei einer Rückkehr in die Heimatländer schien der Weg nach Deutschland für immer abgeschnitten. Aus ‚Gastarbeitern' wurden Einwanderer."

Bruno Zandonella: Zuwanderung nach Deutschland. Themenblätter im Unterricht, Nr. 31. Bonn: Bundeszentrale für politische Bildung 2003. S. 1

Surftipp
Zuwanderungspolitik in der EU
104105-2201

Surftipp
Migration und Integration in der EU
104105-2202

Europa: Freizügigkeit im Innern – Abschottung nach außen?

3 Die „Vier Freiheiten" im EU-Binnenmarkt

Freier Personenverkehr
- keine Kontrollen an den Binnengrenzen
- Harmonisierung der Asyl- und Zuwanderungspolitik
- Freizügigkeit für Arbeitnehmer
- Niederlassungs- und Aufenthaltsrecht für EU-Bürger

Freier Warenverkehr
- Wegfall der Grenzkontrollen
- keine Zölle oder mengenmäßige Beschränkungen
- Harmonisierung oder gegenseitige Anerkennung von Normen und Vorschriften
- Steuerharmonisierung

Freier Dienstleistungsverkehr
- Niederlassungsfreiheit für Unternehmen; Offenheit für grenzüberschreitende Dienstleistungen
- Liberalisierung der Bank- und Versicherungsleistungen
- Öffnung der Transport-, Post-, Telekommunikations-, Energiemärkte

Freier Kapitalverkehr
- Freizügigkeit für den Zahlungs- und Kapitalverkehr
- Integration der Finanzmärkte
- Liberalisierung des Wertpapierverkehrs

4 Freizügigkeit für den einzelnen EU-Bürger

„Wirtschaftliches Kernstück der Zusammenarbeit in der EU ist der einheitlichen Regeln unterworfene Binnenmarkt, der die sogenannten ‚Vier Freiheiten' garantiert. Auf dieser Grundlage ist es z.B. jedem Deutschen erlaubt, in Italien ein Auto zu kaufen, auf einer griechischen Insel ein Touristikbüro zu eröffnen, im benachbarten Frankreich eine Arbeitsstelle anzunehmen und sein Geld bei einer Bank in Österreich anzulegen .... Jeder EU-Bürger kann sich in allen Staaten der Union frei und ungehindert bewegen bzw. aufhalten. Er muss überall wie ein Inländer behandelt werden und kann sich niederlassen, wo er will. ..."

Arno Kreus/Norbert von der Ruhren (Hrsg.): Fundamente. Ernst Klett Verlag, Stuttgart und Leipzig 2008. S. 382

5 Europa ohne Grenzen – Reisefreiheit im Schengen-Raum

Keine Personenkontrollen an den Binnengrenzen. Verstärkte Kontrollen an den Außengrenzen (einschließlich See- und Flughäfen)

Visa- und Aufenthaltspolitik teilweise harmonisiert. Einheitliches Visum für Kurzaufenthalte im Schengen-Raum

Asylpolitik (Dublin-Übereinkommen) Für die Prüfung eines Asylantrags ist das Erstaufnahmeland zuständig

Polizeiliche Zusammenarbeit Gemeinsames Computer-Fahndungs- und Informationssystem (SIS). „Polizeiliche Nacheile": Verfolgung von Straftätern über die Grenzen

Zusammenarbeit in der Justiz Vereinfachte Rechtshilfe in Strafsachen. Beschleunigte Auslieferung

Schengen-Anwenderstaaten; partielle Teilnahme an Schengen/Dublin; Volle Schengen-Teilnahme steht noch aus; Liechtenstein: Beitritt voraussichtlich Ende 2009

Stand: 2009

© Erich Schmidt Verlag — ZAHLENBILDER 715 325

6 Schengener Abkommen

„Es handelt sich dabei um die Vereinheitlichung der Vorschriften für die Einreise und den kurzfristigen Aufenthalt von Ausländern im „Schengen-Raum", Asylfragen, Maßnahmen gegen grenzüberschreitenden Drogenhandel, polizeiliche Zusammenarbeit und Zusammenarbeit ... im Justizwesen. ... Die Zugehörigkeit zum Schengen-Raum hat für die Mitgliedsländer der EU viele Vorteile. Mit dem Wegfall der Grenzkontrollen an den Binnengrenzen ... geht nicht nur ein Mehr an Freiheit für die Bürgerinnen und Bürger, sondern auch an Sicherheit einher. Der Wegfall der Kontrollen an den Binnengrenzen wird durch effizientere und bessere Kontrollen an den Schengen-Außengrenzen sowie durch andere Maßnahmen an den Binnengrenzen, z.B. mobile Grenzraumüberwachung und stärkere Vernetzung der Polizeiarbeit, ausgeglichen."

Auswärtiges Amt (Hrsg.): Entstehungsgeschichte und Entwicklung des Schengener Abkommens, vom 29.09.2009, unter: www.diplo.de

7 „Festung Europa"

„... Opfer dieser Schengener Abwehrpolitik sind über 5000 Flüchtlinge und Migranten, die in den letzten zehn Jahren an den hochgerüsteten europäischen Außengrenzen starben. ... Schengen hat Transportunternehmen wie Fluggesellschaften in den Dienst der Fluchtverhinderung gestellt. Angedrohte Sanktionen bewirkten, dass Schutzsuchende nicht mitgenommen werden. ..."

Karl Kopp, Europareferent von Pro Asyl, am 25.03.2005 www.proasyl.de (16.12.2009)

1 Beschreiben Sie die Stellung Deutschlands innerhalb der europäischen Migration.
2 Erläutern Sie die Formulierung „Europa ohne Grenzen".
3 Erörtern Sie die mit dem Schengener Abkommen verbundenen Maßnahmen.

2.3 Probleme und Erfolge der Integration

Kompetenzen in diesem Kapitel erwerben:
- an Länderbeispielen Rahmenbedingungen der Integration herausarbeiten;
- Voraussetzungen und Chancen einer erfolgreichen Integration erörtern.

1 Udo Lindenberg: Ali

„Ali ist ein Türkenjunge
aus Hamburg, hier geboren, doch wo gehört er eigentlich hin?
Dauernd gibt man ihm
so'n Gefühl, als müsste er
sagen: Entschuldigen Sie,
dass ich geboren bin.

Ali trifft sein Mädchen
in dunklen Läden. Sie
nimmt ihn nie mit zu sich
nach Haus. Sie sagt: Mein
Alter, mit dem kann man
leider nicht reden, mein
Alter, der hat so Müllsprache drauf, wie „Kanacken
raus!"

Und er denkt an das Land
seiner Eltern, das er nur
von Bildern kennt
und vom Fernsehen, das
Land, das sein Vater
die echte Heimat nennt.

Istanbul, das Schwarze
Meer, am Bahnhof schaut
er den Zügen hinterher,
doch wahrscheinlich in
Ankara hätt' er Heimweh
nach Hamburg-Altona."

Universal Music Publ. GmbH/MCA Music GmbH, Berlin

2 Kopftuchträgerin als Fan während der Fußball-WM

Die Zuwanderung schafft Probleme der Integration, des Miteinanders von In- und Ausländern, führt zu Fragen nach der kulturellen und politischen Identität der Migranten. Wie das Beispiel der europäischen Migration seit der zweiten Hälfte des 20. Jahrhundert zeigt, hängt es sehr stark von der wirtschaftlichen Entwicklung im Aufnahmeland ab, ob und inwieweit die Eingliederung der Neuankömmlinge gelingt.

Besonders betroffen von der Integrationsproblematik sind Kinder und Jugendliche. Dabei handelt es sich zum einen um junge Ausländer der sogenannten „zweiten Generation", die von ihren Eltern meist erst viele Jahre nach der Emigration nachgeholt worden sind. In der Bundesrepublik Deutschland fand das zum Beispiel im Rahmen der Familienzusammenführung seit den 1970er-Jahren statt. Die primäre Sozialisation dieser Jugendlichen hat also noch im Herkunftsland stattgefunden, im Gegensatz zur dritten und den folgenden Generationen, die bereits im Aufnahmeland, also zum Beispiel in Deutschland, geboren worden sind. Der Erfolg ihrer sozialen Integration hängt zu wesentlichen Teilen von der schulischen Ausbildung und beruflichen Eingliederung ab.

Einwanderung nach Maß? – Beispiel Spanien

3 Ausländer in Spanien im Jahr 2009

Nach Statistisches Amt Spanien 2010, unter: www.ine.es

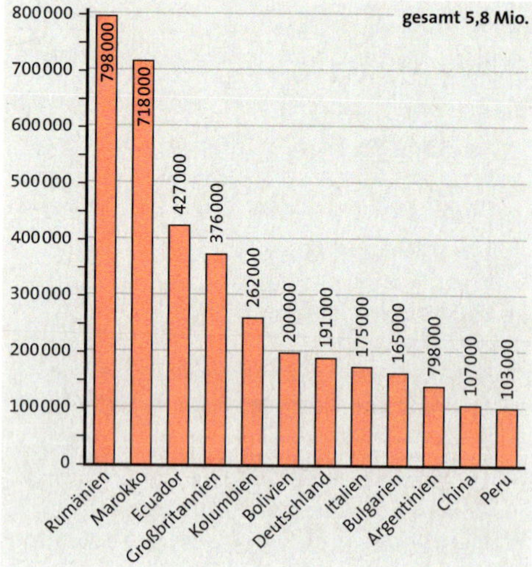

4 Rahmenbedingungen der Immigration

„[Ein Großteil] der in Spanien lebenden Ausländer kommt aus dem spanischsprechenden Amerika. Gleich nach ihrer Ankunft sind sie einzusetzen in Berufen, in denen man mit den Kunden sprechen muss, und das bietet in einem Land mit vielen Millionen Touristen zahlreiche Beschäftigungen.

Den Zuwanderern aus Iberoamerika fällt es auch nicht schwer, sich in Spanien zu integrieren. Die Kultur und die Lebensformen in ihren Heimatländern sind stark spanisch geprägt. Wie die Spanier sind die meisten von ihnen katholisch ... Vier Millionen der über 44 Millionen in Spanien lebenden Menschen sind heute Ausländer, das sind 9 Prozent der Bevölkerung. ...

Für die Beliebtheit Spaniens als Einwanderungsland gibt es mehrere Gründe: [zum einen] das Wirtschaftswachstum. Die beiden wichtigsten Säulen des Wachstums – Bauwirtschaft und Fremdenverkehr – können viele nicht besonders qualifizierte Arbeitskräfte brauchen. Zudem ist Spanien ... für arme Auswanderer aus Afrika das am nächsten gelegene Tor zu Europa ... ."

Walter Haubrich: Das Wachstum macht Spanien zum Einwanderungsland. In: FAZ.NET vom 14.08.2006

Surftipp
Einwanderung: Für immer fremd
104105-2301

Migranten in Deutschland: Beispiel Türken

5 Ausländische und deutsche Schüler/innen an allgemeinbildenden Schulen 2005/2006 (Angaben in Prozent)

Nach 7. Bericht der Beauftragten der Bundesregierung für Migration, Flüchtlinge und Integration über die Lage der Ausländerinnen und Ausländer in Deutschland. Berlin: o.V. Dezember 2007, S. 43

Nationalität		Gesamtsch.	Hauptsch.	Realsch.	Gym.	Freie Waldorfsch.
Deutsche (n = 5 206 171)		15,9	14,8	23,5	44,7	1,0
Ausländer gesamt (n = 478 444)		17,2	40,5	20,7	21,2	0,3
darunter	Italien (n = 31 668)	14,0	49,0	22,3	14,4	0,3
	Türkei (n = 204 572)	19,2	45,4	22,1	13,2	0,1
	Griechenland (n = 17 064)	10,5	42,0	23,6	23,7	0,2
	Spanien (n = 3 657)	16,6	26,9	26,2	29,0	1,2
	Portugal (n = 6 825)	14,7	42,7	23,5	19,0	0,1
	Russ. Föderation (n = 14 195)	14,8	26,6	15,1	43,0	0,5

7 Türkische Jugendgang in Berlin-Kreuzberg

6 Segregation und Integration

„Deutschland hat kein generelles Problem mit Ausländern, es hat erkennbar Schwierigkeiten mit Teilen einer seiner größten Einwanderergruppen, den Türken, von denen sich ein Teil der Integration verweigert. Erstarrt in den Traditionen ihrer anatolischen Herkunft bestehen archaisch organisierte Familienverbände auf der Einhaltung von Sitten und Gebräuchen, die ... anachronistisch sind. Das Beharren auf der Muttersprache, auf machistischen Familienstrukturen, die Selbstgerechtigkeit, mit der Eltern das Leben ihrer Töchter beherrschen und oft zerstören, ja selbst die vergleichsweise harmlose religiöse Sitte, Haare in Kopftücher einzupacken; all das ist eine Herausforderung für die freiheitliche Grundordnung der bundesdeutschen Gesellschaft. Deren Grundhaltung ist die offene Teilnahme an Kommunikation, die Teilhabe an Bildung, religiöse Toleranz auch in der Familie, nicht zuletzt das Recht der Jugend, ihre eigenen Wege zu gehen und sich frei den Partner fürs Leben zu suchen. ... Dabei ist es unbestritten, dass gerade bei Türken und türkischstämmigen Deutschen die meisten Schwierigkeiten bestehen. Nur 14 Prozent der 20- bis 39-Jährigen haben, laut einer Studie des Berlin-Instituts für Bevölkerung und Entwicklung, die Hochschulreife – so wenig wie in keiner anderen Migrantengruppe. ...
Natürlich gibt es auch Gegenbeispiele. Die vielen türkischen Unternehmer, den gefeierten Hamburger Regisseur Fatih Akin mit seinen Filmen aus der Zuwandererwelt oder Musiker wie Bushido, die mit ihrer Kultur längst im Mainstream angelangt sind. ... Doch es gibt eben auch viele, bei denen das nicht der Fall ist. Vor allem in der Hauptstadt türmen sich die Probleme. Etwa die Hälfte der erwerbsfähigen Berliner mit türkischem Migrationshintergrund lebt von Sozialtransfers. ...“

Stefan Berg et al.: Politik der Vermeidung, in: DER SPIEGEL 42/2009, S. 33–35

8 Situationsbericht aus Berlin-Kreuzberg

„Arbeitslosigkeit, Sozialhilfe, Gewalt? Fekret Keser, der einen Zeitungskiosk in der Wrangelstraße besitzt, möchte lieber über positive Dinge reden. Etwa darüber, was sich die Türken hier aufgebaut haben – kleine Läden, aber auch ... Großhandelsunternehmen. Zum Teil mit viel Selbstausbeutung: Keser steht 17 Stunden am Tag hinter der Ladentheke. Er wohnt schon seit 1973 hier, seit er als Zehnjähriger mit seinen Eltern aus der Türkei kam ....“

Kreuzberg? Nichts für Kuscheltiere! in: zitty Berlin vom 05.12.2006, unter: www.zitty.de

1 Charakterisieren Sie die Einwanderung nach Spanien.

2 Vergleichen Sie die Rahmenbedingungen der Integration in Spanien und Deutschland.

2.4 Bevölkerungsstrukturen

1 Europas Motorradkäufer werden immer älter – die Industrie reagiert

Kompetenzen in diesem Kapitel erwerben:
- Alters- und Bevölkerungsstrukturen beschreiben;
- Faktoren des generativen Verhaltens erklären;
- Grafiken zur Altersstruktur auswerten;
- demografische Alterung in ihren Folgen beurteilen;
- Bevölkerungsverteilung in Europa erläutern;
- mit einem GIS arbeiten.

2 Altersstruktur der Bevölkerung

„Die Altersstruktur der EU-27 ist das Ergebnis langjährig hoher und dann niedriger Geburtenraten, die mit einem langsamen und stetigen Anstieg der Lebenserwartung ... einhergingen. In den letzten 40 Jahren machten die Angehörigen der Baby-Boom-Generation [Mitte der 1950er- bis Mitte der 1960er-Jahre] einen Großteil der Bevölkerung im erwerbstätigen Alter aus und stellten einen großen Teil der Arbeitskräfte in Europa. Nach den vorliegenden Bevölkerungsprojektionen wird sich dies in den kommenden Jahrzehnten ändern, wenn die geburtenstarken Jahrgänge in den Ruhestand gehen. In Europa sinken die Fruchtbarkeitsziffern seit den 1970er-Jahren, und es treten immer weniger junge Menschen in den Arbeitsmarkt ein. ...
Die steigende Lebenserwartung gehört zu den wichtigsten Faktoren für die Alterung der europäischen Bevölkerung. ... Da die Menschen länger leben, ist das Interesse an den älteren Generationen – sowohl als potenzielle Arbeitskräfte als auch als spezielle Verbraucher – gewachsen."

Amt für amtliche Veröffentlichungen der Europäischen Gemeinschaften: Europa in Zahlen. Eurostat Jahrbuch 2009. Luxemburg 2009. S. 133 und 159

Generatives Verhalten

Die Veränderungen in der **Altersstruktur** der EU-27 und das verlangsamte Bevölkerungswachstum lassen sich zum großen Teil darauf zurückführen, dass weniger Kinder geboren werden. Soll die Kindergeneration über Geburten zahlenmäßig genauso stark werden wie die Elterngeneration, müsste – unter der theoretischen Annahme, das keine Migration stattfindet – die durchschnittliche Kinderzahl pro Frau bei 2,1 liegen. Diese sogenannte **Fruchtbarkeitsziffer** ist aber in der Europäischen Union in den letzten Jahrzehnten stark zurückgegangen. Sie sank von 2,6 in der ersten Hälfte der 1960er-Jahre auf gegenwärtig etwa 1,4. Auch in Deutschland werden nur etwa zwei Drittel des Wertes erreicht, der die Bevölkerungszahl langfristig stabil halten würde. Hier schrumpft also jede Kindergeneration im Vergleich zur Elterngeneration um ein Drittel.

3 Fruchtbarkeitsziffern im Vergleich

Amt für amtliche Veröffentlichungen der Europäischen Gemeinschaften: Europa in Zahlen. a. a. O., S. 155

	1960 bis 1965	1980 bis 1985	2000 bis 2005
Welt	4,98	3,58	2,65
Europa	2,58	1,89	1,41
Afrika	6,87	6,45	4,98
Asien	5,65	3,67	2,47
Lateinamerika + Karibik	5,97	3,92	2,52
Nordamerika	3,35	1,81	1,99
Ozeanien	3,98	2,59	2,37
China	5,72	2,55	1,70
Indien	5,82	4,50	3,11
Japan	2,02	1,76	1,29
Russische Föderation	2,55	2,04	1,30
Vereinigte Staaten	3,31	1,83	2,04

4 Altersstrukturen der EU-27 von 1950, 2010 und 2050 (in Prozent der Gesamtbevölkerung)

Amt für amtliche Veröffentlichungen der Europäischen Gemeinschaften: Europa in Zahlen. a. a. O., S. 139

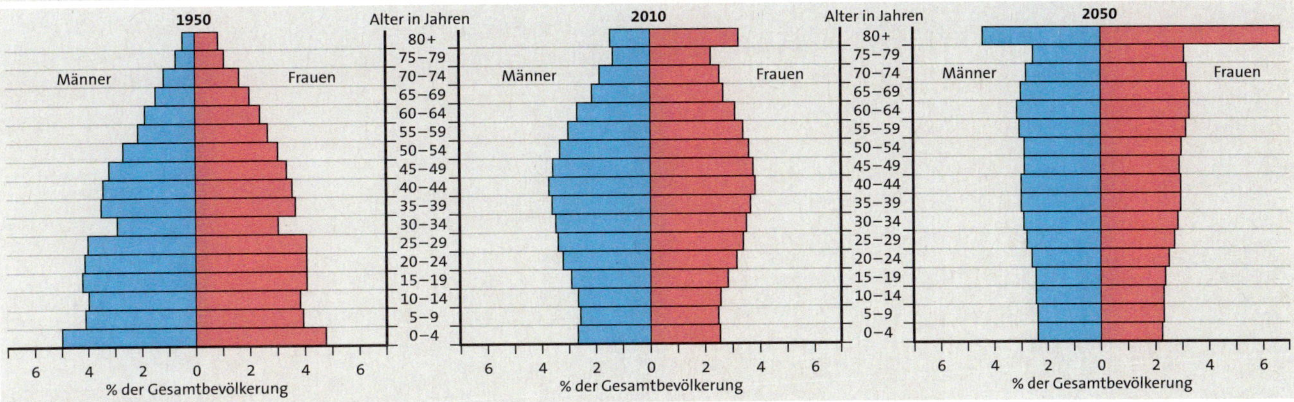

5 EU-27: Anteil der Bevölkerung im Alter von 0–14 und ab 65 Jahre sowie im Alter von mindestens 80 Jahren (in Prozent der Gesamtbevölkerung)

Amt für amtliche Veröffentlichungen der Europäischen Gemeinschaften: Europa in Zahlen. a. a. O., S. 144

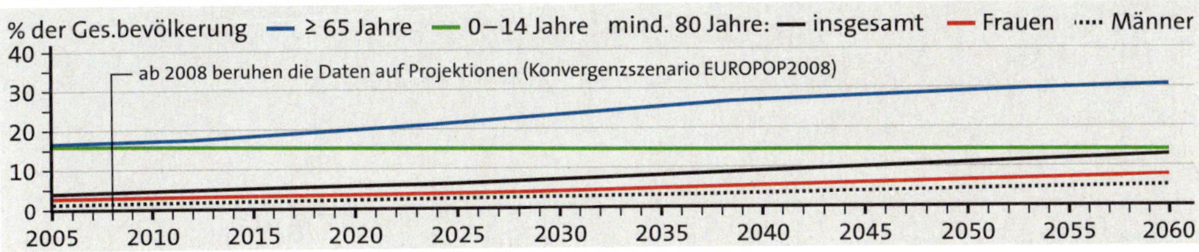

6 Geburtenrückgang

„Der Geburtenrückgang ist ein säkularer Prozess, der alle modernen Gesellschaften erfasst ... Es lassen sich mindestens vier zentrale Ursachenkomplexe ausmachen:

- Der Funktions- und Strukturwandel der Familie: Der kontinuierliche Rückgang der Familienbetriebe und die stärkere Übernahme von Fürsorgeleistungen durch den Sozial- und Wohlfahrtsstaat vermindern die ‚ökonomische' Bedeutung der Kinder für die Eltern.
- Die ‚Emanzipation' der Frau: Der zunehmende Wunsch von Frauen, einer Erwerbstätigkeit nachzugehen ... kollidiert mit den Erziehungsaufgaben. Dies trifft insbesondere auf Frauen mit überdurchschnittlichem Qualifikationsniveau zu, so dass auch die Bildungsexpansion und die damit verbundene Höherqualifizierung von Frauen in diesem Ursachengeflecht eine Rolle spielen.
- Die Ausbreitung von ... individualistischen Lebensstilen: Gestiegene materielle und individualistische Ansprüche geraten zunehmend in Konflikt mit den Kosten, den zeitlichen Bindungen und den langfristigen Festlegungen, die Kinder verursachen.
- ‚Strukturelle Rücksichtslosigkeit' gegenüber der Familie: Die gesellschaftlichen Strukturen sind stark auf die Bedürfnisse der Erwachsenen zugeschnitten. Kinder werden zwar nicht abgelehnt, aber den familiären Leistungen fehlt es an gesellschaftlicher Anerkennung und materieller Unterstützung. Mehr noch: Der Arbeitsmarkt, die Steuer- und Versicherungssysteme und andere Gegebenheiten verschaffen denjenigen Vorteile, die auf die Übernahme von Elternverantwortung verzichten ..."

Rainer Geißler: Struktur und Entwicklung der Bevölkerung. In: Informationen zur politischen Bildung 269, 2004. S. 6

Bevölkerungsverteilung

7 Bevölkerungsdichte in der EU-27 im Jahre 2006 (Screenshot der Seite www.klett-gis.de)

Amt für amtliche Veröffentlichungen der Europäischen Gemeinschaften: Europa in Zahlen. a. a. O., S. 524

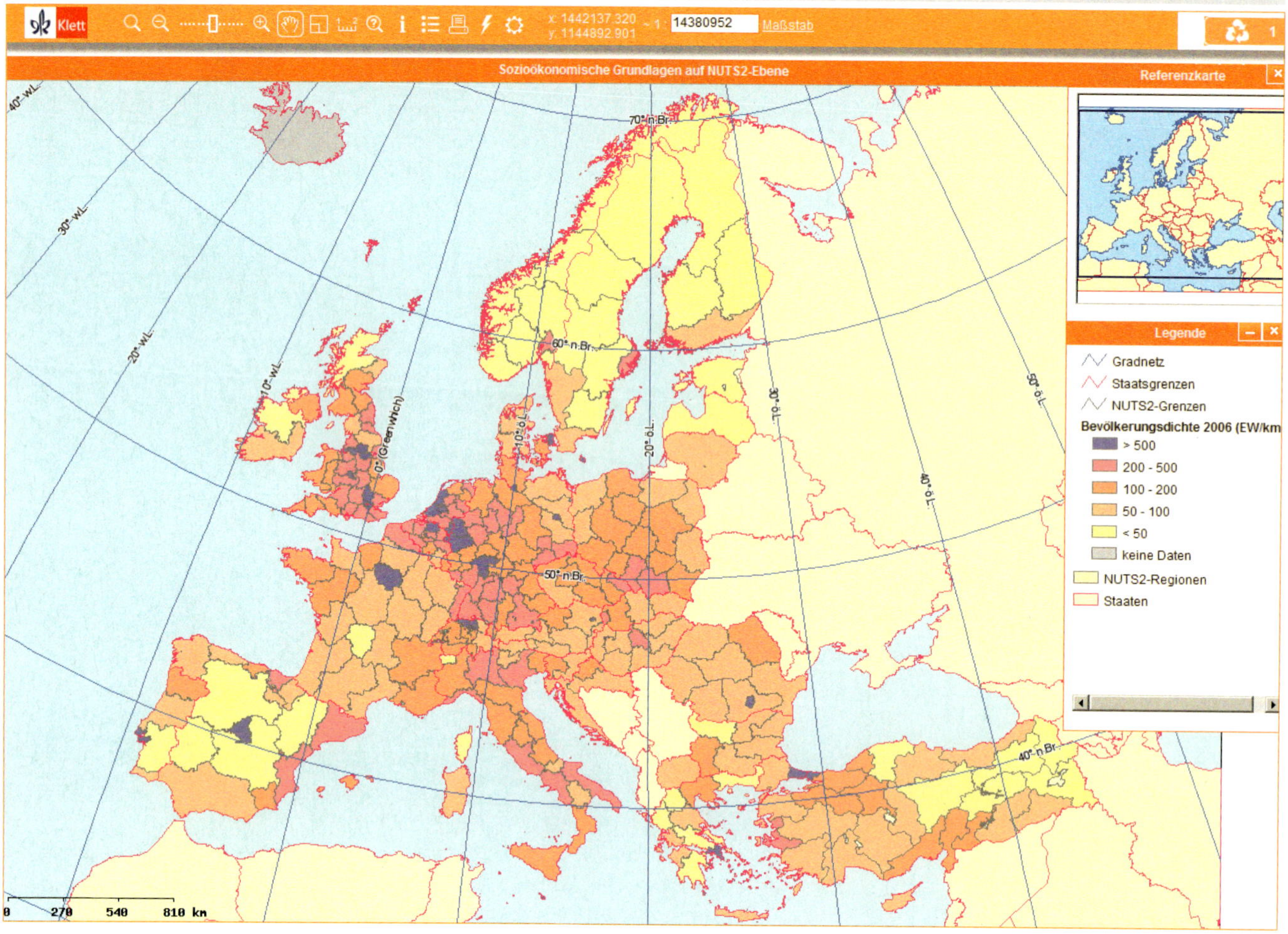

1 Nennen Sie Hintergründe für die in der Karikatur 1 dargestellte Situation.

2 Analysieren Sie die Grafiken zur Altersstruktur und zur demografischen Alterung in Europa.

3 Vergleichen Sie die Fruchtbarkeitsziffern der EU-27 mit anderen Regionen und Staaten der Erde.

4 Erörtern Sie in Ihrer Lerngruppe zukünftige Probleme, die sich aus der demografischen Alterung für Europa und seine Menschen, also auch für Sie selbst ergeben.

8 Unterschiede zwischen den Regionen

„In der EU-27 gab es [2006] 19 Regionen mit einer Bevölkerungsdichte von mehr als 1000 Einwohnern pro Quadratkilometer. Von ihnen befanden sich sechs im Vereinigten Königreich (darunter die bevölkerungsreichste Region Inner London mit 9159 Einwohnern pro km²) und drei in Deutschland (darunter Berlin); neben den Hauptstädten Belgiens, Österreichs, der Tschechischen Republik, Rumäniens und Griechenlands zählen zu ihnen außerdem die Regionen Malta, Zuid-Holland (Niederlande) sowie die beiden autonomen Regionen Melilla und Ceuta (Spanien). Acht der zehn bevölkerungsschwächsten, ..., lagen in Finnland oder Schweden, die beiden anderen waren Guyana (Frankreich) und Castilla-la-Mancha (Spanien)."

Amt für amtliche Veröffentlichungen der Europäischen Gemeinschaften: Europa in Zahlen. Eurostat Jahrbuch 2009. Luxemburg 2009, S. 521

9 Die Kontinente im Vergleich 2009 (nach politischen Abgrenzungen)

Nach Deutsche Stiftung für Weltbevölkerung (Hrsg.): DSW-Datenreport 2009. Hannover: Deutsche Stiftung für Weltbevölkerung, S. 6–15

Kontinent	Einwohner (Mio.)	Fläche (1 000 km²)	Bev.-dichte (Ew./km²
Asien (ohne Russische Föderation, einschließlich China)	4 117	31 982	128,7
Afrika	999	30 347	32,9
Europa (einschließlich Russische Föderation)	738	22 969	32,1
Amerika			
Süd- und Mittelamerika	580	20 520	28,3
Nordamerika	341	19 794	17,2
Australien/Ozeanien	36	8 513	4,2

Auf einer Fläche von rund 10 Mio. km² (bis zum Ural) leben in Europa etwa 738 Mio. Menschen (Stand 2009). Das entspricht einer durchschnittlichen Bevölkerungsdichte von 73,8 Einwohner/km². Europa ist damit zwar von der Fläche her vor Australien der zweitkleinste Kontinent. Von der Bevölkerungszahl her reicht man dagegen fast an die Dimensionen der flächenmäßig wesentlich größeren Kontinente Amerika und Afrika heran. Die Zahlenwerte verändern sich allerdings gravierend, wenn man die Weltkarte nicht primär nach geographischen Abgrenzungen betrachtet, sondern nach politischen, das bedeutet für Europa den Einbezug Russlands bis zur Beringstraße.

Bevölkerungsdichte in Europa. Hinsichtlich der Bevölkerungsdichte in einzelnen Staaten ergeben sich allerdings auch in Europa große Unterschiede. Während beispielsweise in Norwegen im statistischen Durchschnitt 12,5 Einwohner/km² leben, sind es in den Niederlanden 397. Der Inselstaat Malta zählt mit 1266 Einwohnern/km² zu den am dichtesten besiedelten Flächenstaaten der Erde, dagegen zählt Island mit 3 Einwohnern/km² zu den menschenleersten. Auch hier, in der Bevölkerungsverteilung, wird Europa dem Aspekt gerecht, ein Kontinent mit ungewöhnlicher Vielfalt zu sein. Dies belegt nicht zuletzt auch eine entsprechende Abfrage im Klett-GIS (Screenshot 7).

- - -> Seite 144
Mit Geographischen Informationssystemen (GIS) arbeiten

5 Strukturen der Bevölkerungsverteilung:
a) Arbeiten Sie aus den Materialien dieser Doppelseite wesentliche Strukturen in der Bevölkerungsverteilung Europas heraus.
b) Erklären Sie für ausgewählte Räume Ursachen Ihres Befundes.

6 Bevölkerungsdichte im Vergleich:
a) Ermitteln Sie mithilfe des KLETT-GIS die Bevölkerungsdichte Ihrer Region.
b) Vergleichen Sie die Bevölkerungssdichte Ihrer Region mit derjenigen der in Text 8 genannten.
c) Begründen Sie Gemeinsamkeiten oder Unterschiede.

TERRA **KOMPETENT**

Die folgenden beiden Doppelseiten bieten die Möglichkeit der Selbsteinschätzung: Beherrsche ich das erforderliche Fachvokabular – verfüge ich tatsächlich über die mit der Bearbeitung dieses Kapitels angestrebten Sach-, Methoden- und Handlungskompetenzen? Überprüfen Sie sich selbst.

Wichtige Fachbegriffe

Altersstruktur
Binnenwanderung
demografische Alterung
Emigration
Freizügigkeit
Fruchtbarkeitsziffer
Immigration
Informeller Sektor
Migration
Pull-Faktor
Push-Faktor
Segregation

Die Definitionen dieser Begriffe finden Sie im Glossar (S. 180–185).

Wissen vernetzen

1 Migration und Bevölkerung

ANDERE KONTINENTE	Pull-Push-Faktoren	EUROPA	Pull-Push-Faktoren	ANDERE KONTINENTE
	EMIGRATION 19. und 20. Jh.	– BINNENMIGRATION – EU-FREIZÜGIGKEIT – „FESTUNG EUROPA“	IMMIGRATION seit Mitte 20. Jh.	
	Folgen? – für die Betroffenen – für die Abwanderungsgebiete – für die Zuwanderungsgebiete	**Folgen?** – Bevölkerungsstrukturen – generatives Verhalten – Bevölkerungswachstum – Bevölkerungsverteilung	**Folgen?** – Chancen für eine alternde Gesellschaft – Probleme der Integration	

2 Migration und das Problem der Integration

„Mehr als 150 Millionen Menschen leben [gegenwärtig] weltweit als Migranten. Und es werden immer mehr. Die Beweggründe sind unterschiedlich. Manche Menschen fliehen vor Krieg und Verfolgung, andere aus wirtschaftlicher Not. ... In Deutschland leben 15 Millionen Menschen mit Migrationshintergrund, die Hälfte von ihnen besitzt einen deutschen Pass. Unsere Aufgabe wird sein, ihnen Chancen zu bieten, die vor allem Bildungschancen sein müssen. Aber genauso gilt es, Tendenzen entgegenzutreten, die mit unseren Wertvorstellungen nicht vereinbar sind ... Was sind unsere Werte? Und wie entschieden verteidigen wir sie? Die Frage, wo und wieweit Politik und Gesellschaft nicht nur fördern, sondern fordern müssen, wird die Diskussion der nächsten Zeit [über die Integration der Zuwanderer] bestimmen.“

Annette Rollmann: Editorial. In: Das Parlament vom 15.01.2007. S. 1

Wie Sie dem Quellentext 2 entnehmen, ist Migration ein aktuelles globales Phänomen. Auch im historischen Rückblick zeigt sich, dass Wanderungsbewegungen eigentlich einen „Normalfall der Geschichte“ darstellen. Einzelne oder Gruppen verlagern auf Zeit oder auf Dauer ihren sozialen Lebensmittelpunkt innerhalb der Grenzen eines Staates (Binnenmigration), grenzüberschreitend (Außenmigration) oder in der Form von Saisonwanderungen. Motive und Gründe hierfür sind sehr unterschiedlich, im Grunde geht es den Betroffenen aber stets um Arbeit und Brot sowie Frieden und Sicherheit.

Im 19. und 20. Jahrhundert verließen Auswanderer in großer Zahl den Alten Kontinent und suchten ihr Glück und eine neue Existenz in Übersee. Seit mehreren Jahrzehnten haben sich die Wanderungsströme umgedreht: Europa ist Einwanderungskontinent geworden. Aus dem Zustrom von Arbeitssuchenden ergeben sich Chancen und Probleme sowohl für die Herkunftsregionen als auch für die Aufnahmeländer. Für Europa bietet die Zuwanderung die Chance, den absehbaren Mangel an qualifizierten Arbeitskräften in einer alternden Gesellschaft zu decken. Aber unter den Migranten befinden sich auch viele gering oder gar nicht Qualifizierte. Nicht nur für diese Gruppe sondern für alle Zuwanderer ergibt sich die gesellschaftliche Aufgabe, die Probleme der Integration zu meistern und die Grundlagen für ein geregeltes Miteinander zu schaffen.

Material
Bogen zur Selbsteinschätzung
104105-2501

Kompetenzen überprüfen

Überprüfen Sie Ihre bei der Bearbeitung des Kapitels erworbenen Kompetenzen.
Nehmen Sie dabei die untenstehende Selbsteinschätzung Ihres Kompetenzstandes unter Verwendung der folgenden Klassifikation vor:
1 = stimmt
2 = stimmt überwiegend
3 = stimmt teilweise
4 = stimmt nicht
Eine Checkliste mit der Möglichkeit zum Kennzeichnen Ihres Kompetenzstandes steht Ihnen im Internetauftritt dieses Schulbuches unter dem Online-Link 104105-2501 zur Verfügung.

Führen Sie die Selbsteinschätzung zunächst allein durch. Vergleichen Sie dann die Ergebnisse im (Zweier-)Team. Arbeiten Sie schließlich Möglichkeiten und Methoden heraus, festgestellte Lücken zu schließen und Defizite zu beseitigen.
Wenn Sie Hilfe benötigen, wenden Sie sich an Ihre betreuende Lehrerin oder Ihren Lehrer.

Sachkompetenz – Ich kann ...
- anhand der Grafik 1 die Rolle Europas in den Migrationsbewegungen des 19. und 20. Jahrhunderts beschreiben,
- Ursachen der Emigration und Immigration nennen,
- mögliche soziale und wirtschaftliche Folgen der europäischen Emigration im 19. und 20. Jahrhundert für die Auswanderer- und Einwandererregionen erklären,
- Grundlagen der Freizügigkeit innerhalb der Europäischen Union darstellen,
- die mit dem Schengener Abkommen verbundenen Maßnahmen bewerten,
- Bevölkerungsstrukturen in Europa in ihren Ursachen und Folgen erläutern,
- Chancen und Probleme der aktuellen Zuwanderung nach Europa für die Aufnahmeländer erörtern.

Methodenkompetenz – Ich kann ...
- anhand von Fotos und Quellentexten für einen (fiktiven) afrikanischen „Bootsflüchtling“ die Lebenssituation in dessen Heimatland beschreiben,
- mithilfe von Grafiken und Quellentexten die Formulierung „Festung Europa“ überprüfen,
- Grafiken zur Altersstruktur und demografischen Alterung in Europa analysieren.

Handlungskompetenz – Ich kann ...
- sachlich fundiert an einer Diskussion über Chancen und Probleme der Integration von Migranten teilnehmen.

3

Natürliche Grundlagen: Nutzungen und Gefährdungen

Von den Tundren Skandinaviens bis zu den mediterranen Landschaften Südeuropas, von Hochgebirgen wie den Alpen bis zu ausgeprägten Tiefländern wie dem Osteuropäischen Flachland – im Hinblick auf seine naturräumliche Ausstattung zeigt der Kontinent Europa eine große Vielfalt. Die spezifischen klimatischen, hydrologischen, pedologischen und geologischen Voraussetzungen ermöglichen die wirtschaftliche Erschließung großer Teile des Kontinents und damit auch dessen dichte Besiedlung.
Doch ist die wirtschaftliche Nutzung immer auch mit Gefahren verbunden, wie das Satellitenbild der Bucht von Neapel eindrucksvoll zeigt. Fruchtbare vulkanische Böden und die gute verkehrstechnische Erschließbarkeit waren seit dem Altertum Gunstfaktoren für die intensive Besiedlung der Region in unmittelbarer Nähe des aktiven Vulkans Vesuv, dessen spektakuläre Ausbrüche in der Vergangenheit immer wieder Tausende Todesopfer forderten und schwere Zerstörungen zur Folge hatten.

- Welche Bedeutung hat die naturräumliche Ausstattung des Kontinents für die menschliche Nutzung?
- Welche Gefährdungen sind mit der Nutzung verbunden?

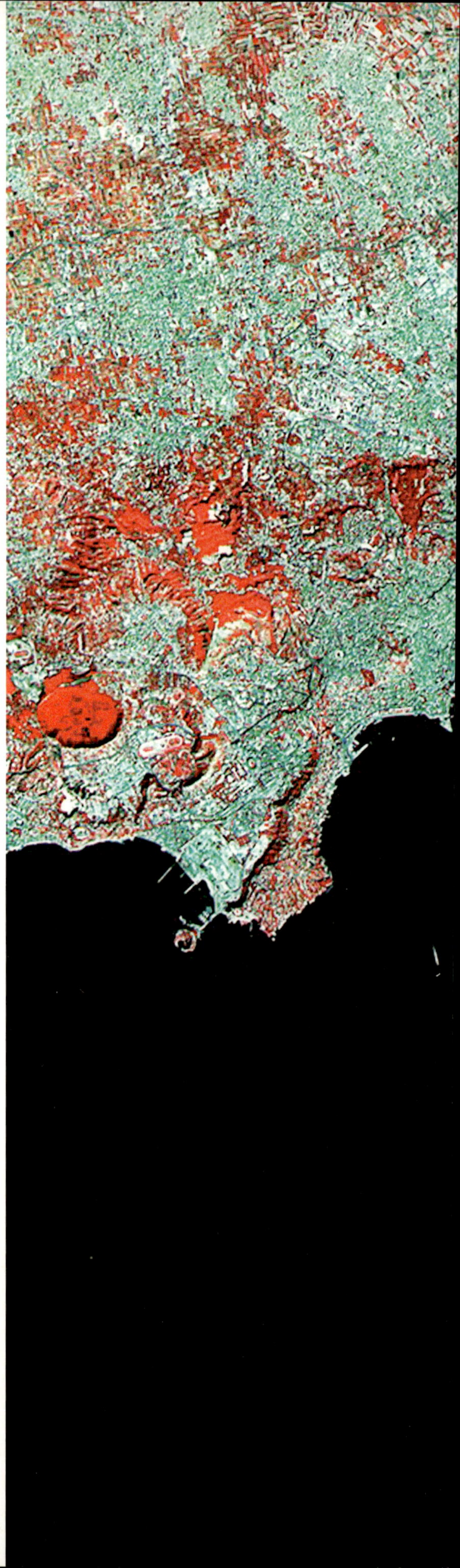

1 Thermalinfrarot-Satellitenbildaufnahme der Bucht von Neapel
(rot = Vegetation, grün = Beton, Mauerwerk oder Fels)

3.1 Naturräumliche Gliederung Europas

1 Großlandschaften Europas

Bereits ein kurzer Blick auf ein entsprechendes Satellitenbild oder eine Karte zeigt, dass Europa mit seinen tief gegliederten Küsten, seinen zahlreichen schiffbaren Flüssen und der daraus folgenden Hafengunst als ein den Meeren zugewandter Kontinent bezeichnet werden kann. Diese Lageverhältnisse begünstigen den Warenaustausch genauso wie die verkehrsmäßige Durchdringung des Kontinents. Weder in Ost-West- noch in Nord-Süd-Richtung existieren abweisende Verkehrsbarrieren wie zum Beispiel Wüstengürtel oder unüberwindbare Hochgebirge. Die Alpen und die Pyrenäen wurden dank ihres Reichtums an Bodenschätzen sehr früh besiedelt, sodass sie statt eines Gebirgshindernisses eher eine Klammer zwischen ihren zentraleuropäischen bzw. mediterranen Vorländern bilden.

Kompetenzen in diesem Kapitel erwerben:

- die Landschaft als einen Ausschnitt aus dem System Erde erkennen;
- die einzelnen Geofaktoren in ihrer Wechselwirkung erklären;
- den Kontinent Europa in naturräumlicher Hinsicht gliedern und beschreiben;
- mit Modellen – hier einem Modell der Landschaft – arbeiten.

Landschaft

Wenn wir im Alltag von „europäischen **Landschaften**" sprechen, entstehen in aller Regel positive Assoziationen, beispielsweise von der „bezaubernden Landschaft", die wir im Urlaub in den Alpen oder an der Mittelmeerküste gesehen haben. Dabei ist oft eine Verknüpfung mit dem Begriff „Natur" selbstverständlich, z.B. bei einem bewaldeten Hügel. Der Begriff Landschaft kann aber auch komplexer für einen Natur- oder Kulturraum verwendet werden, beispielsweise für die Toskana oder das Thüringer Becken.

In geographischer Hinsicht steht der Begriff Landschaft für einen Teil der Erdoberfläche. Dieser wird durch das Zusammenwirken verschiedener **Geofaktoren** wie z.B. Relief, Wasser, Boden, Klima und Bios geprägt. Je nach Art und Gewichtung der Geofaktoren ergibt sich ein kleinräumiges Muster von unterschiedlich großen Einzellandschaften (z.B. Lüneburger Heide),

Material

Naturräumliche Gliederung Europas

104105-3101

2 **Modell der Landschaft**

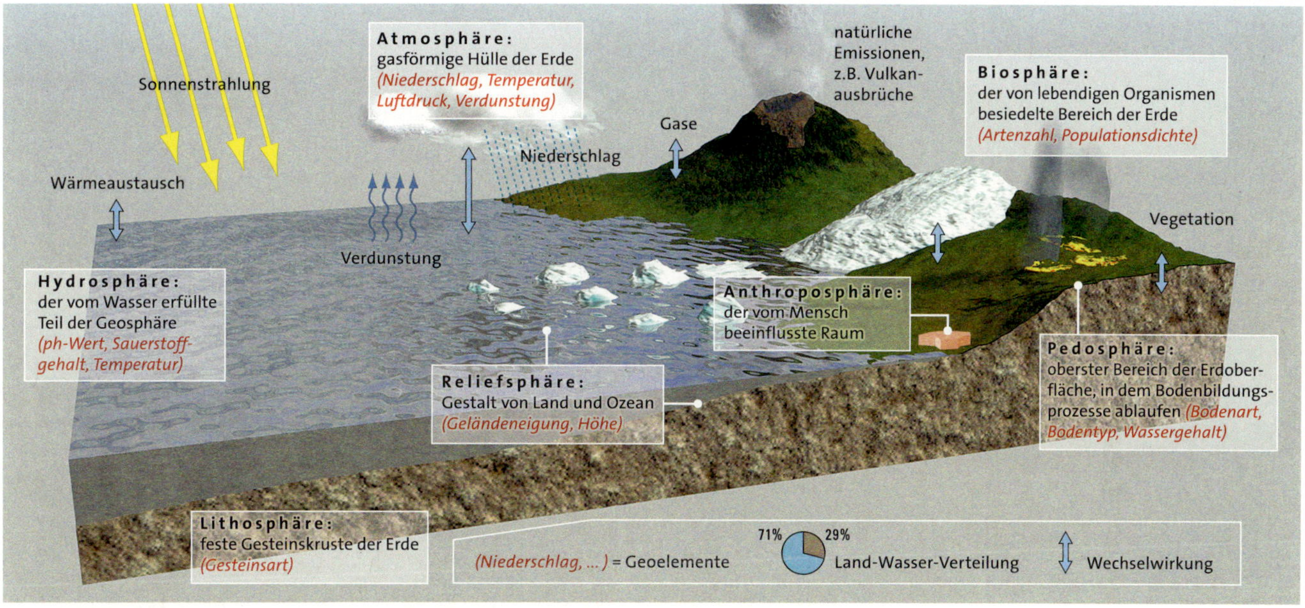

3 **Realer Landschaftsausschnitt: Küstenlandschaft auf den norwegischen Lofoten**

die wiederum zu größeren Einheiten, den Großlandschaften (z. B. Norddeutsches Tiefland), zusammengefasst werden können.

Naturlandschaften, d. h. weitgehend vom Menschen unbeeinflusste Landschaften, gibt es heute in Europa kaum noch. Seit der Antike hat die intensive menschliche Nutzung großer Teile des Kontinents zu einer starken Veränderung der meisten Landschaften Europas geführt, so dass man in diesem Zusammenhang von **Kulturlandschaften** spricht. Vor allem aber seit der Industriellen Revolution hat dieser Wandel stark zugenommen, wobei sich das Tempo der Eingriffe nahezu ständig verschärft hat.

Geofaktoren
die das Aussehen einer Landschaft bestimmenden natürlichen Gegebenheiten (z. B. Relief, Klima, Vegetation), i. w. S. auch vom Menschen geschaffene Gegebenheiten (z. B. Siedlungen, Verkehrswege). Man unterscheidet endogene Geofaktoren (d. h. Kräfte mit Ursprung im inneren der Erde) und exogene Geofaktoren, d. h. Kräfte, die von außen gestaltend auf die Erdoberfläche einwirken.

1 Beschreiben Sie an einem ausgewählten Beispiel Zusammenhänge zwischen einzelnen Sphären im Landschaftsmodell (Grafik 2).

2 Vergleichen Sie das Modell mit der realen Landschaft (Foto 3), indem Sie Aussagen des Modells auf die norwegische Küstenlandschaft anwenden.

3 Arbeiten Sie anhand der Karte 1 die Gliederung Europas in Großlandschaften heraus.

3.2 Bewegtes Europa

1 Die Entwicklung Europas in der Erdneuzeit

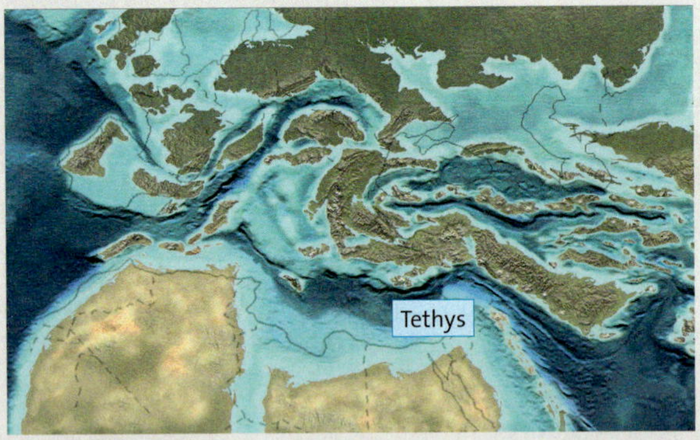

vor ca. 65 Mio. Jahren

vor ca. 45 Mio. Jahren

vor ca. 24 Mio. Jahren

vor ca. 5 Mio. Jahren

Kompetenzen in diesem Kapitel erwerben:
- die erdgeschichtliche Entwicklung Europas in Grundzügen beschreiben;
- die Bedeutung der geologischen Voraussetzungen für die menschliche Nutzung erläutern;
- thematische Karten zur geologischen Entwicklung auswerten;
- die Chancen und Probleme der Besiedlung geologischer Risikogebiete erörtern.

Das europäische Puzzle

Europa war nicht immer eine einheitliche Landmasse. Im Untergrund verborgen weisen geologische Verwerfungen darauf hin, dass hier früher Grenzen von Kontinentalplatten aneinander stießen. Die genaue Lage der ehemaligen Plattengrenzen lässt sich nur schwer ermitteln, da sich in den Nahtzonen die Gesteine durch extremen Druck und hohe Temperaturen umgewandelt haben. Lediglich Gebirgsstränge, die beim Zusammenstoßen der Kontinentalschollen entstanden sind, weisen auf die einstige Zerrissenheit des europäischen **Kontinents** hin.

Die älteste Gesteinsmasse Europas ist der Baltische Schild. Er besteht aus Resten des erdurzeitlichen Kontinents „Baltica" und ist aus bis zu 2,8 Mrd. Jahren alten Graniten, Gneisen und Schiefern aufgebaut. Vor über 400 Mio. Jahren kollidierte der Baltische Schild, der zumindest in seinen Randbereichen mit Sedimenten bedeckt war, mit dem ebenso alten Grönländischen Schild. Beim Zusammenstoßen der beiden Kontinentalplatten wurden die Plattenränder sowie die abgelagerten Sedimente gefaltet, überschoben und gehoben. Es entstand das Kaledonische Gebirge des Schottischen Hochlands und Norwegens, dessen über 5 000 m hohe Berge in den folgenden 100 Mio. Jahren weitgehend zum Rumpfgebirge abgetragen wurden. Die Vereinigung der beiden Landmassen legte den Grundstein für die heutige Gestalt des europäischen Kontinents.

Das zweite für die europäische Kruste bedeutende Ereignis fand im Karbon statt. Die Gondwanaplatte vereinigte sich mit nördlichen Platten zum Superkontinent Pangäa. An Stellen, an denen größere und kleinere Kontinentalschollen zusammenstießen, entstanden

Material
Plattentektonik
104105-3201

2 Geologische Zeittafel

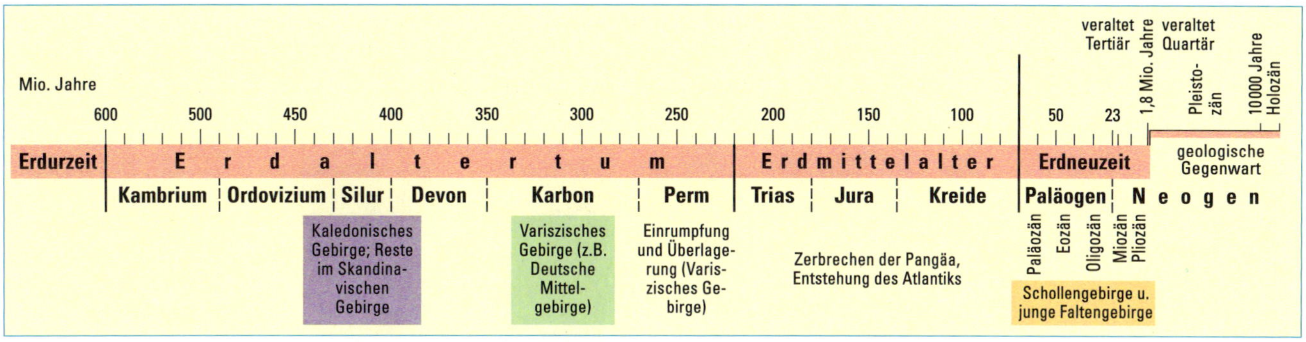

Gebirgsstränge. Sie gehören der variszischen Gebirgsbildung an. Zwischen den Gebirgen lagen flache Meere, in die sich damals weite Deltas vorschoben. Hier wuchsen mächtige Sumpfwälder, aus denen sich die großen Kohlefelder Großbritanniens, Belgiens, Deutschlands und Polens bildeten (vgl. S. 75).
Später, im Perm, näherte sich von Osten eine weitere Kontinentalplatte. Beim Zusammenstoß mit dem Ostrand der Europäischen Platte wurde das Uralgebirge aufgefaltet. Jetzt waren alle Kontinente zum Urkontinent Pangäa vereinigt.
Aber schon mit Beginn des Erdmittelalters begann der Superkontinent in einzelne Schollen zu zerbrechen. Diese haben sich seitdem zu den heute bekannten Kontinenten entwickelt. Zwischen ihnen sind neue Ozeane entstanden. Damit beginnt das dritte für die Entstehung Europas bedeutende geologische Ereignis. Zwischen den Kontinentalblöcken von Europa und Afrika bildete sich der von Westen nach Osten verlaufende Ozean der Tethys. Das Tethysmeer war kein zusammenhängender Ozean, sondern bestand aus einem Mosaik von Mikroplatten, die den Meeresraum in zahlreiche Teilbecken und Schwellen gliederten. Als sich im Paläogen (siehe Grafik 2) die afrikanische Kontinentalplatte auf den europäischen Kontinent zu bewegte, wurde das Meeresbecken der Tethys verengt, die hier abgelagerten Sedimente zusammen geschoben und die Mikroplatten zu eigenen Bewegungen veranlasst. Als Folge dieser plattentektonischen Einengung entstanden die jungen Faltengebirgszüge, die in langen Ketten den europäischen Süden durchziehen.

3 Geotektonische Gliederung Europas im erdgeschichtlichen Zusammenhang

Nach Rudi Stauch: Wir schweißen Europa zusammen! In: Geographie heute, 12. Jg., H. 4. Velber: Friedrich 1991, S. 20

Pangäa (griech. pan – alles, allumfassend, gaia – Erde) Vereinigung aller Landmassen der Erde zu einem riesigen Superkontinent vom Karbon bis zum Jura

Gondwana (= Land der Gond, nach einem zentralindischen Volk)
Aus Teilen des heutigen Südamerika, Afrika, Antarktis, Australien und Indien bestehender Urkontinent auf der Südhalbkugel, der vermutlich während des Erdmittelalters zerfiel. Auf der Nordhalbkugel gab es zur gleichen Zeit den Urkontinent Laurasia.

1 Model 1 veranschaulicht die komplizierten Verhältnisse im Meeresbecken der Tethys. Beschreiben Sie, wie sich die Tiefseebecken von Atlantik und Tethys im Laufe der Erdneuzeit entwickelt haben.
2 Erstellen Sie eine zeitlich geordnete Tabelle der geologisch-tektonischen Einheiten Europas. Geben Sie Beispielräume an.
3 Die variszische Gebirgsbildung hat wesentlich zur Gestaltung des europäischen Kontinents beigetragen. Überprüfen Sie diese Aussage mithilfe heute noch vorfindbarer Spuren dieser Gebirgsbildung. Recherchieren Sie dazu im Internet.

4 **Satellitenbild des Ausbruchs des Ätnas vom 29. 10. 2002**

Erdbeben und Vulkanismus im Mittelmeerraum

Vulkanismus

Der Vesuv ist einer der aktivsten und gefährlichsten Vulkane. Immer wieder legte er im Laufe seiner Entwicklung Ruhephasen ein, um dann um so heftiger auszubrechen. Am bekanntesten ist sein Ausbruch von 79 n. Chr. geworden, bei dem vermutlich 1 500 Menschen starben und die blühenden Städte Pompeji und Herkulaneum unter Aschefluten begraben wurden. Es folgte eine unerwartete Explosion 1631, die rund 4 000 Menschen ebenfalls unvermittelt den Tod brachte. Ein erneuter überraschender Ausbruch wäre mit unvorhersehbaren Folgen verbunden, denn in der besonders gefährdeten Zone leben heute rund 700 000 Menschen.

Der momentan 3 350 m hohe Ätna liegt genau auf der Bruchlinie zwischen Eurasischer und Afrikanischer Platte. Er ist seit Jahrhunderten aktiv. An seinen vier Hauptkratern kommt es kontinuierlich zu kleineren Explosionen und zu Ascheauswurf. Auf mehrjährige Ruhephasen folgen aktive Phasen, bei denen aus großen Flankenrissen z. T. mächtige Lavaströme herausschießen.

Gefahren und Nutzen

Trotz der allgegenwärtigen Bedrohung durch die Vulkane zogen die Menschen stets sehr viel mehr Nutzen aus ihnen, als dass sie geschädigt wurden. Neben der Energiegewinnung in Zonen mit heißem Untergrund lässt sich vulkanisches Gestein als vielseitig verwendbarer Baustoff einsetzen. Verwitterte Vulkanite liefern darüber hinaus äußerst ertragreiche Böden, sodass die Hänge an Vulkanen trotz hoher Gefährdung oft landwirtschaftlich intensiv genutzt werden. Thermalquellen sind ebenso wie erloschene, schlafende oder aktive Vulkane reizvolle Touristenziele.

Gerade an den Plattengrenzen ist ein hohes geothermisches Potenzial vorhanden. Insofern verwundert es nicht, dass Italien als Pionier der Erdwärmenutzung gilt. Bereits im Jahre 1913 wurden die produktiven Dampfvorkommen in der Toskana genutzt, indem im weltweit ersten geothermischen Kraftwerk in Larderello mit der Stromproduktion begonnen wurde. Heute fördert man den ca. 250 °C heißen Wasserdampf bis aus einer Tiefe von 3 500 m an die Oberfläche. In 60 geothermischen Zentralen werden mit über 650 MWt zwar nur 1,5 % der gesamten italienischen Stromproduktion erzeugt, doch liegt das Land damit an fünfter Stelle in Europa.

Surftipp
Vulkanismus
104105-3202

Surftipp
Tsunamis im Mittelmeerraum
104105-3203

5 Geologie und Tektonik in Europa und Vorderasien

Nach Horst-Günter Wagner: Mittelmeerraum. Darmstadt: Wissenschaftliche Buchgesellschaft 2001, S. 214

Die Regionen Toskana und Latium bieten für die Nutzung von Erdwärme zum Teil sehr gute natürliche Voraussetzungen, da in diesem Bereich die Tyrrhenische unter die Eurasische Platte abtaucht, wobei erheblich mehr Wärme aus dem Erdinneren an die Oberfläche fließt als in tektonisch ruhigen Gebieten.

Dennoch besteht an den Nahtstellen der Kontinentalplatten, vor allem in Gebieten mit bruchtektonischen Vorgängen, eine ständige, kaum berechenbare Gefahr. Heftige Erdbeben haben im Mittelmeerraum häufig folgenschwere Schäden mit sich gebracht und stellen auch in Zukunft eine ernst zu nehmende Gefährdung für die Bevölkerung und die wirtschaftliche Entwicklung dar.

6 Heftige Erdbeben in Europa mit folgenschweren Schäden

Nach Turandot – Internet-Portal für Wissenschaft, Bildung, Frauen, Kunst und Kultur in Berlin: Naturgewalt – Erdbeben, unter: www.naturgewalt.de (Zugriff vom 25.02.2010)

Jahr/Ort	Stärke	Zahl der Opfer
2010 L'Aquila/Italien	6,3	fast 300 Todesopfer
2002 Mittelitalien	5,9	29 Tote, davon viele Kinder
1999 Istanbul/Izmir	7,4	über 17 000 Todesopfer
1997 Assisi/Umbrien		11 Todesopfer
1992 Erzincan/Türkei	6,7	500 Tote

4 Modell 1 (S. 38) veranschaulicht die Verengung des Tethysmeeres.

a) Beschreiben Sie in der Karte 5 den aktuellen Verlauf der Plattengrenzen und -bewegungen im Mittelmeerraum.

b) Ermitteln Sie die besonders erdbebengefährdeten Regionen.

5 Die Flutkatastrophe in Südostasien 2004 rückte stärker ins Bewusstsein, dass auch Mittelmeerstrände keineswegs sicher vor Flutwellen sind. Erörtern Sie mithilfe des Internet die Gefahr von Tsunamis im Mittelmeerraum.

7 **Vulkanische Erscheinungen und Nutzung der Erdwärme auf Island**

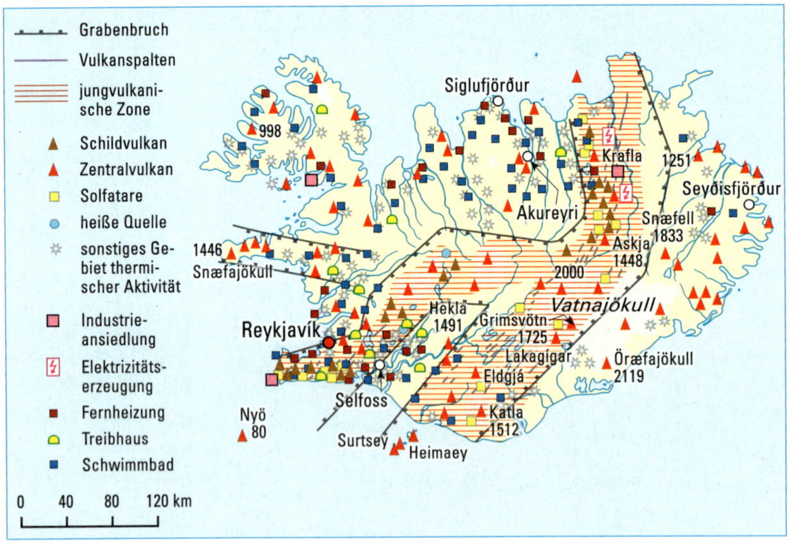

10 **Einbau einer Bodenheizung in eine Hauptstraße von Reykjavik**

8 **Geysir Strokkur**

9 **Insel aus Feuer und Eis**

„So ruhig und in sich gelassen Island oft wirkt, die Insel ist immer noch in Bewegung ... Alle fünf Jahre, so Seismologen, bricht auf Island ein Vulkan aus. Zuletzt war es der Hekla im Süden der Insel, der Ende Februar 2000 ein Feuerwerk aus einer fast sieben Kilometer langen Eruptionsspalte spie. Gleichzeitig ist Islands Oberfläche zu einem Zehntel vereist. Allein der Vatnajökull-Gletscher ist größer als alle Alpengletscher zusammen. Seine Seen werden von der unterirdischen Vulkanhitze vorm Gefrieren bewahrt. Aus Feuer und Eis geht das dritte Island prägende Element hervor: Wasser. Es existiert in allen drei Aggregatzuständen: flüssig, dampfend oder gefroren. Unvorstellbare Mengen Gletscherschmelzwasser donnern im Sommer den engen Cañon des ‚goldenen Wasserfalls' Gullfoss hinunter, rauschen den mächtigen Dettifoss oder den von Basaltsäulen gesäumten Svartifoss hinab. Alle paar Minuten schießt kochend heißes, dampfendes Wasser aus dem Geysir Strokkur im Haukadalur und aus dem Solfatarenfeld am Kverkfjöll wabern Dampfschwaden zwischen bizarren Eisblöcken hoch ..."

SPIEGEL ONLINE: Island – Heimat der Trolle und Feen, vom 20.02.2003, unter: www.spiegel.de/reise/fernweh/0,1518,druck-236995,00.html

Fallbeispiel Island: regenerative Energie aus der Tiefe

Auf Island lässt sich ablesen, welche Vorgänge an den plattentektonisch bedingten Nahtstellen der Erdkruste noch heute stattfinden. Die Insel liegt nicht nur direkt an der Grenze zweier auseinander driftender Kontinentalplatten, sondern sitzt auch mitten auf einem Hot spot, d.h. einer Stelle, an der glühendes Magma aus dem Erdmantel bis in die Erdkruste vordringen kann. Dieser geologischen Situation verdankt die Insel ihre Entstehung. Vor etwa 25 Mio. Jahren durchdrangen Lavamassen den Meeresboden und ließen im Verlauf zahlreicher Eruptionen die Insel in die Höhe wachsen, bis sie schließlich über den Meeresspiegel aufragte.

Island ist Teil des Mittelatlantischen Rückens, der die Plattengrenze zwischen der Nordamerikanischen und der Eurasischen Kontinentalplatte bildet. Durch das unvermindert anhaltende Auseinanderdriften der Erdplatten brach auf der Insel ein Zentralgraben auf, der von einem dichten vulkanischen Spaltensystem begleitet wird. Auf diese jungvulkanische Zone, die kaum mehr als 100 km breit ist und sich im Süden in zwei parallele Stränge teilt, beschränken sich die vulkanischen Aktivitäten (Karte 7). Nur hier kommen Magmenkammern vor, in denen Gesteinsschmelzen z.T. aus 20 km

Surftipp
Vulkanismus in Island
104105-3204

Surftipp
Geothermie
104105-3205

11 Geothermalkraftwerk Kráfla im Nordosten Islands (60 MW installierte Leistung)

Tiefe direkt an die Oberfläche aufsteigen und zu Vulkaneruptionen führen.
Die beiden Kontinentalplatten zerren die Insel im Norden mit etwa 2 cm/a, im Südteil mit durchschnittlich 4,5 cm/a auseinander. Dabei entstehen Querbrüche, die rechtwinklig zum Zentralgraben verlaufen. Über Jahre hinweg bauen sich im Bruchsystem Spannungen auf, die sich in Erdbeben entladen und bis in die Gegenwart zu erheblichen Verschiebungen auf der Insel führen können.

Vulkaninsel Island – ideale Voraussetzungen für die Nutzung von Erdwärme

Aufgrund des vulkanischen Charakters von Island existiert ein verstärkter aufwärts gerichteter geothermischer Gradient. 37 aktive Vulkane heizen den Untergrund auf, sodass eindringendes Niederschlagswasser erwärmt wird und als heißes Grundwasser oder Wasserdampf an der Oberfläche austreten kann. Heiße Quellen, Geysire und Wasserdampfspalten sind sichtbare Zeichen des geothermischen Potenzials der Insel. Nur wenige hundert Meter unter der Erdoberfläche herrschen in wasserführenden Gesteinsschichten Temperaturen von bis zu 350 °C.
In den Hochtemperaturgebieten der jungvulkanischen Zone tritt heißes Grundwasser bzw. Wasserdampf mit Temperaturen von über 100 °C, in den Niedrigtemperaturgebieten der tertiären Basaltregionen im Mittel mit 75 °C an Bohrlöchern aus (Karte 7). So können bereits heute etwa 90 % der isländischen Haushalte mit Erdwärme versorgt werden. Gleichzeitig treibt überschüssiger Wasserdampf in fünf Geothermiekraftwerken Turbinen an und erzeugt jährlich ca. 655 GWh Strom. Der Inselstaat sieht beste Chancen, in spätestens 30 Jahren völlig unabhängig von fossilen Brennstoffen zu sein. In Zukunft soll die Kapazität der Geothermiekraftwerke ausgebaut werden, sodass dann Energie in großen Mengen erzeugt und exportiert werden kann.

12 Nutzung der Erdwärme 2007

Nach Geothermische Vereinigung – Bundesverband Geothermie e. V.: Direkte Nutzung geothermischer Energie in Europa, unter: www.geothermie.de (Zugriff vom 25.02.2010)
*Megawatt thermisch = thermische Leistung eines Kraftwerkes

	Installierte Leistung (MWt*)
Island	1 844
Türkei	1 385
Deutschland	952
Ungarn	694
Italien	650
Schweiz	650

6 Erklären Sie mithilfe geeigneter Atlaskarten das gehäufte Auftreten aktiver Vulkane auf Island.

7 Zwei gegensätzliche Elemente kennzeichnen Island: Feuer und Eis. Erklären Sie die Ursachen für das enge Nebeneinander dieser beiden Naturphänomene.

8 Stellen Sie Chancen und Risiken dar, die sich durch Islands Lage in einer aktiven Dehnungszone ergeben.

3.3 Klimavielfalt in Europa

1 Landschaft auf Spitzbergen

2 Landschaft auf Kreta

Kompetenzen in diesem Kapitel erwerben:
- den Kontinent Europa im Hinblick auf Klima- und Vegetationszonen beschreiben;
- Klimadiagramme sowie Klimakarten auswerten und bearbeiten;
- die Bedeutung des Golfstromes für das Klima Europas erklären.

Entsprechend seiner Lage auf unserem Planeten, der Größe des Kontinentes und seines Reliefs herrschen in Europa sehr unterschiedliche klimatische Bedingungen, die sich in der Ausprägung spezifischer **Klimazonen** niederschlagen. Im äußersten Norden des Kontinents sorgt auf der Inselgruppe von Spitzbergen eine mittlere Jahrestemperatur von −6,5 °C dafür, dass die Fläche zu vier Fünfteln von Eis und Schnee bedeckt ist und nur an einigen geschützten Stellen vereinzelt Gräser, Flechten und Moose wachsen können. Ein völlig anderes Bild erschließt sich am südlichsten Vorposten Europas. Regenreiche Winter und heiße, trockene Sommer lassen auf der Insel Kreta eine typisch mediterrane Vegetation gedeihen.

1 Charakterisieren Sie das jeweils vorherrschende Klima anhand der Fotos 1 und 2.

2 Vergleichen Sie die Klimadiagramme von Valentia (IRL), Prag und Saratow im Hinblick auf eine Regelhaftigkeit von Temperatur und Niederschlag miteinander.

3 Europa von West nach Ost:
a) Fertigen Sie für Europa ein maßstabsgetreues Profil der Jahresniederschläge und der Jahresdurchschnittstemperaturen entlang 50° n. Br. an.
b) Erklären Sie die klimatischen Veränderungen.

4 Beschreiben Sie die Veränderung des Klimas von Norden nach Süden anhand einer Betrachtung der Stationen Vardø, Prag und Athen.

5 Erklären Sie mithilfe von Atlaskarten den Zusammenhang zwischen dem Klima (Klimadiagramme), den Klimazonen und der potenziell natürlichen Vegetation Europas.

6 Erläutern Sie den Klimatyp des subtropischen Winterregengebietes (Mittelmeerklima) unter Berücksichtigung der atmosphärischen Zirkulationsverhältnisse.

Material
Klimazonen
104105-3301

3 Klima- und Vegetationszonen in Europa (nach Troll und Paffen)

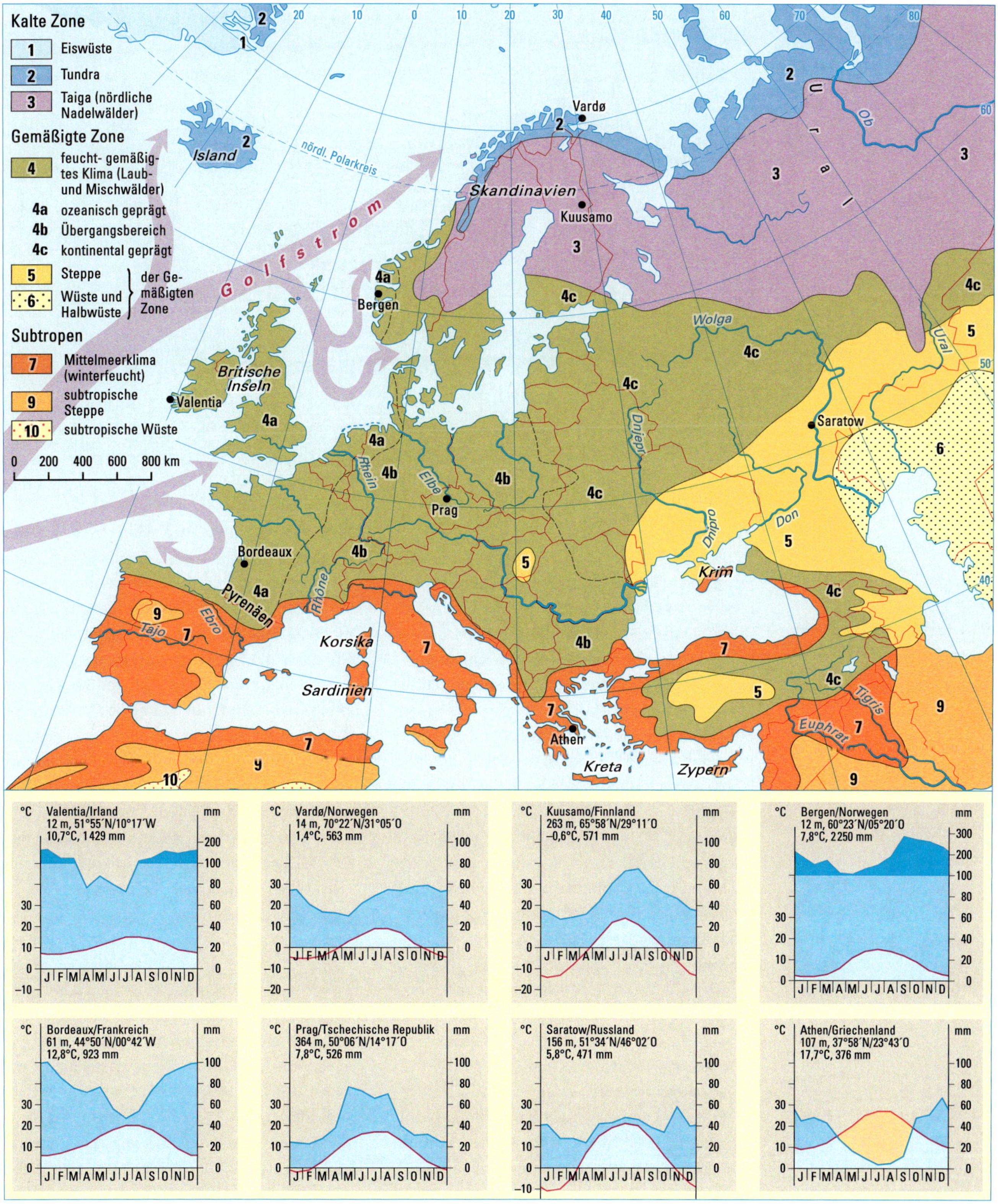

4 Globale thermohaline Zirkulation (marines Förderband)

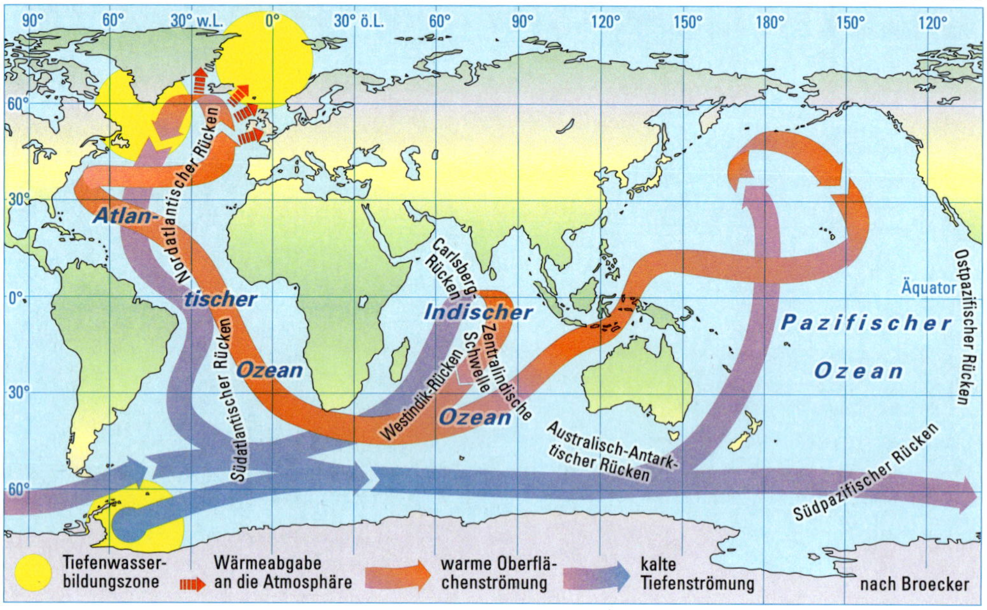

Fernwärme für Nord- und Westeuropa

Palmen in Irland, Kornfelder in Südskandinavien und der Hafen von Murmansk eisfrei! Wie sind solche für die Breitenlage erstaunlichen Erscheinungen möglich? Nach der eingestrahlten Sonnenenergie müsste das westliche und nördliche Europa eigentlich ähnliche Klimaverhältnisse aufweisen, wie sie auf der gegenüberliegenden Seite des Atlantiks in den Eis- und Tundrengebieten Labradors oder Südgrönlands anzutreffen sind.

Den Grund für das ungewöhnlich milde und ausgeglichene Klima im Norden Europas zeigt die Momentanaufnahme der oberflächennahen Strömungsgeschwindigeit in Modell 6. Meeresströmungen sind in der Lage, das Klima des küstennahen Festlands nachhaltig zu beeinflussen, denn Wasser kann thermische Energie speichern und über große Entfernungen und Zeiträume hinweg transportieren. Die Oberflächenströmungen des Golfstromsystems lenken das tropisch warme Wasser aus dem Golf von Mexiko in Richtung Europa und führen hier zu einem Temperaturgewinn von bis zu 10 °C (Lofoten). Ohne die herangeführte Wärme wären in Nordeuropa die Winter länger und kälter.

Welche Kraft treibt den Golfstrom an?

Die stetig wehenden Passatwinde treiben große Mengen warmen Wassers aus dem tropischen Atlantik nach Westen. Diese Wassermassen werden an der Küste Südamerikas in den nördlichen Atlantik gelenkt. Mit einer mächtigen Strömung wird das warme Wasser zwischen der Halbinsel Yucatán und Kuba in den Golf von Mexiko gepresst, weiter erhitzt und über die Floridastraße in den Atlantik gedrückt. Nördlich der Inselgruppe der Bahamas vereinigen sich Floridastrom und Antillenstrom zum Golfstrom. Beim Zusammentreffen mit dem kalten Labradorstrom löst sich der Golfstrom von der Küste und wird mit der Westwinddrift über den offenen Atlantik nach Europa getrieben.

In Mäandern fließen die Warmwasser in Richtung Europa und beginnen sich zu verzweigen. Einer der Äste, der Nordatlantische Strom, reicht bis vor die norwegische Küste und lässt sich schließlich bis nach Spitzbergen verfolgen. Die vom Golfstromsystem nach Europa transportierte Wärme wird auf die unvorstellbare Größe von 300 Mio. kWh (1 080 000 GJ) pro Sekunde geschätzt.

Mindestens ebenso wichtig wie die Luftmassenbewegungen sind für den Antrieb der Strömung die Dichteunterschiede im Meerwasser.

Material
Infoblatt Golfstrom
104105-3302

Surftipp
Fernwärme für Europa
104105-3303

5 Kann der Golfstrom versiegen?

„Klimamodelle der Universität Bern lassen die künftige Klimaerwärmung berechnen, wobei die Unsicherheiten in den Einflussgrößen systematisch berücksichtigt werden. In einem moderaten CO_2-Emissionsszenario wird eine Erwärmung von 2,5 °C bis ins Jahr 2100 prognostiziert. ... Die globale Erwärmung beeinflusst auch die thermohaline Zirkulation des Atlantiks. Durch die Erwärmung der Oberfläche des Ozeans erfolgt eine Reduktion der Dichte des Wassers. Dazu kommt, dass in einem wärmeren Klima der Wasserkreislauf tendenziell verstärkt wird und somit mehr Niederschlag in Bereichen des Nordatlantiks fällt. Dies verringert ebenfalls die Dichte und verstärkt den temperaturbedingten Effekt. Somit wird es zunehmend schwieriger, Tiefenwasser in den hohen geographischen Breiten zu bilden. ... Simulationen zeigen, dass im Jahr 2100 mit einer Reduktion der Zirkulation bis zu über 50 % gerechnet werden muss. Es ist zu beachten, dass die Unsicherheit der Prognosen ... recht groß ist. [Allerdings kann die globale Erwärmung] längerfristig sogar zu einem vollständigen Abstellen der thermohalinen Zirkulation führen ....“

Thomas Stocker: Die Erde im Treibhaus – Eine Herausforderung für das 21. Jahrhundert, in: Bulletin SEV/VSE 1/2007. Fehraltorf: Verlag Technische Medien, S. 12

Salzhaltiges kaltes Wasser hat ein höheres spezifisches Gewicht und sinkt im nördlichen Atlantik zwischen Island und der Südspitze Grönlands in tiefe Ozeanschichten ab. Damit muss wärmeres, oft weniger salzhaltiges Wasser nachströmen. Da bei dieser Tiefenströmung sowohl die Temperatur als auch der Salzgehalt eine Rolle spielen, spricht man von der sogenannten **thermohalinen Zirkulation** (halinos = griechisch: aus Salz).

6 Momentaufnahme der oberflächennahen (100 m Tiefe) Strömungsgeschwindigkeit in einem hochauflösenden Ozeanmodell

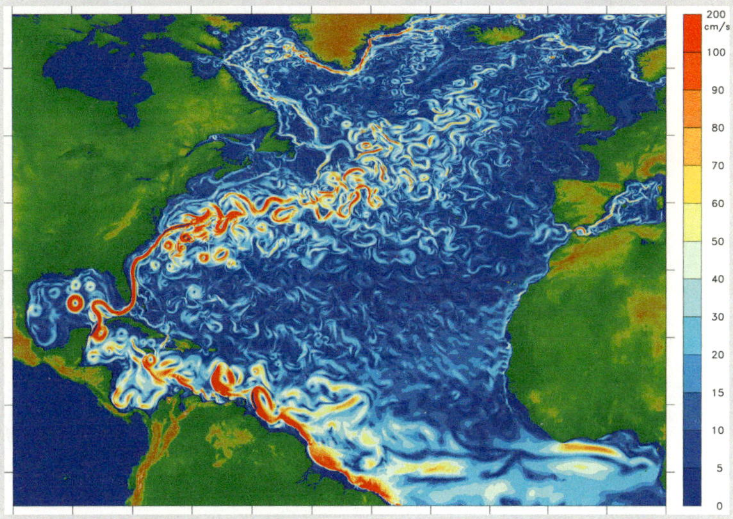

7 Golfstrom: Normalsituation (oben) und Szenario des Versiegens des Golfstroms (unten)

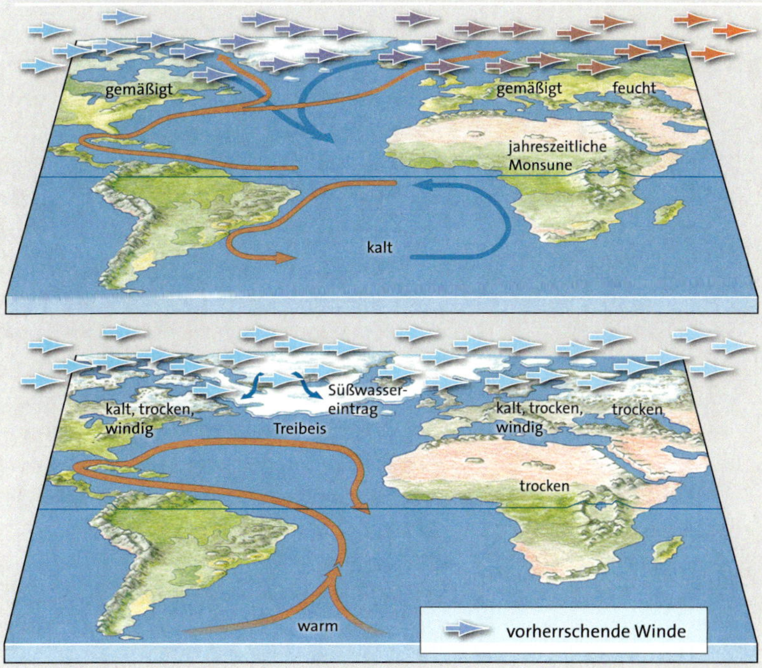

7 Beschreiben Sie den Verlauf des Golfstroms.

8 Erklären Sie die Antriebskräfte des Golfstroms.

9 Diskutieren Sie die klimatischen und wirtschaftlichen Folgen im Falle eines Versiegens des Golfstroms.

3.4 Klima im Wandel

1 Wie die Alpen in der letzten Eiszeit: Eisstromnetz in Grönland

Kompetenzen in diesem Kapitel erwerben:
- die Klimaentwicklung der jüngeren Erdgeschichte in Grundzügen beschreiben;
- die Ursachen der Klimaschwankungen benennen;
- den Einfluss der Kalt- und Warmzeiten auf die Landschaftsentwicklung Europas erläutern;
- die Gletscherentwicklung in den Alpen unter dem Einfluss des Klimawandels erläutern;
- die Folgen des Gletscherschwundes in den Alpen bewerten.

Spuren der Eiszeiten

In allen Zeiten der Erdgeschichte gab es stärkere Klimaschwankungen. Zeiten der Abkühlung wurden abgelöst von Perioden, in denen die globalen Temperaturen anstiegen. Ausgehend vom heutigen weltweiten Temperaturmittel von etwa 14,5 °C waren die Temperaturen seit dem Beginn des **Pleistozän** in den **Warmzeiten** um bis zu 3 K höher und in den **Kaltzeiten** um bis 9 K niedriger. Das allerdings reichte aus, große Teile der Kontinente unter einem mächtigen Eispanzer verschwinden zu lassen. Gerade die letzten beiden Jahrmillionen waren durch einen häufigen Klimawechsel gekennzeichnet.
In weiten Teilen Nordeuropas und in den höheren Gebirgslagen Mittel- und Westeuropas haben während dieser Kälteperioden Inlandeismassen und Gletscher das Landschaftsbild entscheidend geprägt. In den Alpen füllten die Eismassen Gebirgstäler aus und flossen zu einem weitläufigen Eisstromnetz zusammen (Foto 1). Sie konnten aber im Gegensatz zum nordeuropäischen Inlandeis niemals das Gebirge völlig mit Eis bedecken. Die aus dem Eis herausragenden Gipfel waren im frostigen Klima der **Eiszeit** einer besonders intensiven Verwitterung ausgesetzt. Unterhalb der Gipfel schliff das Gletschereis Kare heraus. Die Hänge ehemaliger Flusstäler wurden beim Durchfließen der Eisströme versteilt, Talböden abgeschürft und Vorsprünge weggefräst, was breite Trogtäler schuf, in denen die Gletscher weitgehend ungehindert abfließen konnten.
Gewaltige Eismassen führten über Jahrtausende auf ihrem Weg vom Nährgebiet zum Zehrgebiet große Mengen an Gesteinsschutt mit sich, die sie beim Austreten der Gletscher aus ihrem gebirgigen Hinterland im Vorland als Moränen ablagerten. Die abschmelzenden Eisströme hinterließen an ihren Randlagen charakteristische Landschaftsformen. Die im Idealfall regelhaft angeordnete Abfolge von Grundmoränenlandschaft mit Zungenbecken (-see), Endmoränenwall, Sander (bzw. Schotterfläche) und Urstromtal werden zum Modell der **glazialen Serie** zusammengefasst.
In weiten Teilen Skandinaviens kam es nach dem Abschmelzen des Eises zu erheblichen Landhebungen (Isostasie), die in Gebieten mit besonders großer Eismächtigkeit seit dem Ende der letzten Eiszeit Beträge von bis zu 300 m erreichten. Infolge der hohen Reliefenergie kann sich für diese häufig aus Meeressedimenten bestehenden und aus dem Meer gehobenen Gebiete die Gefahr von Rutschungen ergeben.
Die vor etwa 11 000 Jahren einsetzende Erwärmung führte zum Abschmelzen des Inlandeises und erreichte vor etwa 6 000 bis 4 000 Jahren ein erstes Optimum. Auch die Blütezeit des römischen Reiches fällt in eine solche Warmphase mit besonders niederschlagsreichen Wintern. Nur so konnte Nordafrika zur „Kornkammer" Roms werden. Dagegen gingen die Bauern in Süddeutschland während der sogenannten „Kleinen Eiszeit" (vom 16. bis zum 19. Jahrhundert) vom Weinbau zur Bierherstellung über.

Grönland – eine Region mit eiszeitlichen Bedingungen

Die gegenwärtig in Europa vorhandenen Gletscher sind so weit zurück geschmolzen, dass sie kaum einen Eindruck von den gewaltigen Dimensionen der quartären Eisbedeckung vermitteln können. Klimaverhältnisse, die dem kaltzeitlichen Europa in etwa gleichen, findet man heute noch auf Grönland. Die nördliche Lage der Insel, der aus dem Nordpolarmeer

Material
Infoblatt Glaziale Serie
104105-3401

Material
Natürliche Klimaänderungen im Lauf der Erdgeschichte
104105-3402

2 Ursachen für natürliche Klimaänderungen

„Klimaänderungen sind die Folge von Änderungen in der Energiebilanz der Erde. [Deren Ursachen können sein]:
1. Änderungen in der Umlaufbahn der Erde um die Sonne oder in der Sonne selbst mit zyklisch ablaufenden Schwankungen ….
2. Änderungen der planetarischen Albedo, d.h. des von der Erde in den Weltraum zurückgespiegelten Teils der Sonnenenergie. Dieser Wert hängt im Wesentlichen von der Bewölkung und der Helligkeit der Erdoberfläche ab ….
3. Änderungen in der Zusammensetzung der Atmosphäre, vor allem an Treibhausgasen … oder in der Menge von Feinstaub …. Diese beiden Stoffgruppen beeinflussen die Absorption und Reflexion der von der Erd- und Meeresoberfläche abgehenden Wärmestrahlung. Einmal angestoßen von einem oder mehreren dieser Faktoren lassen sich häufig Selbstverstärkungseffekte erkennen …. Sehr effektiv … ist die sogenannte Eis-Albedo-Rückkopplung: Führt eine Abkühlung zu einer vermehrten Eisbildung, so vergrößert sich dadurch die Albedo, was die Abkühlung weiter verstärkt.“

Nach Olaf Bubenzer, Ulrich Radke: Natürliche Klimaänderungen im Laufe der Erdgeschichte. In: Wilfried Endlicher und Friedrich Wilhelm Gerstengarbe (Hrsg.): Der Klimawandel. Einblicke, Rückblicke und Ausblicke. Potsdam: o.V. 2007, S. 18f.

kommende extrem kalte Ostgrönlandstrom und das bis zu 3700 m hohe Ostgrönlandgebirge bewirkten, dass sich bei Jahresmitteltemperaturen von bis zu −27 °C ein rund 3000 m mächtiger Eispanzer bilden konnte. Auf Grönland lassen sich heute noch in idealer Weise das Fließverhalten und die formende Kraft des Gletschereises studieren. Daneben gibt es Stellen, an denen sich das Eis in den letzten 200000 Jahren praktisch nicht bewegte.

3 Die Weichselvereisung und ihre holozänen Auswirkungen in Europa

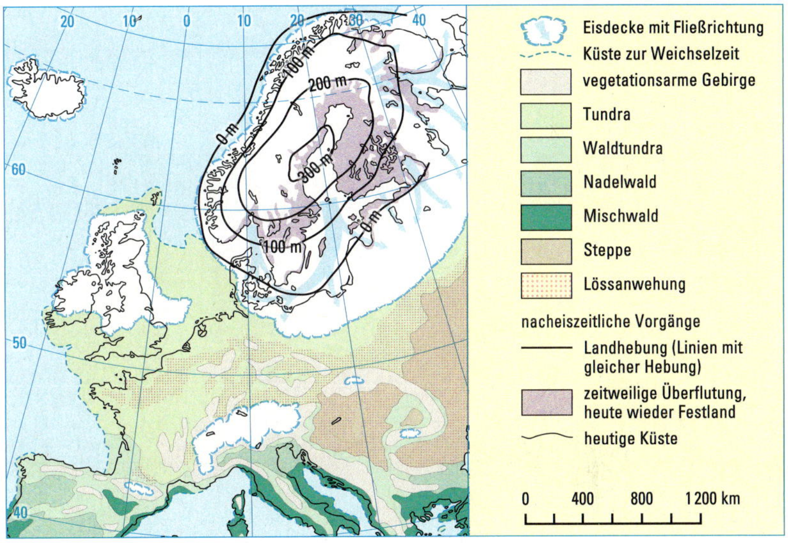

4 Temperaturänderung in Grönland gegenüber dem heutigen Mittelwert während der letzten 50000 Jahre

Olaf Bubenzer, Ulrich Radke: Natürliche Klimaänderungen im Laufe der Erdgeschichte. a.a.O., S. 24

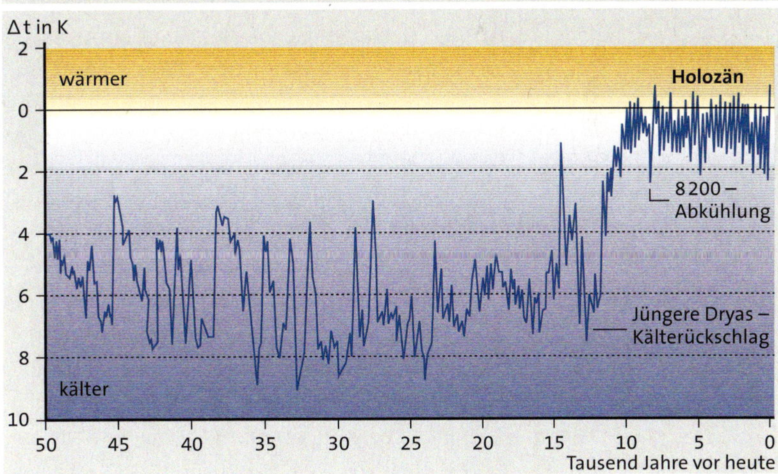

Eisbohrkerne aus dieser Region liefern heute wertvolle Informationen zur Klimageschichte der Erde.

1 Beschreiben Sie die eiszeitlichen Spuren in Europa. Arbeiten Sie auch mit dem Atlas.

2 Stellen Sie unter Zuhilfenahme von Grafik 4 die erdgeschichtlichen Klimaschwankungen der vergangenen 50000 Jahre dar.

3 Erläutern Sie an einem Beispiel den Einfluss von natürlichen Faktoren auf Klimaschwankungen.

5 Goldbergkees in den Hohen Tauern: vergletscherte Fläche im Vergleich der Jahre 1969, 1992 und 2007

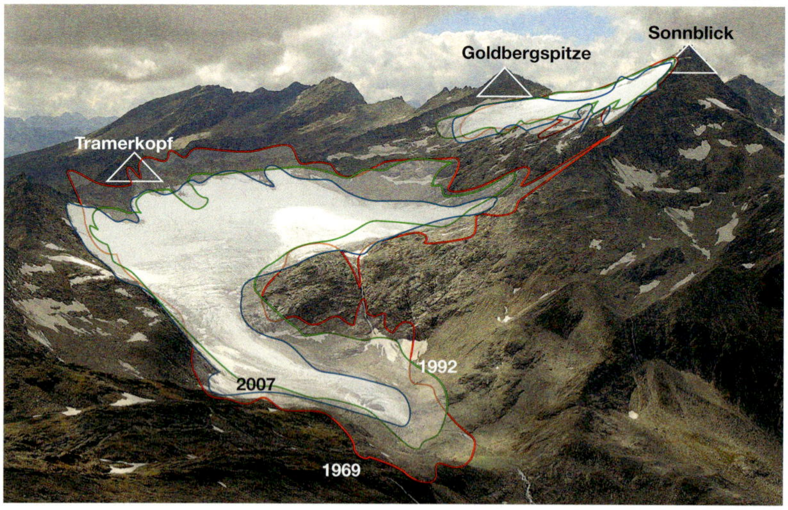

7 Bergsturz am Bormio/Veltlin, 1987

Gletscher im Treibhausklima

Gletscher reagieren auf veränderte Klimaverhältnisse besonders empfindlich. Daher zeigen Gebirgsgletscher gleichsam als „globales Fieberthermometer" den **Klimawandel** auf eindringliche Weise. Infolge der globalen Erwärmung ist heute ein weltweites Abschmelzen der Gletscher zu verzeichnen. Im Himalaya haben die Eismassen in den letzten vier Jahrzehnten um 7 % abgenommen, in Patagonien vollzieht sich der Gletscherrückgang fast doppelt so schnell wie in früheren Jahren und auch der Kilimandscharo hat seit Beginn der Aufzeichnungen im Jahr 1912 bereits mehr als 80 % seiner Eisfelder verloren. Ähnliche Tendenzen lassen sich in den Alpen beobachten. Seit dem letzten Gletscherhochstand um 1850/60 haben die Alpengletscher bis zur Mitte der 1970er-Jahre, also in gut einhundert Jahren, etwa 35 % ihrer Fläche und die Hälfte ihrer Masse eingebüßt. Seitdem schmolz das Eisvolumen um weitere 50 %.

Mit dem Gletscherschwund erhöht sich auch das Gefahrenpotenzial in den Gebirgsregionen. Durch das rasche Abschmelzen der Eismassen können sich gefährlich schnell ansteigende Gletscherseen bilden, die durch Eisdämme, Schutt und Geröll aufgestaut werden. Brechen diese instabilen Dämme, bedrohen Flutwellen und Schlammströme tiefergelegene Talregionen und Siedlungen.

Auch das Auftauen der tief gefrorenen Schicht aus Eis und Schutt an den Hängen im Hochgebirge stellt ein steigendes Gefahrenpotenzial dar. Tauendes Bodeneis, das im Permafrostbereich lockeres Gestein zusammengehalten hat, kann stabile Berghänge in Bewegung bringen. Manchmal gleiten die aufgeweichten Schuttmassen langsam zu Tal, es sind aber auch plötzliche Hangrutschungen und Felsstürze möglich, die wie im Fall des Veltlintals 1987 verheerende Schäden anrichten können.

Klimatologen erwarten, dass das Wasser aus den Zentralalpen im Hochsommer künftig spärlicher fließt. Sie begründen dies mit verringerter

6 Längenänderung ausgewählter Schweizer Gletscher

Nach Schweizer Gletschermessnetz VAW/ETH Zürich; unter http://glaciology.ethz.ch/messnetz/lengthvariation.html 2008

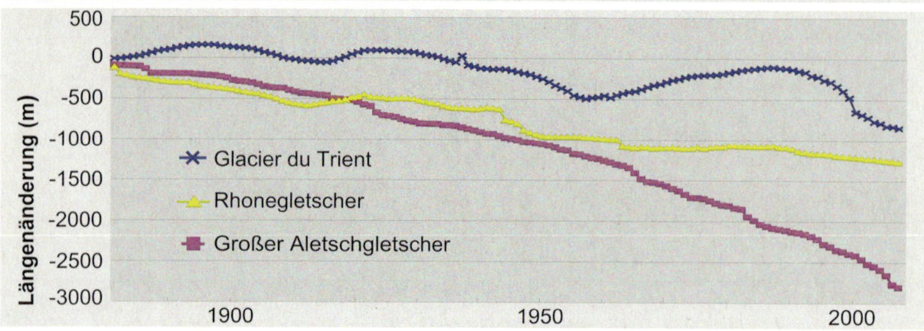

Material Infoblatt Gletscher 104105-3403

Surftipp Gletscherentwicklung in den Schweizer und Österreichischen Alpen 104105-3404

8 Rückgang der Alpenvergletscherung (Klimamodell)

Nach Wilfried Haeberli, Max Maisch: Alpen ohne Eis? In: Geographische Rundschau 3/2008, S. 17

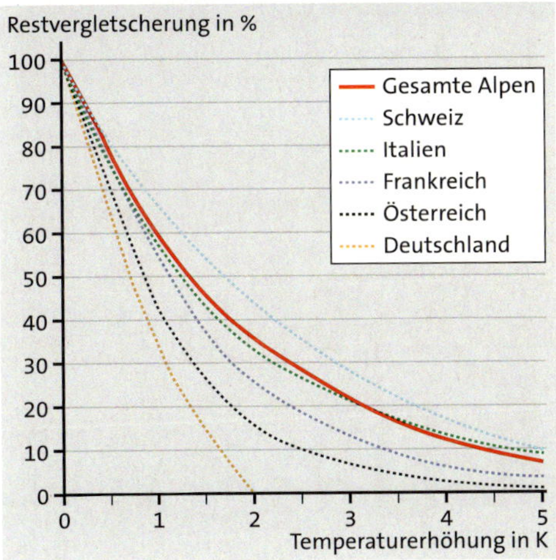

9 Veränderung des durchschnittlichen Rheinabflusses

Nach M. V. Shabalova u. a.: Assessing future discharge of the river Rhine using regional climate model integrations and a hydrological model. In: Climate research, Jg. 23, Nr. 3. Inter-Research: Oldendorf/Luhe 2003, S. 233–246

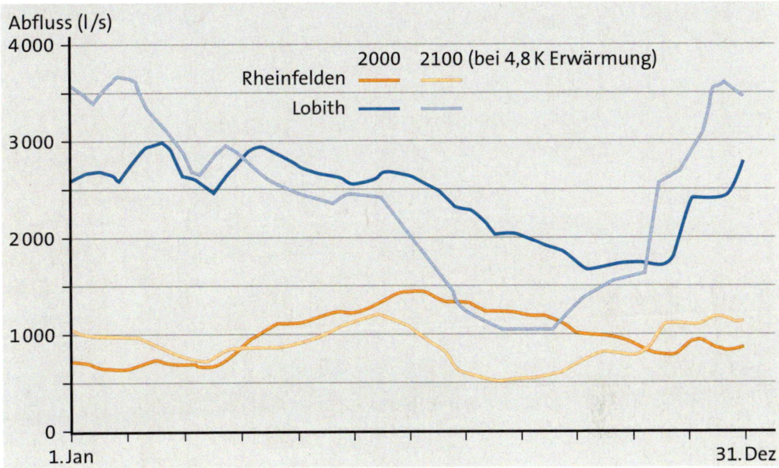

oder gar fehlender Gletscherschmelze, wenn große Eismassen erst einmal abgetaut sind. Einige der europäischen Flüsse wie Rhein, Rhône und Po entspringen in Gletscherregionen der Alpen. In ihren Einzugsgebieten wird gerade in den Sommermonaten der verringerte Zufluss spürbar werden. Bisher erhielt der Rhein etwa ein Drittel seines Wassers aus der Gletscherschmelze. Das fehlende Schmelzwasser wird nicht nur die Schifffahrt empfindlich stören, sondern wegen sinkenden Wasserstands und zunehmender Wassertemperatur auch die Kühlwasserentnahme von Atom- und Kohlekraftwerken sowie die Stromerzeugung in Laufwasserkraftwerken beeinträchtigen. Ferner kann die reduzierte oder sogar fehlende Gletscherschmelze die Trinkwasserversorgung in den inneren Alpen gefährden.

10 Wirkungsgefüge: Zusammenhänge zwischen dem Klimawandel und dem Verhalten von Alpengletschern

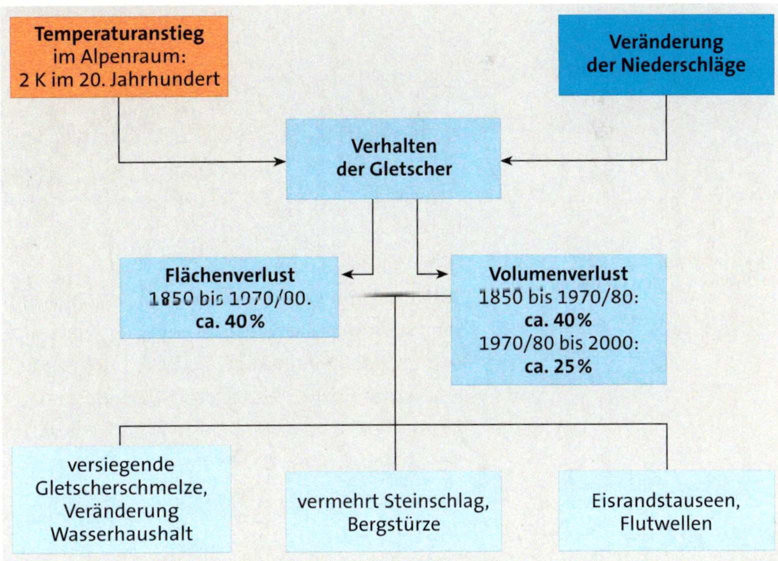

4 Gletscherschwund in den Alpen?

a) Beschreiben Sie unter Hinzuziehen von Bild 5 die Veränderung des Goldbergkees zwischen 1969 und 2007.

b) Erläutern Sie mithilfe einer Internetrecherche anhand weiterer Beispiele die Gletscherentwicklung in den Schweizer und Österreichischen Alpen.

5 Alpen ohne Gletscher? Analysieren Sie die Materialien dieser Doppelseite im Hinblick auf die Folgen des Gletscherschwundes.

6 Erörtern Sie Möglichkeiten zur Abmilderung des Gletscherschwundes.

Diese Doppelseite bietet Ihnen die Möglichkeit der Selbsteinschätzung: Beherrsche ich das erforderliche Fachvokabular – verfüge ich tatsächlich über die mit der Bearbeitung dieses Kapitels angestrebten Sach-, Methoden- und Handlungskompetenzen? Überprüfen Sie sich selbst.

Wichtige Fachbegriffe

Geofaktoren
Eiszeit
Glaziale Serie
Kaltzeit
Klimawandel
Klimazone
Kulturlandschaft
Landschaft
Naturlandschaft
Plattentektonik
Pleistozän
thermohaline Zirkulation
Warmzeit (Zwischeneiszeit, Interglazial)

Die Definitionen dieser Begriffe finden Sie im Glossar (S. 180–185).

Wissen vernetzen

1 Landschaft und ihre Nutzung

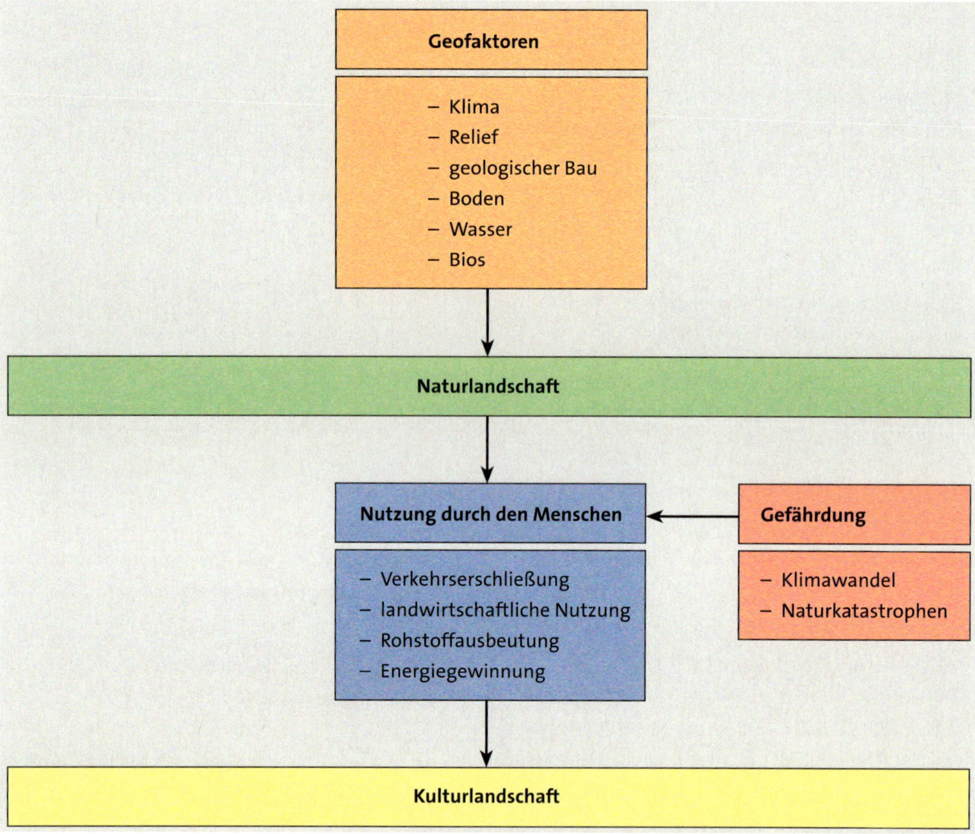

Die naturräumliche Ausstattung Europas, mit seinen stark gegliederten Küsten, seinen spezifischen geoökologischen Bedingungen, seinen landwirtschaftlich nutzbaren Böden und der Verfügbarkeit wichtiger Energieträger sowie industriell nutzbarer Rohstoffe, stellt eine wichtige Voraussetzung für die gesellschaftliche Entwicklung dar.

Andererseits führen uns auch in Europa immer wieder spektakuläre und tragische Naturkatastrophen deutlich vor Augen, dass unsere Gesellschaft auch heute vielfältigen Bedrohungen ausgesetzt ist, die ihre Ursachen nicht zuletzt in dem Zusammenspiel der Geofaktoren unseres Kontinents und unseren Umgang mit diesen haben.

Doch tritt der Mensch nicht nur passiv als Landschaftsnutzer in Erscheinung, vielmehr hat das Leben und Wirtschaften der Menschen, in Abhängigkeit von naturräumlichen, gesellschaftlichen und politischen Faktoren, spezifische Kulturlandschaften entstehen lassen.

So ist Europa heute durch ein mehr oder weniger kleinteiliges Mosaik vielfältiger Landschaften gekennzeichnet.

Im Sinne einer nachhaltigen Landschaftsentwicklung müssen Strategien und Handlungsmöglichkeiten diskutiert und gefunden werden. Ziel muss es sein, den verschiedenen Nutzungs- und Sicherheitsansprüchen des Menschen an den Raum zu entsprechen und dabei den Erhalt einer naturnahen und gesunden Umwelt zu gewährleisten.

Material
Bogen zur Selbsteinschätzung
104105-3501

Kompetenzen überprüfen

Überprüfen Sie Ihre bei der Bearbeitung des Kapitels erworbenen Kompetenzen.
Nehmen Sie dabei die untenstehende Selbsteinschätzung Ihres Kompetenzstandes unter Verwendung der folgenden Klassifikation vor:
1 = stimmt
2 = stimmt überwiegend
3 = stimmt teilweise
4 = stimmt nicht

Eine Checkliste mit der Möglichkeit zum Kennzeichnen Ihres Kompetenzstandes steht Ihnen im Internetauftritt dieses Schulbuches unter dem Online-Link 104105-3501 zur Verfügung.
Führen Sie die Selbsteinschätzung zunächst allein durch. Vergleichen Sie dann die Ergebnisse im (Zweier-)Team. Arbeiten Sie schließlich Möglichkeiten und Methoden heraus, festgestellte Lücken zu schließen und Defizite zu beseitigen.
Wenn Sie Hilfe benötigen, wenden Sie sich an Ihre betreuende Lehrerin oder Ihren Lehrer.

Sachkompetenz – Ich kann ...
- anhand der Grafik M 1 die Bedeutung der Landschaft und der einzelnen Geofaktoren für die menschliche Nutzung beschreiben,
- den Kontinent Europa in geoökologischer Hinsicht gliedern und das Gliederungsprinzip erläutern,
- die erdgeschichtliche Entwicklung Europas in ihren Grundzügen erläutern,
- die Bedeutung der geologischen Voraussetzungen für die menschliche Nutzung erklären,
- die Klimaentwicklung der jüngeren Erdgeschichte und ihre Bedeutung für die Landschaftsentwicklung im Alpenraum erläutern,
- die Möglichkeiten der Nutzung regenerativer Energien bewerten.

Methodenkompetenz – Ich kann ...
- aus thematischen Karten (geologische Karten, Klimakarten) Informationen herausarbeiten,
- Klimadiagramme anwendungsbezogen interpretieren,
- Satellitenbilder auswerten,
- ein Klimaprofil anlegen und analysieren,
- mit Modellen (Landschaftsmodell, Zirkulationsmodell) arbeiten.

Urteilskompetenz – Ich kann ...
- meine Rolle im Prozess der Landschaftsnutzung beurteilen und daraus Konsequenzen für meinen persönlichen Umgang mit den Ressourcen (Landschaft, Boden, Wasser, Luft) ziehen,
- im Rahmen einer Behördenbefragung (z. B. Bau- oder Planungsamt, Untere Naturschutzbehörde) Maßnahmen meiner Gemeinde oder meines Landkreises zum Schutz der Landschaft untersuchen und bewerten.

Handlungskompetenz – Ich kann ...
- Personen in meinem Familien-, Bekannten- und Freundeskreis von der Notwendigkeit einer angemessenen und schonenden Landschaftsnutzung überzeugen.

4 Wirtschaftsräume im Wandel

Alle wirtschaftenden Tätigkeiten des Menschen üben einen mehr oder weniger tief greifenden Einfluss auf die Gestaltung und Entwicklung von Räumen aus. Erst durch diese Tätigkeiten, seien es die eines Landwirts, Bergmanns oder eines Industrieunternehmers, wandelten sich Naturräume zu Kulturräumen. Aber auch diese Kulturräume sind keineswegs etwas Statisches. Ebenso wie sich unser wirtschaftliches Handeln in seinen Zielen und Aktionen ständig ändert, verändern sich die wirtschaftlichen und räumlichen Strukturen. So wurden Agrarräume zu Industrielandschaften, ländliche Siedlungen zu Industriestädten und Dienstleistungszentren, Dörfer zu Arbeiterwohngemeinden, naturnahe Landschaften zu Freizeitregionen. Die Untersuchung von wirtschaftsräumlichen Strukturen und Prozessen in Vergangenheit und Gegenwart ist eine wesentliche Grundlage für regionalpolitische Entscheidungen, mithin für die Gestaltung unserer gegenwärtigen und künftigen Welt.

- Welche Entwicklungstendenzen lassen sich in der Landwirtschaft, in der Industrie und im Dienstleistungssektor erkennen?
- Welche Kräfte haben die strukturellen Wandlungen ausgelöst und begleitet?
- Wie wirken sich die Wandlungen auf Raum und Gesellschaft aus?
- Welche Maßnahmen werden für die Sicherung der Zukunft von Landwirtschaft, Industrie und Tertiärem Sektor ergriffen?
- Wie sind diese Maßnahmen zu bewerten?

1 Englische Wirtschaftslandschaft zu Beginn des 19. Jahrhunderts: Dedham – Schleuse und Mühle; Gemälde von John Constable, 1820

4.1 Landwirtschaft in der Europäischen Union – Ernährer oder Kostgänger?

1 Erntedankfest 1912: Freude über reichen Erntesegen

Kompetenzen in diesem Kapitel erwerben:
- die Gemeinsame Agrarpolitik (GAP) der EU in ihrer Zielsetzung, Funktionsweise und Entwicklung beschreiben;
- Auswirkungen der GAP auf landwirtschaftliche Betriebe erklären;
- die Bedeutung der Landwirtschaft in der EU analysieren;
- ausgewählte Agrarräume in Europa untersuchen;
- neue Funktionen bzw. Perspektiven der Landwirtschaft erläutern und bewerten.

Wir alle essen gerne und gut. Aber noch lieber essen die meisten von uns billig. Und das tun sie in jedem Falle: Mussten die Deutschen im Jahre 1950 noch mehr als die Hälfte ihres Einkommens für ihre Ernährung ausgeben, so sind es heute weniger als ein Achtel. Die niedrigen Lebensmittelkosten sind derart selbstverständlich, dass kaum jemand darüber nachdenkt, wie es Landwirten gelingen kann, trotz der in den letzten sechs Jahrzehnten kontinuierlich gestiegenen Produktionskosten mit ihren Betrieben zu überleben. Die Sorgen der Bauern und die Probleme der Landwirtschaft rücken erst – und dann auch meist nur kurzzeitig – ins Blickfeld der Öffentlichkeit, wenn uns Meldungen über Schweinegrippe, BSE-Verdacht oder Antibiotika-Einsatz in der Hühnermast erreichen. Oder wenn die Staats- und Regierungschefs der EU über Subventionen für die Landwirtschaft und die **Agrarpolitik** streiten.
Welche Rolle spielen in einer hoch entwickelten Industrie- und Dienstleistungsgesellschaft die Landwirte? Inwieweit sind die Rahmenbedingungen ihres Wirtschaftens noch durch die Kräfte des Marktes festgelegt? Warum und mit welchen Zielen fallen wichtige Entscheidungen in Agrarfragen in den Zentralen der EU?

Die Gemeinsame Agrarpolitik der EU (GAP)

2 Grundlagen und Ziele der GAP

„In unserer heutigen Überflussgesellschaft können sich Schülerinnen und Schüler, aber auch viele Erwachsene kaum noch vorstellen, dass in den 1950er-Jahren die Verhandlungen über die Gründung einer Europäischen Wirtschaftsgemeinschaft unter dem Eindruck gerade überwundener akuter Nahrungsmittelknappheit geführt wurden. Europa litt noch immer unter den Zerstörungen des Zweiten Weltkrieges, die landwirtschaftliche Produktion kam erst allmählich wieder in Gang und die Selbstversorgung mit Lebensmitteln war längst nicht in allen Bereichen gesichert. Vor diesem Hintergrund sahen die Gründungsmitglieder der EU die Verständigung auf eine ‚Gemeinsame Agrarpolitik' als ein Schlüsselelement jeglicher Integration.
Der Artikel 39 des EWG-Vertrages von 1957 (später Artikel 33 des EG-Vertrages) formulierte deshalb folgende Ziele:
- die Produktivität der Landwirtschaft durch Förderung des technischen Fortschritts, Rationalisierung der landwirtschaftlichen Erzeugung und den bestmöglichen Einsatz der Produktionsfaktoren, insbesondere der Arbeitskräfte, zu steigern;
- der landwirtschaftlichen Bevölkerung, insbesondere durch Erhöhung des Pro-Kopf-Einkommens der in der Landwirtschaft tätigen Personen, eine angemessene Lebenshaltung zu gewährleisten;
- die Märkte zu stabilisieren;
- die Versorgung sicherzustellen;
- für die Belieferung der Verbraucher zu angemessenen Preisen Sorge zu tragen."

Wilfried Korby: GAP – Gemeinsame Agrarpolitik der EU – von der subventionierten Unvernunft zu vernünftigen Reformen? In: Deutschland & Europa. 2006, H. 51, S. 40

Filmtipp
We feed the world
104105-4101

Surftipp
Selbstdarstellung der GAP
104105-4102

Surftipp
EU-Zuckermarktordnung
104105-4103

3 Agrarmarktordnungen und ihre Ergebnisse

„Um diese Ziele zu erreichen, wurde bis Anfang der 1960er-Jahre ein gemeinsamer Agrarmarkt geschaffen, der schließlich zu fast überall gleichen Agrarpreisen und Preisgarantien bei Getreide, Zucker, Milcherzeugnissen, Fleisch und bestimmten Obst- bzw. Gemüsesorten führte. Wichtigstes Instrument war hierbei der Aufbau gemeinsamer Marktordnungen (Grafik 5). Ein deutlich über dem Weltmarktpreis liegender Schwellenpreis schützte seitdem die einheimische Produktion, wurde doch der Preis von Agrarimporten durch eine Einfuhrabgabe (Abschöpfung) auf das Preisniveau des Binnenmarktes angehoben. Gleichzeitig wurde der Export durch Ausfuhrerstattungen subventioniert. Als jährlich festgelegter Verkaufshöchstpreis wurde ein Richtpreis festgesetzt. An ihm orientierte sich der Interventionspreis, ein garantierter Mindestpreis, zu dem innerhalb des gemeinsamen Wirtschaftsraumes erzeugte Agrarprodukte aufgekauft werden mussten. ...
Auf der Grundlage dieser Marktordnungen hat die Gemeinsame Agrarpolitik die ihr gestellten Aufgaben erfolgreich gemeistert: Neben beachtlichen Steigerungen der landwirtschaftlichen Produktivität gelang nicht nur eine Stabilisierung der Märkte und Agrarpreise, sondern vor allem auch die Sicherung der Selbstversorgung. Nur das Ziel der Einkommensangleichung konnte nicht erreicht werden.
Das System der Preis- und Absatzgarantien war aber auch die Ursache wachsender agrarischer Überschüsse. Staatliche Interventionsstellen mussten die nicht absetzbaren Agrarerzeugnisse der EG-Landwirte zum Interventionspreis aufkaufen und zu hohen Kosten lagern. In der Europäischen Gemeinschaft wuchsen ‚Butter-, Fleisch und Getreideberge', breiteten sich ‚Wein- und Milchseen' aus. ...
Auf dem ‚Höhepunkt' der Gemeinsamen Agrarpolitik ereichten die Agrarausgaben als Folge steigender Marktordnungskosten schließlich einen Anteil von über 70 Prozent am Haushalt der Gemeinschaft. Die Gemeinsame Agrarpolitik stieß damit an ihre finanziellen Grenzen."

Wilfried Korby: GAP – Gemeinsame Agrarpolitik der EU. A. a. O. S. 40 f.

4 EU-Haushalt – Agrarausgaben nach Verwendungsbereichen

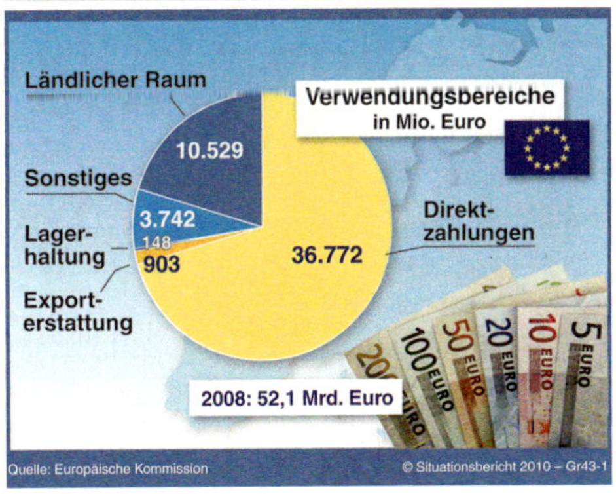

5 Getreidemarktordnung der EG

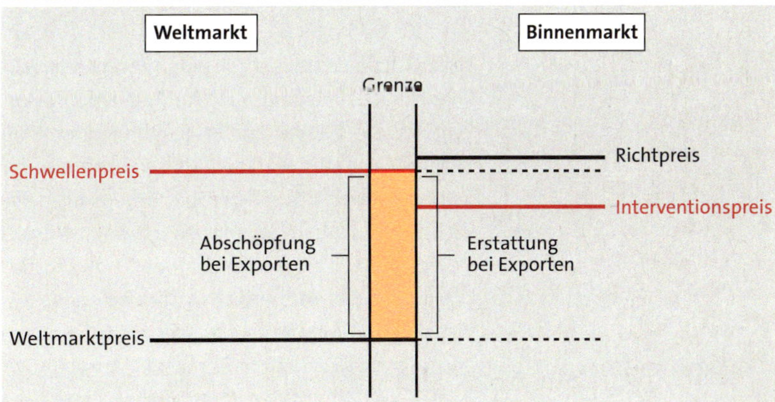

1 Charakterisieren Sie die Bedeutung der Landwirtschaft in der in Foto 1 und Grafik 4 jeweils dargestellten Situation.

2 Erklären Sie am Beispiel der Getreidemarktordnung die Agrarpolitik der Europäischen Gemeinschaft (Grafik 5).

3 Beurteilen Sie diese Agrarmarktordnung aus verschiedenen Perspektiven (Landwirt in Deutschland, Vertreter eines Entwicklungslandes, Verbraucher).

6 Anteil der Landwirtschaft am EU-Haushalt 1988–2008

Nach Europäische Kommission, unter: http://ec.europa.eu/agriculture/capexplained/cost/index_de.htm (Zugriff vom 12.04.2010)

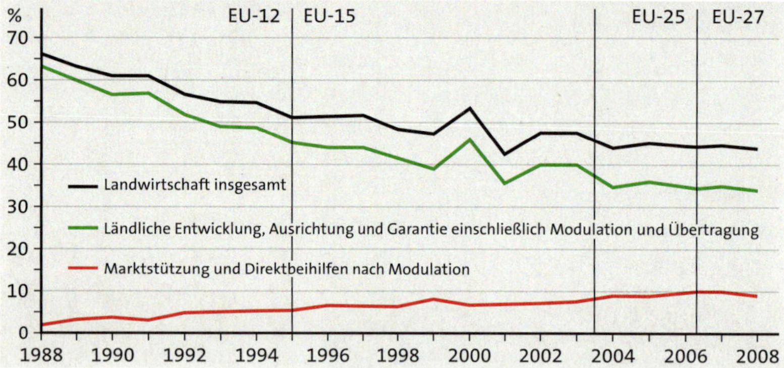

Die EU-Agrarreform – Neuausrichtung der GAP

Mit steigender landwirtschaftlicher Produktivität und Produktion schwand nicht nur die Sorge um die Nahrungsmittelsicherheit, auch die Beschäftigtenanteile in der Landwirtschaft und deren Beitrag zum Bruttonationaleinkommen einzelner Staaten, aber auch der **Europäischen Gemeinschaft** insgesamt gingen stark zurück. Der Agrarsektor verlor also an wirtschaftlicher Bedeutung. Damit wurde es auch politisch immer schwieriger, die hohen Agrarausgaben zu rechtfertigen und dann auch durchzusetzen. Hinzu kam, dass sich die protektionistischen Agrarmarktordnungen nicht mit den Forderungen anderer Länder und insbesondere der WTO nach Marktöffnung und Zollsenkung vereinbaren ließen und lassen. Zur Vorbereitung der Osterweiterung waren **Agrarreformen**, insbesondere aber Begrenzungen der Agrarausgaben dringend erforderlich. Mit den neuen Mitgliedstaaten wurden noch sehr stark agrarisch geprägte Volkswirtschaften in die Europäische Union aufgenommen. Eine Beibehaltung der landwirtschaftlichen Förder- und Unterstützungsmaßnahmen im bisherigen Umfang hätte die Gemeinschaft finanziell kaum verkraften können.

7 Das ist die GAP heute

„Viele wichtige Änderungen der GAP erfolgten bereits [seit den] achtziger Jahren. ... Mit Produktionsobergrenzen wurde den Überschüssen Einhalt geboten (1983: Milchquoten). Umweltverträgliche Bewirtschaftungsmethoden traten in den Vordergrund. ...
Diese Schwerpunktverlagerung, die im Rahmen der ‚Agenda-2000'-Reform ... die Wettbewerbsfähigkeit der europäischen Landwirtschaft fördern sollte, brachte auch einen wichtigen neuen Aspekt mit sich – eine Politik zur Entwicklung des ländlichen Raums, mit der ... die Landwirte bei der Umstrukturierung ihrer Betriebe, der Diversifizierung und der Verbesserung ihrer Produktvermarktung unterstützt werden sollten. Um dem Steuerzahler zu gewährleisten, dass die GAP-Kosten nicht unkontrolliert ansteigen, wurde eine Haushaltsobergrenze festgesetzt.
2003 [erfolgte] eine weitere grundlegende Reform. ... Die GAP von heute ... trägt den Anliegen der Verbraucher und Steuerzahler in vollem Umfang Rechnung und lässt den Landwirten gleichzeitig die Freiheit, das zu erzeugen, was der Markt verlangt. Früher galt das Prinzip: Wer viel produziert, bekommt viel Geld. Von nun an werden den meisten Landwirten Beihilfen unabhängig von ihrer Erzeugung gewährt. Nach der neuen Regelung erhalten die Landwirte weiterhin Direktzahlungen zur Stabilisierung der Einkommen, aber sie sind nicht mehr an die Erzeugung gekoppelt. Außerdem müssen die Landwirte bestimmte Standards in den Bereichen Umwelt, Lebensmittelsicherheit, Pflanzenschutz und Tierschutz erfüllen. Tun sie dies nicht, so werden ihre Direktzahlungen gekürzt (... ‚Auflagenbindung' oder ‚Cross-Compliance'). Die Entkoppelung der Subventionen von der Produktion bedeutet, dass die Landwirte in der EU marktorientierter wirtschaften können. Sie können nun erzeugen, was sich am besten verkauft, genießen aber gleichzeitig weitgehend stabile, gesicherte Einkommen."

Europäische Kommission: Die Gemeinsame Agrarpolitik erklärt, unter: http://ec.europa.eu/agriculture/capexplained/change/index_de.htm (Zugriff vom 24.02.2010)

Surftipp
EU-Agrarmärkte
104105-4104

Die besondere Rolle der Milchwirtschaft

8 Die Milchquote

„Die europäische ‚Milchmarktordnung' (1968) beinhaltete ... überproportionale Garantiepreisanhebungen. ... So ist es nicht verwunderlich, dass die Milchproduktion laufend erhöht wurde. ...
Die Situation ... spitzte sich Anfang der 1980er-Jahre dramatisch zu. Die Lagerbestände bei Butter und Magermilchpulver waren ... auf jeweils 1 Mio. t angewachsen (‚Butterberge') und die Ausgaben zur Stützung des Milchpreises betrugen rund 30% aller Marktordnungsausgaben der EG. Durch die Garantiemengenregelung (ab 1984) ... sollte ... die Erzeugung ... der Nachfrage angepasst werden. [Es] wurden nationale Referenzmengen festgesetzt, sodass jeder Erzeuger seine individuelle Referenzmenge für Lieferungen an Molkereien sowie für Direktverkäufe ab Hof hat [‚Milchquote' bzw. Lieferrechte]. Wenn die nationale Referenzmenge überschritten wird, so wird auf die überschüssigen Mengen eine Abgabe erhoben. ... Da der Rückgang der Milcherzeugung zur Wiederherstellung des Marktgleichgewichts nicht ausreichte, wurden die Quoten in der Folgezeit mehrfach gekürzt. ... 2015 wird die Milchquotenregelung auslaufen."

Werner Klohn und Hans-Wilhelm Windhorst: Die Landwirtschaft in der Europäischen Union. Vechtaer Materialien zu Geographieunterricht. H. 12, Vechta: 2009, S. 60

9 Proteste von Milcherzeugern

10 Milcherzeugerpreise in Deutschland

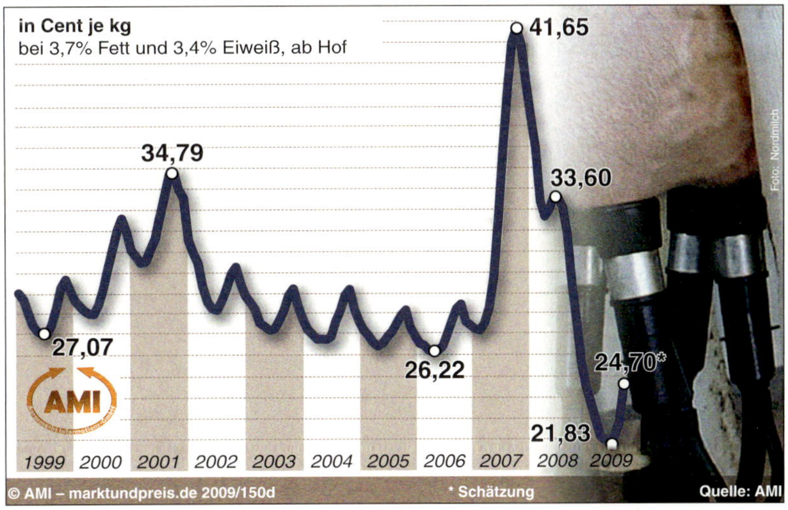

Seit der Agrarreform von 2003 erhalten alle Landwirte als Ausgleich für die gesunkenen Agrarpreise Direktzahlungen (siehe Text 7). Bei Milcherzeugern wird diese Unterstützung „Milchprämie" genannt. Sie ist an die Milchquote des jeweiligen Erzeugers gekoppelt, der pro Kilogramm Milch einen festen Betrag erhält. Ab 2010 werden diese Zahlungen schrittweise in ein Flächenprämiensystem überführt. Jeder deutsche Landwirt soll dann im Durchschnitt 340 Euro pro Hektar bekommen – und zwar unabhängig von der Produktionsmenge (Entkoppelung). Er kann also marktorientiert entscheiden, was er produzieren möchte. Ein Milchviehhalter bezieht also diese Prämie, selbst wenn er die Milcherzeugung aufgibt. Voraussetzung ist nur, dass er seine Flächen behält.

4 Nennen Sie Gründe für die seit den 1980er-Jahren eingeleitete Neuausrichtung der Gemeinsamen Agrarpolitik der EU.

5 Stellen Sie die heutige Gemeinsame Agrarpolitik in ihren Grundzügen dar.

6 Erläutern Sie die besondere Rolle der Milchwirtschaft.

7 Erörtern Sie, inwieweit die Proteste der Milcherzeuger (Foto 9) berechtigt sind.

Auswirkungen der EU-Agrarreform – Beispiel eines Milchviehbetriebs

12 Interview mit Frau und Herrn Braun (08.03.2010)

Wie hat sich das Milchquotensystem auf Ihren Betrieb ausgewirkt?
Die war für den Betrieb sehr teuer. Als wir vor Jahren unseren Bestand von 30 auf 70 Stück Vieh aufgestockt haben, mussten wir die zusätzlichen Lieferrechte (Milchquoten) zunächst pachten und dann kaufen. Das waren 40 ct. pro Kilo Milch, insgesamt also ca. 100 000 €.
Wohin liefern Sie Ihre Milch?
An eine Molkerei in der Nähe. Unsere Milchquote liegt bei 530 000 kg pro Jahr. Nur einen sehr geringen Teil verkaufen wir direkt ab Hof.
Welche Rolle spielt die ‚Milchprämie'?
Die wird doch schrittweise abgeschmolzen. Wir erhalten stattdessen eine Flächenprämie – und zwar bei Ackerland gegenwärtig ca. 285 € pro Hektar und bei Wiesen ca. 70 € pro Hektar.
Wie hat sich der Milchpreis entwickelt?
Im Moment liegt er bei 26 ct/kg mit Tendenz nach unten. Immer im April finden doch die Preisverhandlungen zwischen den Discountern und Molkereien statt. Das ist der Zeitraum, wo die Kühe durch die Jahreszeit bedingt wieder mehr Milch geben. Das Angebot steigt also, und das nutzen die Discounter aus, um für den Jahreskontrakt den Preis zu drücken.
Wie hoch müsste der Milch-Erzeugerpreis sein, damit Sie kostendeckend wirtschaften und ein angemessenes Einkommen erzielen können?
Bei 35–40 ct/kg hätten wir – zusammen mit allen Direktzahlungen – eine angemessene Entlohnung für unsere Arbeit. Die verrichten wir doch an sehr langen Arbeitstagen – und ein gemeinsamer längerer Urlaub ist kaum zu organisieren.
Ein zentrales Element der Agrarreform von 2003 ist „Cross Compliance". Wie wirkt sich diese Auflagenbindung auf Ihren Betrieb aus?
Die „Cross Compliance"-Kontrollen erfolgen immer stichprobenartig. Wenn wir die Auflagen nicht erfüllen, werden uns die Direktzahlungen um 3 % gekürzt. Zum Beispiel müssen wir den Einsatz von Dünger und Pflanzenschutzmitteln lückenlos dokumentieren. Das bedeutet, dass meine Frau pro Tag etwa ein bis zwei Stunden im Büro verbringt, um die entsprechenden Daten zu erstellen. Diese zusätzliche Arbeit bezahlt niemand. Der Milchpreis ist nach Einführung dieser Maßnahmen nicht erhöht worden.
Welche Standards müssen Sie im Bereich Lebensmittelsicherheit einhalten, um in den vollen Genuss der EU-Direktzahlungen zu kommen?

11 Milchviehbetrieb des Hofes Braun bei Backnang (Baden-Württemberg)

13 Betriebsspiegel des Hofes Braun

Familienbetrieb	**Arbeitskräfte lt. Buchführung**
Betriebsleiter Herr Braun	1,0 Arbeitskraft
Betriebsleiterin Frau Braun	0,7 Arbeitskraft
Großvater Braun	0,3 Arbeitskraft
Viehbestand	**Stückzahl**
Jungtiere	100
Milchkühe	70
Mastbullen	30
Flächennutzung	**Betriebsfläche (ha)**
Grünland	40
Getreide	22
Silomais	20
Kleegras	3–4
Zuckerrüben	3
	Großteil in Zupacht
Milchleistung pro Kuh Ø	ca. 8 000 kg/Jahr

Die abgelieferte Milch wird von Lebensmittelchemikern strengstens überprüft. Die Milchqualität hängt ja im Wesentlichen von der Ernährung unserer Kühe ab – und die wird strenger kontrolliert als die mancher Kinder.

Wie hoch schätzen Sie bei Milchviehbetrieben den Anteil der EU-Beihilfen am gesamten Betriebseinkommen?

Bei vielen Betrieben wird es so sein, dass die Direktzahlungen der Gewinn sind. Bei einigen reichen die Beihilfen gerade aus, um den Betrieb am Leben zu erhalten. Man muss das aber auch so sehen: Die Preisausgleichszahlungen für die Landwirte kommen doch letztendlich den Verbrauchern zugute, denn die haben den Vorteil billiger Lebensmittel.

In offiziellen Veröffentlichungen steht zu lesen: „Landwirte in der EU genießen weitgehend stabile, gesicherte Einkommen". Können Sie dem zustimmen?

Nein, überhaupt nicht. Wie sollen die Einkommen stabil sein, wenn der Milchpreis derart schwankt? Und was für den Milchpreis gilt, das gilt auch für andere Produkte, z. B. Weizen.

Wie schätzen Sie Ihre Zukunftsaussichten ein?

Sehr unsicher – die Preisausgleichszahlungen werden sinken. Der Anteil des gesicherten Einkommens an allen Einnahmen wird also immer geringer. Um unseren Lebensstandard zu halten, müssten wir eigentlich noch mehr Milch produzieren. Das aber würde bedeuten: mehr Kühe, eine weitere Arbeitskraft, große Investitionen.

Können Sie Ihrem Sohn empfehlen, Landwirt zu werden?

Trotz aller Belastungen sage ich Ja. Und ich freue mich, dass mein Sohn großes Interesse zeigt, auch Landwirt zu werden. Für jemanden, der das Arbeiten in der freien Natur und den Umgang mit Tieren liebt, ist Landwirt ein sehr schöner Beruf. Und wir hoffen, dass wir eines Tages doch zu einem Milchpreis kommen, der kostendeckend ist und mit dem unsere Leistung entsprechend gewürdigt wird.

vom Autor geführtes Interview

14 Milchwirtschaft in ausgewählten Ländern der EU 27 im Jahr 2007

Nach Werner Klohn, Hans-Wilhelm Windhorst: Die Landwirtschaft in der Europäischen Union. A. a. O., S. 76

	Ø Bestand an Milchkühen (Stück)	Ø Milchleistung in kg/Kuh
Dänemark	101	8323
Deutschland	40	6944
Polen	4	4458
Rumänien	2	3327
EU-27	10,2	6060

8 Charakterisieren Sie den Betrieb des Landwirts Braun.

9 Analysieren Sie, wie sich die Gemeinsame Agrarpolitik der EU, insbesondere die Agrarreform von 2003, auf seinen Betrieb auswirkt.

10 Vergleichen Sie Struktur und Milchleistung des vorgestellten Betriebs mit der Situation in anderen Ländern der EU-27 (Tabelle 14).

11 Beurteilen Sie – ausgehend von den Antworten im Interview – die Zukunftsperspektiven deutscher Milchwirtschaftsbetriebe.

15 **Bedeutung der Landwirtschaft in den Ländern der EU-27 (2005)**

Nach Deutscher Bauernverband (Hrsg.): Situationsbericht 2008, zit. nach: Werner Klohn, Hans-Wilhelm Windhorst: Die Landwirtschaft in der Europäischen Union. A. a. O., S. 44

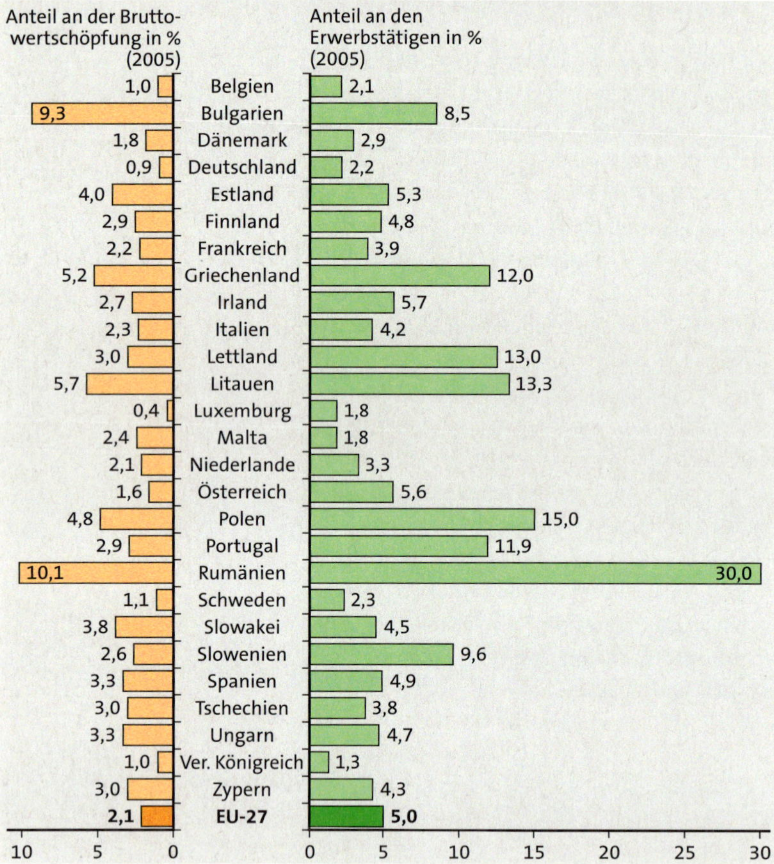

16 **Entwicklung der Selbstversorgung in der EU mit Getreide, Zucker, Butter und Rindfleisch**

Nach Europäische Kommission: Die Gemeinsame Agrarpolitik erklärt, unter: http://ec.europa.eu/agriculture/capexplained/sustain/index_de.htm (Zugriff vom 03.03.2010)

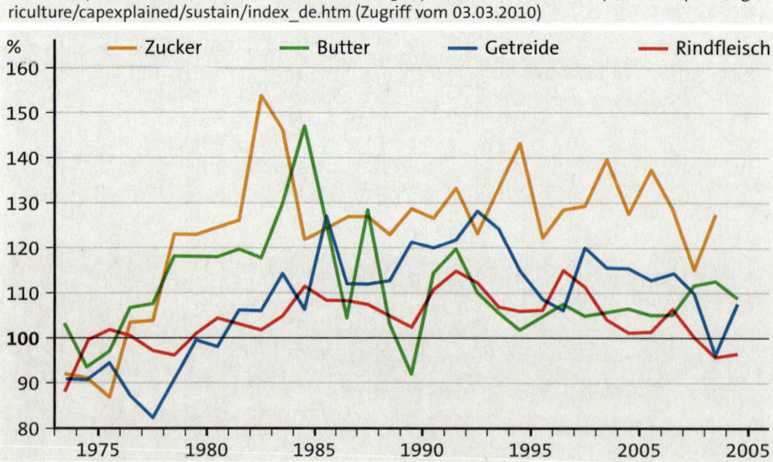

Rolle der Landwirtschaft in der EU

Die Landwirtschaft war – neben den Branchen Kohle und Stahl – einer der ersten Bereiche, für den bei der Gründung der **Europäischen Wirtschaftsgemeinschaft (EWG)** im Jahre 1957 ein gemeinsamer Markt mit für alle Mitgliedstaaten verbindlichen Regeln und Maßnahmen eingerichtet wurde. Seitdem hat sich die Gemeinsame **Agrarpolitik** zu einem Motor des europäischen Einigungsprozesses entwickelt. Diese Agrarpolitik führt zwar immer wieder zu heftigen Auseinandersetzungen zwischen den Agrarministern, gelegentlich auch zwischen den Staats- und Regierungschefs der Europäischen Union, und wird entsprechend kritisch von der Öffentlichkeit kommentiert. Bei all dem Finanzstreit um Subventionen und Reformen wird aber allzuleicht übersehen, dass sich der Agrarsektor nicht nur zum Garanten einer gesicherten Nahrungsmittelversorgung, sondern insgesamt auch zu einem wichtigen Wirtschaftsfaktor entwickelt hat. Allerdings bestehen in der Produktivität und Leistungskraft erhebliche Unterschiede zwischen den einzelnen Mitgliedsstaaten.

Über 56 % der Bevölkerung in den 27 Mitgliedstaaten der Europäischen Union leben in ländlichen Gebieten, die wiederum 91 % der Fläche des gesamten EU-Raumes ausmachen. Allein diese Zahlen zeigen die Bedeutung der Landwirtschaft für die Entwicklung des ländlichen Raumes. Die landwirtschaftlichen Betriebe bieten nicht nur Arbeitsplätze, sie stützen mit ihrer Nachfrage nach Dienstleistungen und industriell-gewerblichen Produkten (von Pflanzenschutzmitteln bis zu Maschinen) die übrige Wirtschaft.

12 Charakterisieren Sie die Bedeutung der Landwirtschaft für die Europäische Union und ihre Mitgliedstaaten.

13 Analysieren Sie die Karte 17 im Hinblick auf die räumliche Verteilung landwirtschaftlicher Nutzungsformen in Europa.

14 Erklären Sie anhand ausgewählter Nutzungsformen die Einflüsse des Klimas.

Material
Infoblatt EU-Agrarpolitik
104105-4105

Surftipp
EU-Agrarpolitik
104105-4106

Surftipp
Stellung der deutschen Landwirtschaft in der EU
104105-4107

17 Landwirtschaftliche Nutzungsformen in Europa

Nach Haack Weltatlas, Gotha: Klett-Perthes 2007, S. 97

Ausgewählte Agrarräume in Europa

18 Ziegen- und Schafzucht, eine der wichtigsten Landwirtschaftszweige auf Sardinien

20 Landwirtschaftliche Betriebe Sardiniens nach Größenklassen

Nach Eurostat 2009, unter: http://epp.eurostat.ec.europa.eu

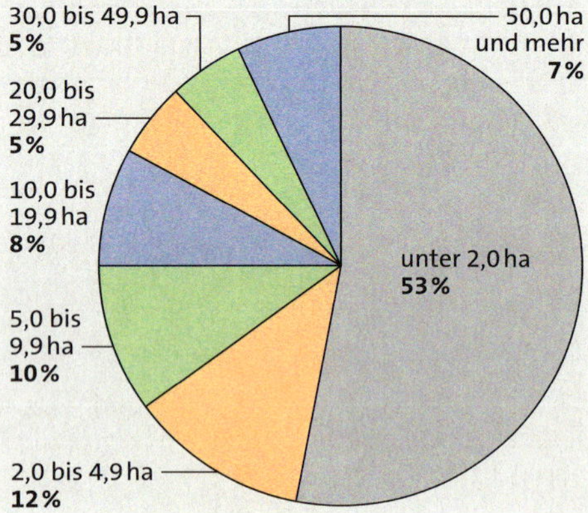

19 Sardinien: Strukturdaten

Nach Eurostat 2009, unter: http://epp.eurostat.ec.europa.eu

Fläche	24 089 km²
Bevölkerung	1,651 Mio.
Bevölkerungsdichte	68 EW/km²
BIP nach Sektoren	
Landwirtschaft	4,8 %
Industrie	25,1 %
Dienstleistungen	70,1 %
Anteil Sardiniens am BIP von Italien	2,1 %

Landwirtschaft in einem Ungunstraum: Sardinien

Nach Sizilien ist Sardinien die zweitgrößte Insel Italiens und des gesamten Mittelmeerraumes. Wie der Mezzogiorno (vgl. S. 132/133) gehört Sardinien zum „Armenhaus des Landes". Die Ursachen sind zum einen in der Landesnatur zu suchen, zum anderen sind strukturelle Mängel dafür verantwortlich.

Etwa 81 % der Gesamtfläche werden vom Gebirge eingenommen oder sind Hügelland. Das mediterrane Klima ist durch feuchte, kühle Winter und lange, trockene Sommer gekennzeichnet. Viele Flüsse führen nur periodisch Wasser, sodass die Bewässerungsmöglichkeiten für die Landwirtschaft sehr eingeschränkt sind. Als Folge der extremen Abholzung der Wälder sind weite Teile des Hügel- und Gebirgslandes stark erodiert, sodass riesige Gebiete der Insel ausschließlich für eine extensive Viehzucht geeignet sind. Nur in den Ebenen ist ein intensiver Ackerbau möglich. Angebaut werden hier vor allem Obst, Südfrüchte, Wein und Getreide.

Infolge der wirtschaftlichen Situation ist der Abwanderungsdruck der Bevölkerung zum Festland sehr groß. Ländliche Entwicklungsprogramme setzen deswegen vor allem auf folgende Schwerpunkte:

- Verbesserung der Infrastruktur
- Ausbau des Agrotourismus
- Schaffung günstiger Produktionsbedingungen durch Förderung von qualitativ hochwertigen Exporterzeugnissen (z.B. Wein, Schafskäse, Oliven).

21 Raubbau und Ausbeutung

„Die Wirtschaft Sardiniens ist ... vom Raubbau und der Ausbeutung der vergangenen Jahrhunderte geprägt. Fehlplanungen kamen ebenso hinzu wie der uralte Zwist zwischen Bauern und Hirten. Die von den Sarden mit großer Hoffnung erwarteten Segnungen des Industriezeitalters brachten ebenfalls nicht den gewünschten Erfolg. Die meisten Versuche, Industrie anzusiedeln, schlugen fehl. Sei es durch falsche Einschätzung der tatsächlichen Gegebenheiten, die fatale Fehlinvestitionen zur Folge hatte, oder durch die in private Taschen versickerten staatlichen Fördergelder. Schreibt einer der wenigen rentablen Industriebetriebe schließlich schwarze Zahlen, kommt der Erlös zumeist nicht der Region zugute, sondern wandert zu den auf dem italienischen Festland beheimateten Konzernen zurück."

Katia La Ferla-Brühl/Oliver Brühl: Wirtschaftszweige Sardiniens, unter: www.sardinien-reiseinfo.net (Zugriff vom 16.04.2009)

Intensivlandwirtschaft in den gemäßigten Breiten: Niederlande

22 Anteil der Niederlande am EU-Export einzelner Agrarprodukte 2007

Nach Westfälische Wilhelms-Universität – Zentrum für Niederlande-Studien: Die Bedeutung des niederländischen Gartenbaus für die Niederlande und Europa, unter: www.uni-muenster.de/HausDerNiederlande/zentrum/Projekte/Schulprojekt/Lernen/Nachbar/40/10.html (Zugriff vom 16.04.2010)

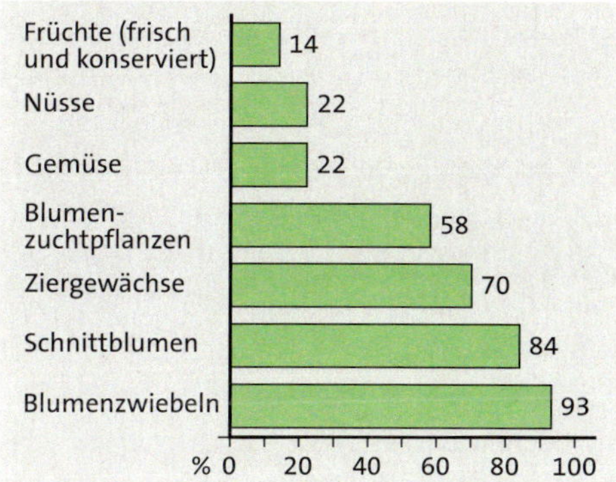

23 Entwicklung des Gewächshausanbaus in den Niederlanden

„Ab etwa 1850 ... entstanden rund um die Städte die ersten Gartenbauregionen. Gärtner zogen dort ihr Obst und Gemüse und verkauften es an die Stadtbewohner. ... Zur gleichen Zeit wurden die ersten, noch weitgehend provisorischen Gewächshäuser für den Weintraubenanbau errichtet. ... Erst um 1900 wurden dann ‚richtige' Gewächshäuser gebaut, die teilweise schon künstlich beheizt werden konnten. Die Gärtner hatten nämlich schnell herausgefunden, dass die Pflanzen dann höhere Erträge brachten. Zudem erlaubte die neue Methode es auch, Pflanzen anzubauen, die normalerweise nur in wärmeren Ländern gedeihen. Im sog. Westland zwischen Rotterdam und Den Haag begann man damals mit dem Anbau von Trauben und Gurken unter Glas. Heute bildet das Westland die größte zusammenhängende Gewächshausfläche der Welt."

Westfälische Wilhelms-Universität – Zentrum für Niederlandestudien: Ursprünge und Entwicklung der Gewächshauskulturen in den Niederlanden, unter: www.uni-muenster.de/HausDerNiederlande/zentrum/Projekte/Schulprojekt/Lernen/Nachbar/40/20.html (Zugriff vom 16.04.2010)

24 Gewächshäuser in Westland (Niederlande)

25 Effizient und problematisch

„Gewächshäuser müssen Tag und Nacht beheizt werden, einige Pflanzen benötigen sogar rund um die Uhr Licht. ... Anwohner ... klagen bereits über das Licht, das nachts von den Gewächshäusern abgegeben wird. ... So braucht man zur Produktion von einem Kilo Tomaten rund 1 m³ Erdgas. Fast 10% des gesamten niederländischen Erdgasverbrauchs werden für den Gartenbau aufgewendet. ...
Viele Gewächshauspflanzen wurzeln ... in einem künstlichen Untergrund .... Durch die Zuführung von Wasser und Pflanzennährstoffen kann das Wachstum dieser Pflanzen genau gesteuert werden. ... Wenn zuviel Dünger eingesetzt wird, kann es sein, dass der Überschuss in das Grundwasser gelangt. ... [Auch] werden meist Pflanzenschutzmittel eingesetzt. ... Diese gelangen schnell ins Grundwasser ... ."

Westfälische Wilhelms-Universität – Zentrum für Niederlandestudien: Gewächshauskulturen – effizient, aber problematisch für die Umwelt, unter: www.uni-muenster.de/HausDerNiederlande/zentrum/Projekte/Schulprojekt/Lernen/Nachbar/40/40.html (Zugriff vom 16.04.2010)

26 Zusammensetzung der niederländischen Agrarproduktion

Ebenda

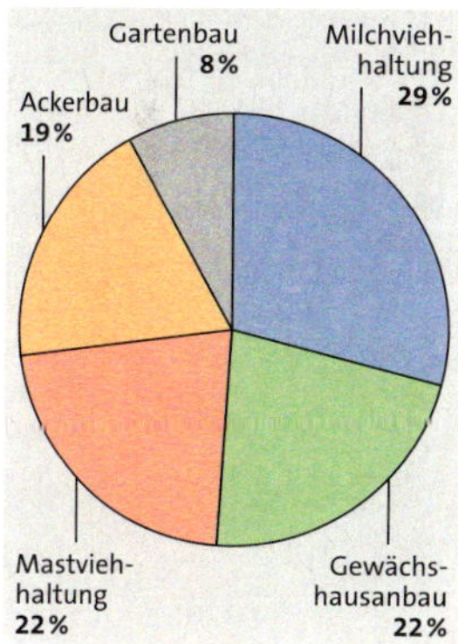

15 Vergleichen Sie die beiden Agrarregionen im Hinblick auf Formen, Standortvoraussetzungen und ökologische Probleme der Landwirtschaft.

Landwirtschaft in einem osteuropäischen Transformationsland: Rumänien

27 Rumänien: Wirtschaft

28 Rumänien – Strukturdaten 2008

Nach Fischer Weltalmanach 2010. Frankfurt/M.: Fischer 2009, S. 417

Einwohner	21,5 Mio.
BIP	137 Mrd. US-$
realer Zuwachs	7,1 %
Anteil Wirtschaftssektoren am BIP	
Landwirtschaft	7,1 %
Industrie	37,4 %
Dienstleistungen	55,5 %
Anteile an den Beschäftigten (2005)	
Landwirtschaft	32 %
Industrie	30 %
Dienstleistungen	38 %
Arbeitslosigkeit	5,8 %
Außenhandel	
Importe	56,1 Mrd. US-$
Exporte	33,6 Mrd. US-$
Außenhandelssaldo	–22,5 Mrd. US-$

29 Maßnahmen der EU für die landwirtschaftliche Entwicklung der neuen Mitgliedsstaaten

„Im Beitrittsvertrag für die Länder der EU-Osterweiterung wurden besondere Regelungen für den ländlichen Raum dieser Staaten formuliert, basierend auf einem sogenannten „Instrument für die ländliche Entwicklung“ (TRDI – Temporary Rural Development Instrument). Mit dem TRDI wurden und werden Maßnahmen zur ländlichen Entwicklung unterstützt. Hierzu gehören zum einen sogenannte flankierende Maßnahmen, wie z. B. die Finanzierung von Agrar-Umweltprogrammen, ... Zum anderen enthält es Maßnahmen, die noch unmittelbarer den Landwirten zugute kommen:

- Umstrukturierungshilfen für (halb-)subsistenzwirtschaftliche Betriebe, um sie marktfähig zu machen;
- Förderung von Erzeugergemeinschaften zur besseren Produktvermarktung;
- technische Hilfen;
- finanzielle Ergänzungen zu den normalen EU-Direktzahlungen [M 2, S. 56, M 6, S. 58].

Dazu kommen schließlich weitere spezielle Maßnahmen, die ebenfalls das Ziel haben, die Entwicklung der Agrarregionen voranzutreiben, dabei den Lebensstandard der ländlichen Bevölkerung zu verbessern und so letztendlich regionale Disparitäten zu verringern. Zu ihnen gehören z. B.:

- Beihilfen für betriebliche Investitionen zur Modernisierung der Anlagen;
- die Schaffung von Anreizen für die Niederlassung von Junglandwirten, die eine moderne Betriebsführung garantieren; ...
- die Flurbereinigung als Instrument für die Schaffung einheitlicher und damit besser zu bewirtschaftender Parzellen; ...
- Maßnahmen zum Schutz der Umwelt, der Landschaftspflege und des Tierschutzes;
- die Entwicklung vorbeugender Instrumente zum Schutz vor Naturkatastrophen, wie z. B. Überschwemmungen.“

Nach Europäische Gemeinschaften, unter: http://ec.europa.eu/agriculture/rur/access/index_de.htm (Zugriff vom 29. 05. 2008)

30 Rumäniens Landwirtschaft im Prozess der EU-Integration

- „Besonders ausgeprägt ist das ... Strukturproblem der Aufsplitterung der landwirtschaftlichen Flächen, die von einer Vielzahl kleiner Betriebe bewirtschaftet werden. ...
- Anders als [z. B.] in Polen behinderten in Rumänien der schleppende Reformverlauf, eine jahrelang lahmende Konjunkturentwicklung und der Mangel an ausländischen Direktinvestitionen die Herausbildung wettbewerbsfähiger Strukturen.
- Rumänien [verfügt] über ein bedeutendes landwirtschaftliches Potenzial, sein Agrarsektor bietet überdies gewisse Standortvorteile. ...“

Anneli Ute Gabanyi: Die Landwirtschaft im Prozess der EU-Integration Rumäniens. SWP-Studie. Berlin: Deutsches Institut für Internationale Politik und Sicherheit 2003, S. 5/6

32 Indikatoren der rumänischen Landwirtschaft (Zensus von 2003)

Nach Anneli Ute Gabanyi: Die Landwirtschaft im Prozess der EU-Integration Rumäniens. a. a. O., S. 28

Indikatoren	Maßeinheiten für Anzahl	alle Betriebe insgesamt	davon Einzelbetriebe		davon Einheiten mit Rechtspersönlichkeit*	
			Anzahl	%	Anzahl	%
Landwirtschaftliche Betriebseinheiten	1 000	4 759,7	4 736,6	99,5	23,1	0,5
Landwirtschaftliche Nutzfläche	1 000 ha	13 939,5	7 715,6	55,4	6 223,9	44,6
Nutzfläche Durchschnitt/Einheit	ha	2,9	1,6	–	269,3	–
Bewässerte Fläche	1 000 ha	408,4	93,0	22,8	315,4	72,2
Traktoren	1 000	173,4	133,0	76,6	40,4	23,3
Tierbestand						
Rinder	1 000 Stück	2 864,9	2 731,0	95,3	133,9	4,7
Schweine	1 000 Stück	8 229,3	6 969,6	84,7	1 259,7	15,3
Schafe	1 000 Stück	7 220,8	6 990,9	96,8	229,9	3,2

*Unter „Einheiten mit Rechtspersönlichkeit“ versteht man z. B. GmbHs oder AGs.

31 Drei zentrale Maßnahmen zur Förderung der rumänischen Landwirtschaft

Um die Agrarwirtschaft Rumäniens zu modernisieren, müssen marktwirtschaftliche Strukturen gefördert und eine umfassende Entwicklung des ländlichen Raums initiiert werden:

1. Privatisierung, Ausbau der Infrastruktur

Man muss die Privatisierung und Restrukturierung im Agrarsektor forcieren. Damit die privatisierten Betriebe eine wirtschaftliche Chance haben, müssen sie u.a. in eine leistungsfähige Infrastruktur eingebettet sein; hierzu werden Investitionen in die ländliche Infrastruktur benötigt (Hauptstraßen, Schienenverkehr; Gesundheitseinrichtungen; Basisdienstleistungen).

2. Marktöffnung, Konkurrenzfähigkeit

Die Öffnung des Marktes durch den Abbau von Einfuhrbarrieren muss von Maßnahmen begleitet werden, die die Konkurrenzfähigkeit der rumänischen Landwirtschaft verbessern. Für die Modernisierung ist der Aufbau eines ländlichen Finanz- und Kreditwesens notwendig.

3. Diversifizierung

Es müssen gewerbliche Arbeitsplätze für die Arbeitskräfte geschaffen werden, die durch Modernisierungs- und Rationalisierungsmaßnahmen in der Landwirtschaft freigesetzt werden. Das betrifft besonders die Betreiber landwirtschaftlicher Subsistenzbetriebe, die aufgrund fehlender Marktanbindung aufgegeben werden müssen.

Sinnvoll ist hierfür die Förderung von industriellen Klein- und Mittelunternehmen sowie von Betrieben des Tertiären Sektors, die gleichzeitig die Grundversorgung mit Dienstleistungen sichern.

16 Charakterisieren Sie Probleme der rumänischen Landwirtschaft.

17 Erklären Sie vor dem Hintergrund dieser Probleme die Maßnahmen zur Entwicklung und Förderung der rumänischen Landwirtschaft.

18 Ein Integrationshemmnis ist für die rumänische Landwirtschaft die „Rückkehr zur Subsistenzwirtschaft“, die modernen Marktanforderungen widerspricht. Erörtern Sie mögliche Maßnahmen zur Überwindung dieses hemmenden Faktors.

Neue Funktionen und Perspektiven der Landwirtschaft

33 Funktionen der Landwirtschaft und ihre räumlichen Auswirkungen

Nach Siegfried Bauer: Gesellschaftliche Funktionen ländlicher Räume, in: Landbewirtschaftung und nachhaltige Entwicklung ländlicher Räume. Forschungs- und Sitzungsberichte der ARL Bd. 215, Hannover 2002. zit. nach: Hans Gebhardt et al.(Hrsg.): Geographie. Spektrum Akademischer Verlag: Heidelberg 2007, S. 610

Funktion der Landwirtschaft		ländliche Raumentwicklung
Nahrungsgüterproduktion	Impuls →	– z. B. Einkommenssicherung und Besitzstreuung – soziale Absicherung – Stabilisierung der Grundversorgung
Produktionsfunktion für Rohstoffe und Energie	Impuls →	– z. B. Diversifizierung der Produktion und Weiterverarbeitung/regionale Wertschöpfung – Beschäftigungseffekte/Arbeitsmärkte – Schaffung regionaler Energiemärkte
ökologische Funktion	Impuls →	– z. B. integrierter Naturschutz – Pflege der Kulturlandschaft/Sicherung kulturlandschaftlicher Eigenart – Förderung regionaler Stoffströme
gesellschaftliche Funktion	Impuls →	– z. B. Sicherung der Soziokultur (Dorfleben, Tradition) – Sicherung regionaler Identität und Heimatgefühl – demografische Stabilisierung

34 Direktvermarktung eines Landwirtschaftsbetriebes in Frankreich

„Wachse oder weiche" – so hieß vielfach die Alternative für Landwirte, die sich aufgrund veränderter Marktbedingungen einem zunehmenden Konkurrenzdruck ausgesetzt sahen. Die „klassischen" Anpassungsstrategien bestanden und bestehen in der Intensivierung, Spezialisierung sowie Betriebsvergrößerung sowohl bei der Flächenausstattung wie beim Viehbesatz. Das führte auf der einen Seite zu hochproduktiven Agrarunternehmen in intensiv genutzten Landschaften, auf der anderen Seite zu Betriebsaufgaben und Flächenstilllegungen.
Bedingt durch eine stärkere Betonung des Umweltschutz- und Nachhaltigkeitsgedankens, durch veränderte Wertehaltungen sowie Lebensstile in der Gesellschaft und auch gefördert durch entsprechende Finanzmittel aus dem EU-Haushalt bieten sich für viele Landwirte aber heute neue Perspektiven.

35 Neue Anpassungsstrategien und Funktionen der Landwirtschaft

- „Diversifizierung der landwirtschaftlichen Einkommen durch außerlandwirtschaftliche Einkommensalternativen wie etwa in der Landschaftspflege, im ländlichen Tourismus oder in anderen Dienstleistungen ...
- Erschließung neuer Märkte durch ökologisch erzeugte Produkte ...
- Umstellung auf extensive Landnutzungs- und Viehhaltungsformen
- Erzielung größerer Gewinne durch Direktvermarktung ...
- Entwicklung neuer Produkte und Produktlinien, zum Beispiel in der Produktion nachwachsender Rohstoffe oder der alternativen Energieerzeugung ...

Seit den 1990er-Jahren rückte die Landwirtschaft ... mehr und mehr auch als gestaltender Akteur in der ländlichen Entwicklung in den Mittelpunkt des Interesses. Heute ist anerkannt, dass die Landwirtschaft in Europa neben der Nahrungsmittelproduktion auch andere Funktionen für die Gesellschaft ... übernimmt ... [Grafik 33]."

Hans Gebhardt et al. (Hrsg.): Geographie. a.a.O., S. 609

Material
Infoblatt Ökologischer Landbau
104105-4108

Surftipp
ökologischer Landbau
104105-4109

36 Bauern und Öko-Bauern im Vergleich

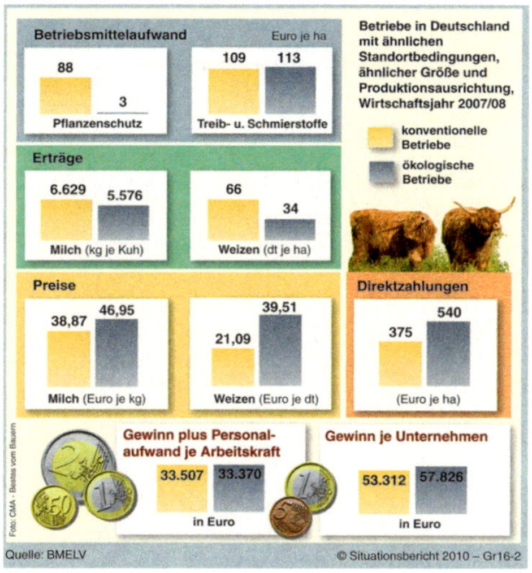

38 Ökologischer Landbau

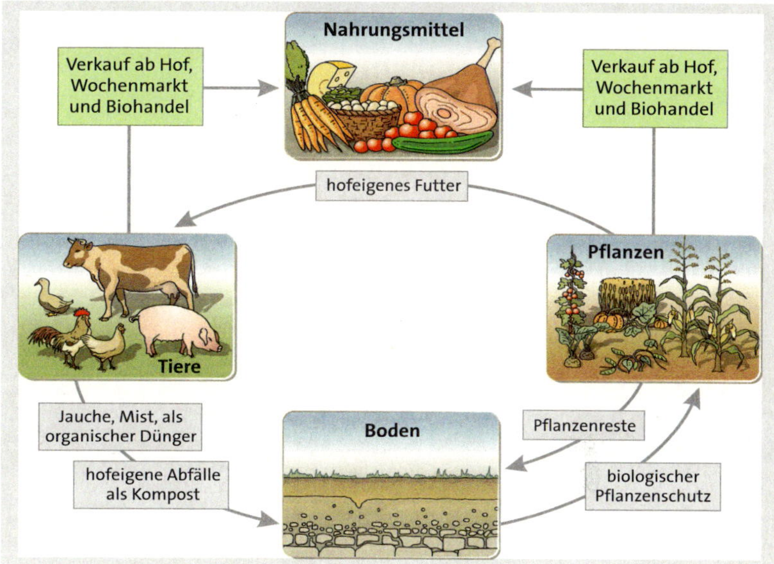

Ökologische Landwirtschaft: Chance für den ländlichen Raum?

Der ökologische Landbau gilt als besonders ressourcenschonende und umweltverträgliche Form der Landbewirtschaftung. Öko-Produkte erfüllen die Erwartungen der Verbraucher in Bezug auf Frische und Gesundheit der Lebensmittel am besten. In ihrem Produktionsprozess stehen darüber hinaus das Wohlergehen der Tiere und der Schutz der Umwelt im Vordergrund. Gerade die Lebensmittelskandale und Tierseuchen in den letzten Jahren haben bei vielen Verbrauchern einen Bewusstseinswandel herbeigeführt. So konnte der ökologische Landbau in den europäischen Ländern beachtliche Zuwachsraten verzeichnen.

Dennoch ist die Förderung der ökologischen Produktion in der EU nicht unumstritten, Kritiker führen u. a. folgende Gegenargumente an:

- Tierseuchen wurden nicht verhindert
- „klein und ökologisch" habe kaum eine Chance im Wettbewerb
- finanzielle Förderung des Öko-Landbaus führe zur permanenten Abhängigkeit von staatlichen Unterstützungen
- der konventionelle Landbau könne dieselben Kollektivgüter (z. B. intakte Umwelt, saubere Luft) beschaffen wie der ökologische Landbau, nur zu niedrigeren Kosten.

Wie sich der ökologische Landbau in Europa weiter entwickeln wird, darüber werden vor allem die Verbraucher zu entscheiden haben.

37 Maßnahmen des ökologischen Landbaus

- „Verzicht auf Pflanzenschutz mit künstlichen Mitteln, stattdessen Einsatz von Nützlingen und mechanische Unkraut-Bekämpfung ...;
- Gebrauch von organisch gebundenem Stickstoff v. a. in Form von Mist oder Mistkompost;
- abwechslungsreiche Fruchtfolgen ...;
- begrenzter, streng an die Fläche gebundener Viehbesatz;
- wenig Zukauf von Futtermitteln, stattdessen Fütterung mit möglichst hofeigenem Futter;
- weitgehender Verzicht auf Antibiotika."

Ria Baumann: Infoblatt Ökologischer Landbau, unter: www.klett.de (Zugriff vom 16. 04. 2010)

19 Beschreiben Sie neue Funktionen und Anpassungsstrategien der Landwirtschaft.

20 Erklären Sie die Grundidee des ökologischen Landbaus.

21 Erörtern Sie, ob der ökologische Landbau tatsächlich eine erfolgreiche Anpassungsstrategie für Betriebe darstellen kann.

40 Einsatzmöglichkeiten von Biomasse als Energierohstoff

topagrar (Hrsg.): Neue Energie vom Bauernhof. Münster-Hiltrup: Landwirtschaftsverlag 2003, S. 6

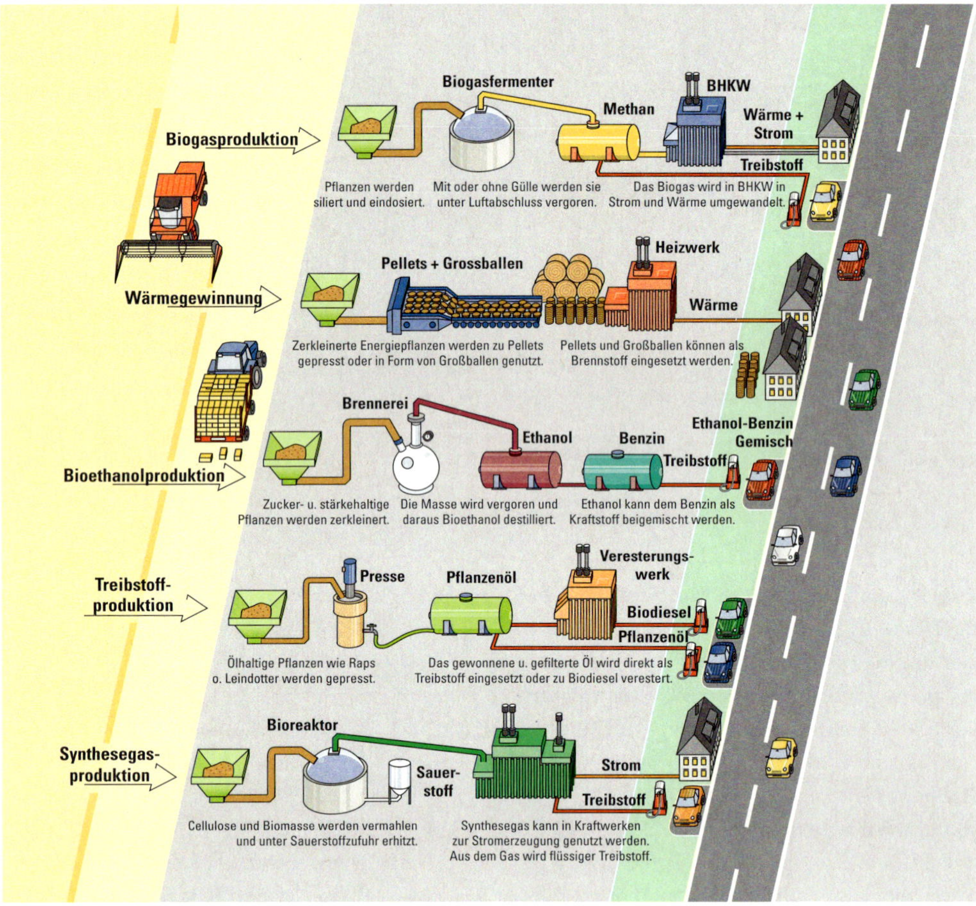

39 Anbau nachwachsender Rohstoffe in Deutschland

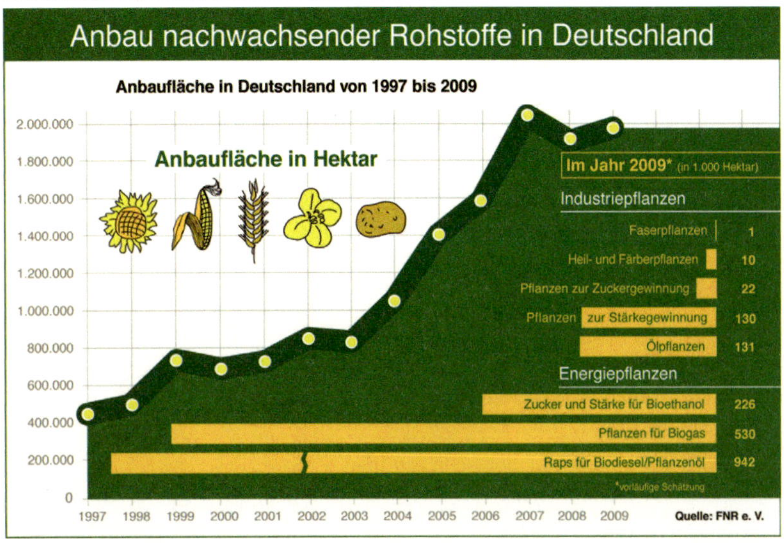

41 Biomasse: Perspektive der Landwirtschaft

Die Energiepflanzen haben nicht nur den Vorteil, dass sie im Gegensatz zu fossilen **Ressourcen** nicht versiegen, sondern es wird bei ihrer Verwendung auch kein zusätzliches klimarelevantes CO_2 ausgestoßen. Nachwachsende Rohstoffe lassen sich vielfältig als Energieträger nutzen und fast alle bei der Energieproduktion anfallenden Nebenprodukte können im Kreislauf als Tierfutter, Dünger oder zur weiteren energetischen Nutzung wiederverwertet werden. Biomasse ist speicherbar, kann an die jeweiligen Standortbedingungen angepasst produziert werden und trägt durch das Erhalten von Arbeitsplätzen dauerhaft zur Entwicklung des ländlichen Raumes bei.

Material
Infoblatt Bioenergie
104105-4110

42 Ökologische Aspekte

„Die Nutzung der aus erneuerbarer Biomasse resultierenden Bioenergie wird – im Gegensatz zu fossilen Energieträgern – verbreitet als umweltverträglich beurteilt, da die biogene Masse während der Energieumwandlungsprozesse zwar Kohlenstoffdioxid freisetzt, zuvor jedoch bei ihrem eigenen Wachstum der Atmosphäre nicht weniger CO_2 entzogen hat. Dieser theoretisch geschlossene Kohlenstoffkreislauf wird als weitgehend ‚CO_2-neutral' bezeichnet.
Wenngleich bei der Gewinnung von Energie aus fossilen Energieträgern (z.B. Steinkohle, Erdöl) ebenso organisches Material zum Einsatz kommt, so wird hier bei der Verbrennung Kohlenstoffdioxid abgegeben, das über enorm große Zeiträume gespeichert wurde und nun innerhalb kürzester Zeit freigesetzt wird. ...
Als Vorteil der Bioenergieträger gegenüber anderen regenerativen Energiequellen (z.B. Windkraft, Gezeitenkraft und Solarenergie) ... wird das natürliche energetische Speichervermögen in der organischen Substanz bewertet. ... Schließlich wird mit einer verstärkten Nutzung von Bioenergieträgern dem Nachhaltigkeitsgedanken nachgekommen, indem die nur endlich zur Verfügung stehenden fossilen Energieträger geschont und damit Ressourcen für die Zukunft gesichert werden.
Ein ökologischer Nachteil der Bioenergie ergibt sich in einigen Fällen (z.B. Rapsanbau) aus dem großen Anbauflächenbedarf, der zum ausschließlichen Zweck der Energiegewinnung mit der Ökologie nur schwer zu vereinbaren ist. .... In Deutschland werden aufgrund der gestiegenen Holznachfrage durch Privatverbauch und Biomassekraftwerke ebenfalls ökologische Schäden befürchtet, da nun auch das Waldrestholz energetisch genutzt wird. So setzt man mittlerweile moderne Maschinen zur sog. ‚Stockrodung' ein, bei der zusätzlich das Wurzelholz auf einer Rodungsfläche entfernt wird. Die bisher äußerst schwierige, teure und somit unrentable Arbeit wird dadurch wirtschaftlich. Ökologen sehen in dieser Entwicklung einen gefährlichen Trend ..., da so der Boden verarmt und irreparabel zerstört wird.
Ein weiteres Problem wird in der Konkurrenz von Bioenergie und Ernährung gesehen. So machen Agrarökonomen den wachsenden Bedarf an Energiepflanzen, z.B. Mais, Raps oder Soja, für steigende Preise auf den internationalen Lebensmittelmärkten verantwortlich."

Torsten Brockmann, Kristian Uhlenbrock: Infoblatt Bioenergie, unter: www.klett.de, vom 23.07.2009

Vom Landwirt zum Energiewirt – Anbau nachwachsender Rohstoffe als Chance?

Alle Prognosen weisen darauf hin, dass unsere immer noch wichtigste Energiequelle Rohöl von allen fossilen Energieträgern am schnellsten versiegen wird. Mit ihrer zunehmenden Verknappung werden wir uns auf immer höhere Preise einstellen müssen. Dennoch nimmt die Nachfrage nach diesem Energieträger und Rohstoff weltweit ungebremst zu. In Europa wird vor allem wegen der starken Import- und Krisenabhängigkeit von Erdöl die Forderung nach einer „nachhaltigen Energieversorgung" immer lauter. Eine zentrale Frage ist, inwieweit hier in Europa **nachwachsende Rohstoffe** stärker als bisher zur Energieerzeugung eingesetzt werden können.

22 Beschreiben Sie Einsatzmöglichkeiten von Biomasse als Energierohstoff und die sich daraus ergebenden Möglichkeiten für Landwirte.

23 Beurteilen Sie den Ansatz, in stärkerem Maße nachwachsende Rohstoffe bei der Energieerzeugung einzusetzen.

24 Gestalten Sie abschließend einen Kommentar zur in der Überschrift zu diesem Kapitel aufgewofenen Fage: „Landwirtschaft in der EU – Ernährer oder Kostgänger?"

TERRA **METHODE**

"The mind is a wonderful thing. – It starts to work the minute you are born and never stops – until you get to speak in public."
Damit es Ihnen trotz bester Vorbereitung nicht so geht wie in diesem Zitat aus einem „Handbuch für Redner" oder gar wie dem Referenten in der Karikatur 43, erhalten Sie hier „Sechs Tipps für eine gelungene Präsentation".

Arbeitsergebnisse präsentieren

43 Auf die Wirkung kommt es an

Präsentieren

1. Schritt: Vorbereitung und Selbsteinstimmung
- sich beruhigen durch tiefes Einatmen, Anhalten der Luft für ein paar Sekunden, langsames Ausatmen
- festen Stand suchen, Körperhaltung straffen, in den Händen Stichwortkärtchen halten
- Zuhörer in aller Ruhe anschauen, Blickkontakte aufnehmen, Blick schweifen lassen („Das ist mein Auftritt, dieses Podium gehört mir")

2. Schritt: Herstellen von Motivation und Aufmerksamkeit
- Zuhörer durch einen „pfiffigen", „spannenden" Einstieg gewinnen
- im Einstieg Problemstellung deutlich machen

3. Schritt: Begrüßung der Zuhörer und Vermittlung eines Überblicks über den Vortrag
- Spannung erzeugen durch sofortige Hinführung zur Problemstellung (Tipp 44), erst dann Begrüßung des Publikums zum Thema
- Thema genau formulieren und Gliederung begründen (OHP-Folie, Computerpräsentation)

4. Schritt: Argumentation in freier, lebendiger und verständlicher Rede
- „Kärtchen-Methode" anwenden (durchnummerierte Karteikarten im Format DIN A6 oder A7 mit jeweils einem Leitgedanken in der Überschrift sowie drei bis fünf weiterführenden Stichworten)
- Mimik und Körpersprache einsetzen, Stimme und Tonlage variieren, nicht zu schnell reden und Sprechpausen (als „Mitdenk-Pausen") einbauen

5. Schritt: Gestaltung einer „Du-orientierten Rede"
- Blickkontakte halten und auf das Feedback der Zuhörer achten
- von den Voraussetzungen und Erwartungen des Publikums ausgehen
- lebensnahe Beispiele, Zitate oder rhetorische Fragen einfügen
- das Zuhören erleichtern durch den Einsatz verschiedener Visualisierungstechniken
- Überforderung der Zuhörer vermeiden, d. h. überprüfen, ob es angemessen und notwendig ist, länger als 20 Minuten zu reden

6. Schritt: Formulierung eines Fazits oder einer persönlichen Position und Ausstieg mit einer eindrucksvollen Schlusspointe
- möglichst an die im Einstieg aufgeworfene Problemstellung anknüpfen
- nicht um jeden Preis etwas Witziges, aber doch Zusammenfassendes und Weiterführendes formulieren
- daran denken, dass der letzte Eindruck vom Redner auf jeden Fall haften bleibt

Visualisieren

Visualisieren bedeutet „sichtbar machen". Das gesprochene Wort soll also optisch möglichst eindrucksvoll unterstützt werden. Die Visualisierung führt zu erhöhter Aufmerksamkeit und Konzentration sowie zum besseren Behalten. Gleichzeitig verkürzt es den Redeaufwand des Vortragenden, gibt den Zuhörern eine Orientierungshilfe und verdeutlicht das Wesentliche. Auch hierfür gelten bestimmte Grundregeln.

44 Grundregeln für die Gestaltung

Sie haben als Redner niemals eine zweite Chance, einen ersten Eindruck zu machen!

Aber:

Sie haben 120 Sekunden Zeit, einen guten ersten Eindruck zu machen!

Und:

Sie haben genau vier Minuten Zeit, um sich als Redner/in zu beweisen.

Und dann:

Sie benötigen alle 6–8 Minuten einen „Aufwacher“ in Ihrer Präsentation, um die Aufmerksamkeit Ihrer Zuhörer zu erhalten.

46 Visualisierungsmedien mit ihren Darstellungsmöglichkeiten

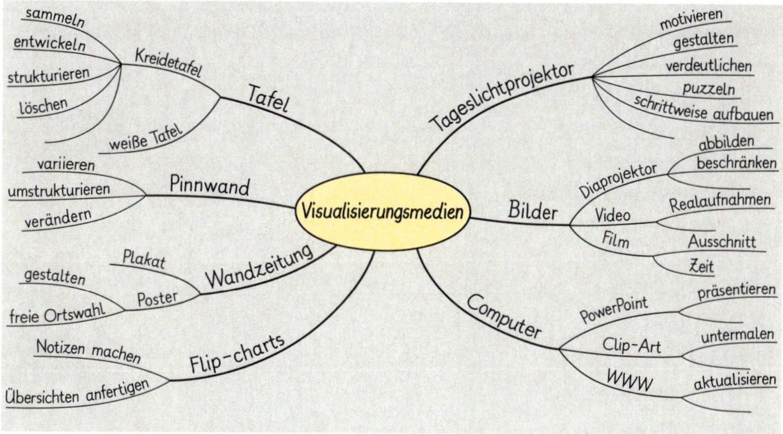

Vorüberlegung

Ziel ist es, Informationen des Vortrags optisch möglichst wirkungsvoll aufzubereiten. Dabei ist aber zu beachten, dass nach wie vor der Inhalt im Vordergrund steht, dass also nicht die „Showeffekte“ überwiegen. Diese Regel gilt insbesondere beim Einsatz von Präsentationsprogrammen. Ohnehin muss es nicht immer der Computer sein, mit dessen Hilfe visualisiert wird. Je nach Aussage und beabsichtigter Wirkung können auch andere Visualisierungsmedien eingesetzt werden (Mindmap 46).

Reduzierung der Sachinformationen

Durch kleine Anschriebe, Skizzen oder Bilder sollte nur so viel wie nötig und so wenig wie möglich dargestellt werden. Bei der Gestaltung von Folien z. B. gilt folgende Grundregel: „groß – anschaulich – kraftvoll“.

Transparenz

Während des Vortrags sollte stets der „rote Faden“ dadurch deutlich werden, dass anhand der Disposition (z. B. auf einer OHP-Folie) immer wieder gezeigt wird, an welcher Stelle die Untersuchung angelangt ist.

45 Tipps zur Visualisierung

- Visualisierungsmedien nach dem Inhalt der Präsentation auswählen
- verschiedene Medien einsetzen, aber „Mediensalat“ vermeiden
- in Druckschrift schreiben, Groß- und Kleinbuchstaben verwenden
- bei der Größe der Buchstaben auf Fernwirkung achten (Beispiele: Überschriften 28pt–36pt, Fließtexte 18pt–26pt)
- auf jeder Folie/Seite dieselben Schriftarten und -größen verwenden
- das Wichtigste durch Fettschrift oder Unterstreichungen hervorheben
- Auswahl an Farben begrenzen
- grafische Darstellungen verwenden, z. B. (selbstentworfene) Strukturskizzen, Wirkungsgeflechte
- möglichst wenig Statistiken verwenden, diese in Diagramme umsetzen
- jede Abbildung mit einer Überschrift versehen
- bei der Auswertung von Diagrammen, Tabellen o. ä. ein Lesebeispiel vorstellen
- beim Einsatz von Folien auf voreingestellte, erprobte Folienlayouts zurückgreifen
- selbst verfasste Texte im Hinblick auf Sprache und Rechtschreibung gründlich überprüfen (lassen)

Kompetenzen in diesem Kapitel erwerben:
- die Entwicklung europäischer Altindustriegebiete beschreiben;
- den strukturellen Wandel von Industriegebieten erläutern;
- die räumliche Relevanz des Strukturwandels erörtern;
- Wirtschaftsstrukturen neuer Industriestandorte analysieren;
- Industrieparks als Instrumente der Wirtschaftsförderung charakterisieren;
- durch Materialauswertung Informationen zu Raum- und Wirtschaftsstrukturen gewinnen;
- anhand eines Wirkungsgeflechtes die wirtschaftliche Situation eines strukturschwachen Raumes darstellen.

4.2 Europas Industrien im Wandel

1 Ein Förderturm wird gesprengt – Symbol für den Niedergang einer Industrieregion

Altindustrialisierte Räume

„Dem Herz der Republik droht der Infarkt."
(Der Spiegel vom 6.6.1979)

„Jetzt brennt die Ruhr" – „Erst stirbt die Zeche, dann die Stadt."
(Süddeutsche Zeitung vom 17./18.10.1987)

In diesen Überschriften von Zeitungsartikeln spiegelte sich die Stimmung der Menschen im Ruhrgebiet wider, das in den 1960er-Jahren in eine tiefe und lang anhaltende Krise geriet. Auch der Begriff „altindustrialisierter Raum", mit dem das Ruhrgebiet und andere europäische Bergbau- und Stahlregionen bezeichnet werden, ruft in unserer Vorstellung unwillkürlich Schlagworte wach wie „industrieller Niedergang", „Arbeitslosigkeit", „Umweltbelastungen" oder „chaotische Siedlungsverhältnisse". Diese Assoziationen sind zweifelsohne richtig, treffen jedoch nur ansatzweise die gesamte Bandbreite der Realität, insbesondere nicht die Not der dort lebenden Menschen, die von dem wirtschaftlichen Niedergang dieser Regionen unmittelbar betroffen waren.

Tatsache ist, dass im Ruhrgebiet zwischen 1950 und 1986 allein im Montanbereich über 300 000 Beschäftigte ihren Arbeitsplatz verloren, dass annähernd 90 Schachtanlagen und 50 Kokereien stillgelegt wurden. In kürzester Zeit waren „Bergbaustädte" wie Bochum, Essen und Mühlheim fast ohne aktiven Bergbau, der eineinhalb Jahrhunderte deren wirtschaftliches und soziales Leben bestimmt hatte.
Aber es gingen nicht nur Arbeitsplätze im Bergbau verloren. Aufgrund der engen Verbundbeziehungen zwischen dem Bergbau und der Eisen schaffenden Industrie mit anderen Branchen, wie z. B. dem Maschinenbau, der die Zechen, Kokereien und Stahlwerke belieferte, gerieten weitere Branchen in den Abwärtsstrudel sodass schließlich auch die verarbeitende Industrie, das Handwerk und viele Sparten des Dienstleistungssektors betroffen waren.

Was für das Ruhrgebiet zutrifft, gilt in z. T. noch stärkerem Maße für die meisten anderen **Altindustriegebiete** in Europa. Sind sie Regionen ohne Perspektive?

Material
Infoblatt Altindustriegebiete
104105-4201

2 Industrialisierte Räume in Europa am Ende des 19. Jahrhunderts

Ein Blick zurück: Entstehung und Merkmale von Altindustriegebieten

Altindustrialisierte Räume sind Gebiete, in denen die Industrialisierung schon früh eingesetzt hatte. Ihre Branchenstruktur ist durch einen besonders hohen Anteil an Grundstoff- oder Montanindustrie gekennzeichnet, vor allem Steinkohlenbergbau, Textil-, Bekleidungs-, Glas- und Porzellanindustrie. Die meisten dieser Gebiete entstanden aufgrund besonders günstiger Voraussetzungen: vor allem Bodenschätze (z.B. Steinkohle und Eisenerz), Lage an schiffbaren Flüssen oder an der Küste (z.B. Werftindustrien), günstige Wasserversorgung für den Antrieb der Wasserräder oder für Bearbeitungsprozesse (Waschen und Färben von Textilien), Holzreichtum (Holzkohle als Energielieferant und Reduktionsmittel für die ersten Eisenschmelzen oder für die Glasherstellung).
Vor der Erschließung durch die Industrie waren die Altindustriegebiete meist dünn besiedelte Agrarräume. Da man aufgrund der teuren und schwierigen Transporte der Massengüter (Rohstoffe und Fertigprodukte) jedoch gezwungen war, mehrere technisch verbundene Produktionsstufen an einem Ort bzw. in räumlicher Nähe zu konzentrieren, kam es schon früh zu einer Verdichtung der Industrien an wenigen Orten. Wegen des enormen Arbeitskräftebedarfs und -zustroms wuchsen diese bald zu großen Städten heran mit einer besonders auf die Belange der Industriebetriebe zugeschnittenen Infrastruktur.

3 Merkmale traditioneller Altindustriegebiete in der Niedergangsphase

- industrielle Monostruktur
- Dominanz strukturschwacher Branchen
- Fehlen von Wachstumsindustrien
- Vorherrschen von Großbetrieben
- wenige unternehmensbezogene Dienstleistungen
- unausgewogene Verteilung von Industrie, Siedlungen und Infrastruktur
- hohe Arbeitslosigkeit aufgrund des wirtschaftlichen Niedergangs
- Wanderungsverluste und sinkendes Pro-Kopf-Einkommen
- mangelnde Ausstattung mit Bildungs- und kulturellen Einrichtungen
- hohe Umweltbelastungen durch Industrie und den Verkehr, z.B. Staub- und Lärmemissionen
- starker Flächenverbrauch, heute verbreitet Brachflächen mit Altlastproblemen

Montanindustrie
Bezeichnung für den Bergbau sowie die Eisen- und Stahlindustrie

Montanrevier
Gebiet, in dem sich auf der Basis des Steinkohlenbergbaus eine Eisen erzeugende und verarbeitende Industrie entwickelt hat

Industrielle Monostruktur
Ausrichtung eines Raums auf einen oder einige wenige Industriezweige

4 Veränderung der Absatzstruktur des deutschen Steinkohlenbergbaus

Nach Statistik der Kohlenwirtschaft e.V. vom 29.01.2010, unter: www.kohlenstatistik.de/home.htm

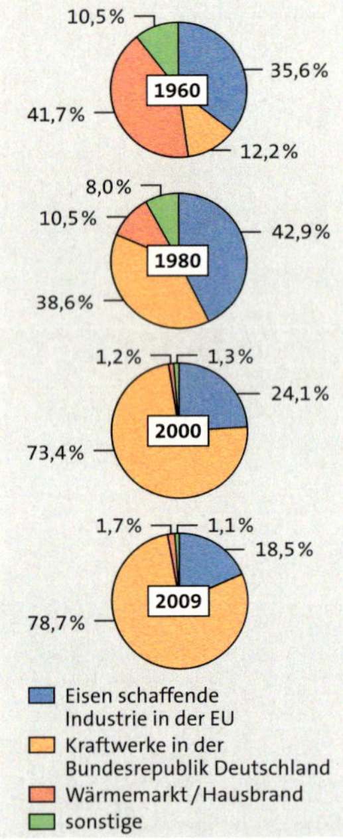

Bedeutungswandel der Montanreviere

Lange Zeit standen die altindustrialisierten Räume als Synonym für Industriegebiete schlechthin. Besonders die großen europäischen Montanreviere hatten sich im Verlauf des 19. Jahrhunderts zu Kristallisationskernen der „Industriellen Revolution" entwickelt. Bei günstigen wirtschaftlichen Voraussetzungen (s.o.) bildeten der Steinkohlenbergbau und die Eisen schaffende Industrie wiederum die Grundlage für weitere Industriezweige, z.B. Schwermaschinenbau und Chemische Industrie. Der wirtschaftliche Aufbau in der Hochphase der Industrialisierung Ende des 19./Anfang des 20. Jahrhunderts sowie Phasen der Hochkonjunktur während der Weltkriege und in den nachfolgenden Wiederaufbauphasen lösten einen Entwicklungsboom aus. Die Montanindustrie wurde in vielen Ländern Europas zur Schlüsselindustrie.

Waren es zu Beginn der Industrialisierung die genannten idealen Standortgegebenheiten, die den Boom der **Altindustriegebiete** begründeten, so wandelte sich in der zweiten Hälfte des 20. Jahrhunderts der ursprüngliche Vorteil der Lage „auf der Kohle" zum Standortnachteil.

6 Niedergang der Montanreviere

„Die anfängliche Standortgunst veränderte sich jedoch im Verlauf der Jahrzehnte infolge der Veränderungen der Transportsysteme, des Energiebedarfs, der Nachfrage und der wirtschafts- und zollpolitischen Rahmenbedingungen sowie der Entstehung neuer Produktionsstrukturen und Branchen. Besonders einschneidend wirkten sich die Veränderungen auf die Industriestandorte mit einer einzigen Branche oder wenigen eng miteinander verbundenen Branchen aus. In solchen monostrukturierten Industriegebieten, den sogenannten Revieren, konnte ein Verlust der ursprünglichen Standortgunst nicht oder nur schwer durch neue Branchen ausgeglichen werden. Sektorale Einbrüche bedeuteten hier stets soziale Krisensituationen. Die geringe Fähigkeit alter Industriegebiete (Wachstumsräume des 19. Jahrhunderts), sich an neue Bedingungen anzupassen, ist ein Grund, dass sie zu Problemräumen mit einer großen Umstellungsträgheit wurden."

Ekkard Buchhofer: Altindustrialisierte Räume. In: Wolf Gaebe (Hrsg.): Industrie und Raum. Handbuch des Geographieunterrichts, Band 3, Köln: Aulis 1988, S. 72–74

5 Steinkohlenförderung in ausgewählten Ländern 1950–2008

nach Statistik der Kohlenwirtschaft e.V., unter: www.kohlenstatistik.de/home.htm (Zugriff vom 20.04.2010)

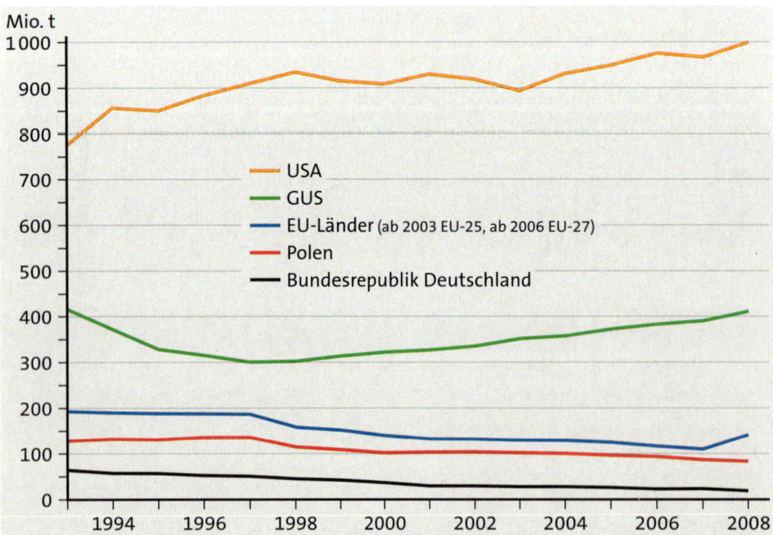

In den Ländern des ehemaligen **RGW** war die Situation ganz anders als in den westlichen Staaten. Hier gab es weder für Steinkohle noch für Rohstahl eine Absatzkrise. Im Gegenteil: Die Nachfrage war stets größer als das Angebot. Zudem wurden im Rahmen der sozialistischen Planwirtschaft die Montanreviere besonders gefördert und z.T. künstlich „am Leben gehalten". Im Zuge der Transformationsprozesse nach dem Zusammenbruch des RGW wurden diese Gebiete heute allerdings von den gleichen Problemen eingeholt (vgl. dazu S. 90 bis 99).

7 Krise der Stahlindustrie

„Der Vertrag über die Europäische Gemeinschaft für Kohle und Stahl trat 1952 für 50 Jahre in Kraft; er erlosch im Juli 2002. Damit wurden Kohle und Stahl mit den anderen Industrieprodukten gleichgestellt. Dies reflektiert den Verlust an strategischer Bedeutung dieses Sektors ... Inzwischen weist die Eisen- und Stahlerzeugung nur mehr einen Anteil von 3,6% an der Wertschöpfung des Industriesektors auf. Technologisch sind überdies umfangreiche Substitutionsprozesse von Stahl durch andere Werkstoffe erfolgt. Die Roheisenproduktion wurde weitgehend ausgelagert. Geblieben ist der Export von Spezialstählen und hochwertigen Stahlprodukten.“

Elisabeth Lichtenberger: Europa. Darmstadt: Wissenschaftliche Buchgesellschaft 2005, S. 264

9 Standorttypen der Eisen- und Stahlindustrie

Nach einem Entwurf von Elmar Kulke, Berlin

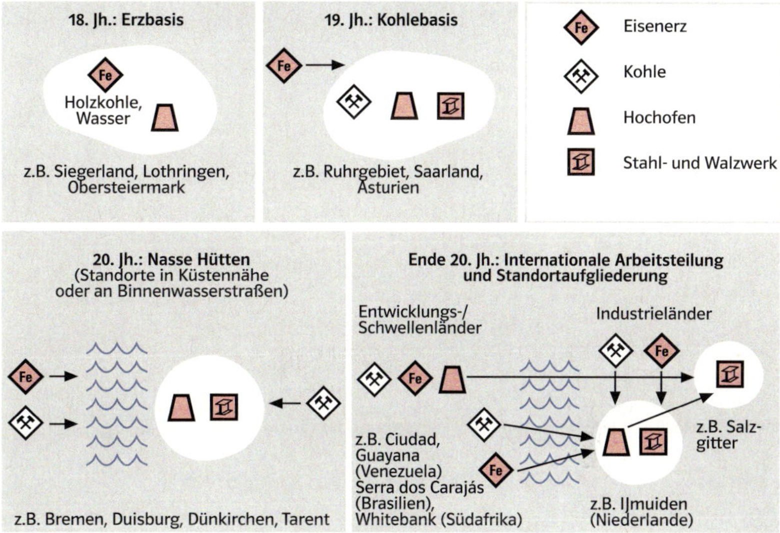

8 Wachstumsschwächen der Altindustriegebiete

„Die sozialen Kosten in Form von Einkommens- und Arbeitsplatzverlusten ... sind nicht gering zu veranschlagen. Dies gilt insbesondere dann, wenn sich der wirtschaftliche Wandel in einer Phase insgesamt unzureichenden Wirtschaftswachstums vollziehen muss. Herrscht Unterbeschäftigung in der Gesamtwirtschaft, so wird in den zurückbleibenden Regionen als Folge der Überlagerung von allgemeiner Wachstumsschwäche und unbewältigtem Strukturwandel ein starker Anstieg der Arbeitslosigkeit die Folge sein. Dies ist in den altindustrialisierten Räumen ... der Fall. ... Nicht das Alter der dort vorherrschenden Industriezweige im zeitlichen Sinne ist das wesentliche Merkmal dieses neuen regionalen Problemtyps, sondern ein von der Konjunktur abgekoppelter Beschäftigungsabbau bei bereits hohem Arbeitslosensockel, verbunden mit einer zumeist ausgeprägten Dominanz einiger weniger Wirtschaftszweige. ...
Damit werfen die ökonomischen Probleme altindustrieller Verdichtungsräume Fragen auf, die auch für die Entwicklung der Gesamtwirtschaft von Bedeutung sind.“

Bundesdrucksache 111/3478

1 Erstellen Sie anhand der Karte 2 und des Atlas eine Tabelle der wichtigsten Industriegebiete mit Angabe ihrer Industriestruktur und der wichtigsten Standortfaktoren.

2 Mögliches Referatsthema: „Blüte und Niedergang der europäischen Montanindustrie – Ursachen und Folgen“.

3 Erklären Sie anhand der Grafik 9 die Standortverlagerungen der Eisen- und Stahlindustrie.

4 Erstellen Sie ein Wirkungsgeflecht zu den Ursachen und Auswirkungen der Bergbau- und Stahlkrise.

10 Chorzów (Königshütte, Polen): Altindustriegebiete sind zumeist Räume mit hohen Umweltbelastungen

Umweltprobleme

Angesicht der geschilderten Rahmenbedingungen musste die Industrieentwicklung unweigerlich zu schwerwiegenden Umweltbelastungen führen. Die entscheidenden Ursachen sind:

- der hohe Material- und Energieverbrauch;
- die infolge der räumlichen Konzentration und Ballung von Industriebetrieben, Siedlungen und Verkehrseinrichtungen enorme Flächeninanspruchnahme;
- der hohe Anteil an festen, flüssigen und gasförmigen Emissionen besonders der Betriebe der Eisen- und Stahlerzeugung sowie der Chemischen Industrie.

Industriebrachen

Im Verlauf der Montankrise sind in allen altindustrialisierten Räumen Grundstücke in großem Umfang brach gefallen, sei es durch Betriebsstilllegungen und -verlagerungen oder durch Produktionsumstellungen, die veränderte Anforderungen an Grundstücke mit sich brachten. Viele werden inzwischen neu genutzt, ein Großteil wartet aber immer noch auf eine neue Bestimmung. Oft sind sie nur schwer zu vermarkten, vor allem da sie vielfach in einem unattraktiven Umfeld liegen und stark kontaminiert sind. Ein weiterer Grund, der ein umfangreiches Flächenrecycling verhindert, liegt in der Grundstückspolitik der Industrieunternehmen selbst. Seit dem Beginn der Bergbautätigkeit hatten nämlich die Bergbaugesellschaften im Bereich ihrer Untertagbaue möglichst alle Flächen aufgekauft, um so Haftungen wegen Bergschäden zu umgehen. Aus Furcht vor Konkurrenz auf dem knappen Arbeitsmarkt hatten außerdem viele Unternehmen sich in Form einer sogenannten „Bodensperre“ geweigert, für die Ansiedlung neuer Industrien Flächen zur Verfügung zu stellen – und dies obwohl ein hoher Bedarf an Grundstücken für Wohnungsbau, Freizeit- und Infrastruktureinrichtungen sowie zur Neuansiedlung von Industrie und Gewerbe vorliegt.

Altlasten

Inzwischen sind die brach gefallenen Areale und die vielen nutzlosen Gebäude den Kommunen zu einer Last geworden. Um die Industriebrachen der ehemaligen Zechen, Kokereien, Chemiewerke, Eisenhütten, Stahl- und Hydrierwerke einer neuen Nutzung zuzuführen, müssen sie wieder aufbereitet werden. Sie sind oftmals metertief verseucht mit Teer, Phenol, PCB und anderen giftigen Stoffen. In den meisten Ländern gilt im Umweltschutz zwar das „Verursacherprinzip“, d. h. die rechtlichen und finanziellen Folgen hat derjenige zu tragen, der die Umweltverschmutzung verursacht hat. Das Prinzip ist heute aber in den meisten Fällen nicht anwendbar, da die Verursacher wegen des langen Zeitraumes seit Beginn der Industrialisierung entweder nicht mehr zu ermitteln sind oder nicht mehr herangezogen werden können. So muss heute die öffentliche Hand für die Kosten aufkommen. Die Sanierung z. B. eines mit Dioxinen verseuchten Bodens verursacht Kosten in Höhe von über 1000 € je m^2 Bodenoberfläche. Aufgrund der leeren Kassen sind die Kommunen kaum in der Lage, diese Kosten zu tragen. Sie können nur wenige Flächen nach und nach sanieren.

11 **Ehemaliges Zechengelände als Dienstleistungsstandort: CBS Heerlen, Niederlande**

Reindustrialisierung

Mit Verlagerungen der Produktion an kostengünstigere Standorte, wie sie in der Abbildung 9 auf Seite 77 dargestellt sind, konnten die Probleme der **Altindustriegebiete** selbst natürlich nicht gelöst werden. Auch die Bemühungen um eine Reindustrialisierung, d.h. insbesondere die Ansiedlung von großen, viele Arbeitsplätze schaffenden Branchen, wie z.B. des Fahrzeugbaus oder der Elektroindustrie, brachten in der Regel keinen durchschlagenden Erfolg. Als krisenanfällige Mammutbetriebe konnten sie die großbetriebliche Wirtschaftsstruktur in den Montanrevieren kaum durchbrechen. Auf keinen Fall erleichterten sie die notwendigen Anpassungsprozesse in der Strukturkrise.

So fand ab den 1970er- und 1980er-Jahren eine grundlegende Umorientierung in der Wirtschaftspolitik der meisten altindustrialisierten Räume statt. In der Diversifizierung der Industrie sah man nun ein geeignetes Mittel der Krisenbewältigung. Konkret bedeutete dies zum einen die Anlage von Industrie- und Gewerbeparks mit einem starken Branchenmix und überwiegend Klein- und Mittelbetrieben. Einen Ausweg sah man zum anderen in der konsequenten Nutzung der neuen Technologien sowie in einer radikalen Wandlung der Produktpalette. Mit anderen Worten ausgedrückt: weg vom Hütten- und Stahlwerk, hin zum Technologiepark und Mikrochip.

Tertiärisierung

Da die Reindustrialisierungsmaßnahmen die immensen Arbeitsplatzverluste auch nicht nur annähernd auffangen können, darf man den strukturellen Wandel keinesfalls auf den Industriesektor beschränken. Eine besondere Bedeutung kommt vielmehr dem Ausbau des **Tertiären Sektors** zu.

Die **Tertiärisierung** umfasst dabei sehr unterschiedliche Bereiche, von produktionsorientierten **Dienstleistungen** (z.B. Forschung, Verwaltung, Marketing) über konsumorientierte Dienstleistungen (z.B. Einzelhandel), Verkehr und Nachrichtenübermittlung, Immobiliengewerbe bis hin zum Bildungswesen, zur Unterhaltung und zum Fremdenverkehr. Dieser Wandel ist jedoch kein Spezifikum der altindustrialisierten Räume, sondern typisch für nahezu alle Ballungsräume in den Industrieländern, die sich im Zuge der Tertiärisierung auf dem Weg zur post-industriellen Gesellschaft bewegen. Für die Altindustriegebiete sind das Ausmaß und die Auswirkungen dieses Wandels aber insofern außergewöhnlich, als man geradezu von einer Umkehrung der Verhältnisse sprechen kann. Das Ruhrgebiet kann hier stellvertretend für andere Montanreviere genannt werden: Während die Zahl der Beschäftigten im Sekundären Sektor von 61% im Jahre 1960 auf 33% im Jahre 2000 sank, stieg der Anteil der im Tertiären Sektor Beschäftigten im gleichen Zeitraum von 37% auf 64%.

5 Erstellen Sie, ausgehend von den Darlegungen auf S. 78, eine Liste von Umwelteinwirkungen in Altindustriegebieten.

6 Die wirtschaftliche Entwicklung der meisten westeuropäischen Altindustriegebiete lässt sich treffend mit den Schlagworten „Deindustrialisierung", „Reindustrialisierung", „Tertiärisierung" umschreiben. Erläutern Sie die Begriffe anhand konkreter Beispiele.

12 Mittelengland 1950

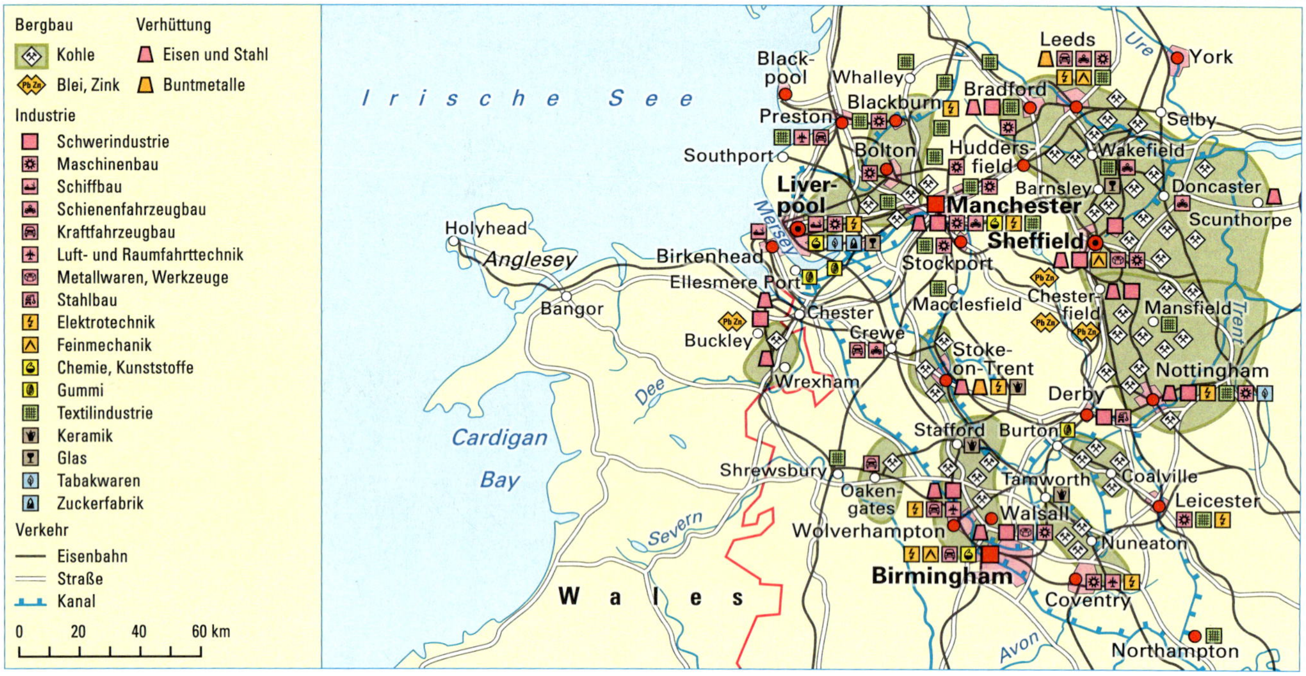

Das Mittelenglische Industriegebiet

Wie die anderen mitteleuropäischen **Altindustriegebiete** geriet auch das Mittelenglische Industrierevier Mitte der 1960er-Jahre in eine tiefe Krise, von der zuerst der Bergbau und die Textilindustrie, später auch die Eisen- und Stahlindustrie, der Schiffbau und andere Nachfolgebranchen betroffen waren. Ähnlich wie z.B. im Ruhrgebiet versuchte man seit den 1970er-Jahren die Krise mit Rationalisierungen und Investitionen in neue Technologien sowie der Schließung zahlreicher Betriebe zu bewältigen – jedoch ohne durchgreifenden Erfolg. Zahlreiche staatliche Programme zur Wirtschaftsförderung wurden aufgelegt und durch die Ausweisung von speziellen Fördergebieten (Special Development Areas), in denen die Maßnahmen gebündelt werden sollten, hoffte man für die Altindustriegebiete vor allem eine Diversifizierung der Wirtschaftsstruktur zu erreichen. Das Ergebnis dieser Bemühungen war jedoch eher bescheiden, phasenweise sogar kontraproduktiv. Vor allem die Wirtschaftspolitik der 1979 angetretenen Regierung der Konservativen unter Margaret Thatcher verschlechterte die Situation in vielen Problemregionen.

Im Mittelpunkt dieser Politik („Thatcherismus“) stand der ökonomische Liberalismus, d.h. die Zurücknahme des Staates aus der Wirtschaft durch Ausgabenkürzungen sowie Privatisierungs- und Deregulierungsmaßnahmen, verbunden mit einer Antiinflationspolitik und der Einschränkung der Macht der Gewerkschaften.

13 Entwicklung des Steinkohlenbergbaus in Großbritannien

Nach Heinz Heineberg: Großbritannien. Perthes Länderprofile. Gotha: Klett-Perthes 1997, S. 203 (ergänzt)

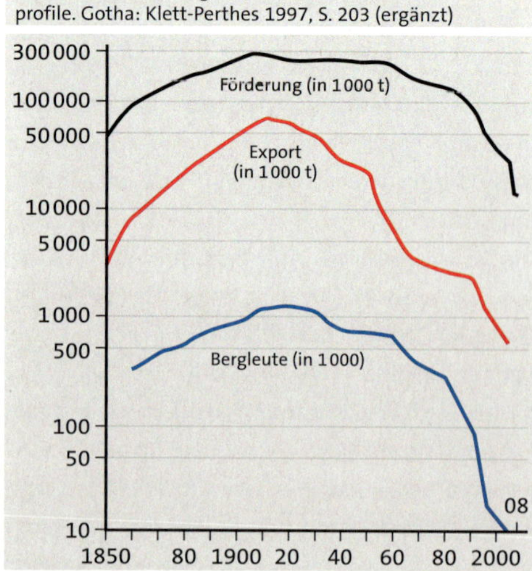

14 **Mittelengland 2008**

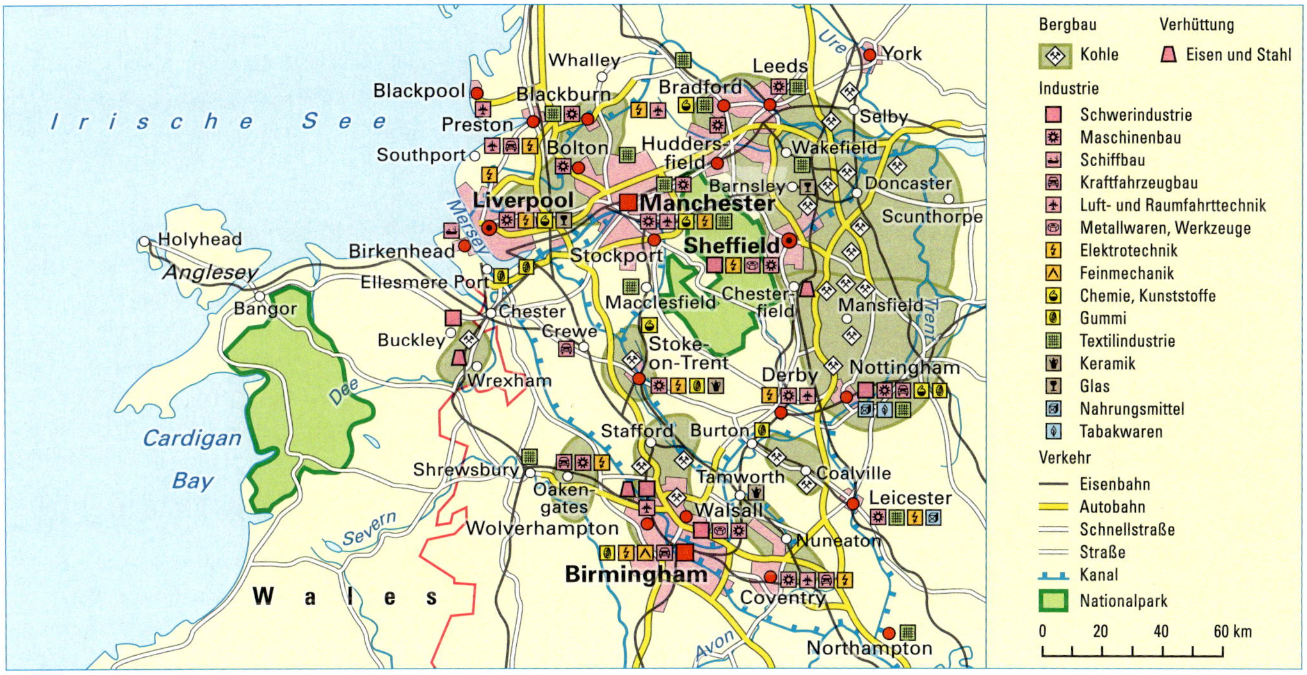

Nach diesem tiefen Einschnitt in die regionale Wirtschaft folgte in den späten 1980er-Jahren zunächst eine Erholungsphase, in der besonders die Zahl der Beschäftigten im Dienstleistungssektor zunahm. Eine Reindustrialisierung fand in einem nennenswerten Umfang jedoch nicht statt, so dass von einer Krisenbewältigung im Mittelenglischen Industriegebiet auch nicht gesprochen werden kann – zumal in den frühen 1990er-Jahren wieder eine allgemeine Rezession einsetzte, die u.a. mit steigenden Arbeitslosenzahlen und hohen Inflationsraten verbunden war.

Nach Überwindung der Rezession 1990/1992 zeichnete sich die britische Wirtschaft unter der „New-Labour"-Partei Tony Blairs durch ein anhaltendes Wirtschaftswachstum aus, von dem auch das Mittelenglische Industriegebiet und andere Industriegebiete in Großbritannien profitierten. Eine besondere Rolle spielten in dieser Phase kontinuierlich steigende Auslandsinvestitionen (z.B. aus den USA), wodurch zahlreiche Arbeitsplätze, vornehmlich im High-Tech-Bereich, geschaffen wurden. Diese Investitionen tragen auch in erheblichem Maße dazu bei, nicht nur die weltweite Konkurrenz- und Exportfähigkeit zu sichern, sondern auch dem altindustrialisierten Raum Mittelenglands ein neues Gesicht zu verschaffen. Dies gilt nicht zuletzt für die umfangreichen Revitalisierungsmaßnahmen der großen Industrie- und Hafenstädte, wie z.B. in Liverpool. Durch die Förderung vor allem der „Kulturwirtschaft" und des Städtetourismus hat sich die Stadt zu einer „Kulturmetropole" entwickelt, die ihr den Spitznamen „Livercool" einbrachte. Fraglich ist allerdings, ob damit eine dauerhafte Entwicklung sichergestellt werden kann.

7 Beschreiben Sie die Wirtschaftsstruktur Mittelenglands im Jahre 1950 (Karte 12) unter besonderer Berücksichtigung der standörtlichen Voraussetzungen und industriellen Verflechtungen.

8 Erläutern Sie den wirtschaftlichen und räumlichen Wandel von 1950 bis zum Jahre 2008 (Karte 14).

9 Erörtern Sie mögliche Folgen dieses Wandels, indem Sie dabei auch auf soziale und ökologische Aspekte eingehen.

10 Erörtern Sie die Zukunftsperspektiven altindustrialisierter Räume.

15 Entwicklung der Beschäftigten nach Wirtschaftssektoren in Industrieländern

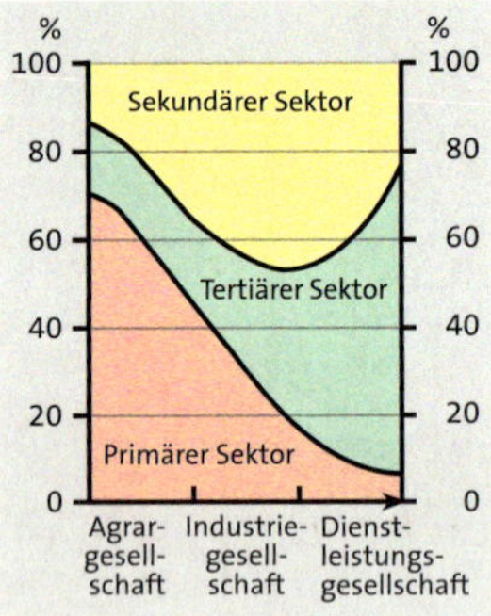

Strukturwandel der Industrie

Mit dem Begriff „Strukturwandel" werden in der Fachsprache wirtschaftliche Veränderungen von Tätigkeits- und Berufsstrukturen bezeichnet, die – im Gegensatz zu kurzfristigen Konjunkturveränderungen – eine langfristige Erscheinung darstellen und die in der Regel unumkehrbar sind. Der wirtschaftliche Strukturwandel hat einen permanenten Bedeutungswandel einzelner Wirtschaftszweige zur Folge. Er zeigt sich in Aufstiegs- und Niedergangsprozessen, wobei im Extremfall sogar ganze Wirtschaftszweige verschwinden können. Auslöser sind zumeist technische Innovationen – mit weit reichenden Folgen für die gesamte Arbeitswelt und die räumliche Standortverteilung von Betrieben.

16 Innovationen als Auslöser von Strukturveränderungen

„Jede Basisinnovation, die Ausgangspunkt eines neuen Wirtschaftszweiges in einer Volkswirtschaft ist, zieht im zeitlichen Verlauf eine Reihe von Verbesserungsinnovationen nach sich, wodurch sich die in einem Wirtschaftszweig produzierten Güter immer mehr differenzieren. Das Verhältnis der Wirtschaftszweige zueinander, also auch die Stellung der einzelnen Wirtschaftszweige im Wirtschaftssystem, verändert sich demnach fortwährend. Verlieren einzelne Wirtschaftszweige relativ oder absolut an Bedeutung, so hängt diese Entwicklung u.a. mit den schwindenden Möglichkeiten zusammen, technologische Durchbrüche zu erzielen."

Jörg Maier und Reiner Beck: Allgemeine Industriegeographie. Perthes GeographieKolleg. Gotha: Perthes 2000, S. 33–34

Sektoraler Strukturwandel

Spricht man von „Strukturwandel", so sind damit zumeist die Beschäftigungsveränderungen zwischen den drei klassischen Wirtschaftssektoren gemeint, wie sie der Autor Fourastié in seinem Modell darstellt (siehe Grafik 15). Danach ist der langfristige wirtschaftliche Entwicklungsprozess eines Landes durch eine kontinuierliche Beschäftigungsverschiebung vom Primären über den Sekundären zum **Tertiären Sektor** gekennzeichnet. In ihr spiegelt sich der Wandel von der Agrargesellschaft über die industrielle zur postindustriellen Dienstleistungsgesellschaft wider. Als Ursache für den sektoralen Wandel gab Fourastié die auf technischem Fortschritt beruhende steigende Arbeitsproduktivität an. Den größten technischen Fortschritt prognostizierte er im Sekundären Sektor, wodurch Arbeitskräfte freigesetzt würden (Deindustrialisierung), die schließlich im Tertiären Sektor Aufnahme fänden.

In allen „Industrieländern" entwickelte sich die Beschäftigtenstruktur tatsächlich so, wie Fourastié es vorausgesagt hatte. Falsch war jedoch seine Annahme, dass im Tertiären Sektor nur bedingt technische Fortschritte möglich seien und dass dieser deswegen eine ständig größere Zahl an Beschäftigten benötige. Die aktuelle Entwicklung zeigt, dass durch neue Technologien auch im Dienstleistungsbereich erhebliche Rationalisierungen möglich sind und große Produktivitätsfortschritte erreicht werden können, so dass der Tertiäre Sektor nur begrenzt die im Sekundären Sektor freigesetzten Arbeitskräfte aufnehmen kann.

17 Sektoraler Strukturwandel: Erwerbstätige nach Sektoren in ausgewählten europäischen Ländern 1960 und 2008

Nach Fischer Weltalmanach, verschiedene Jahrgänge

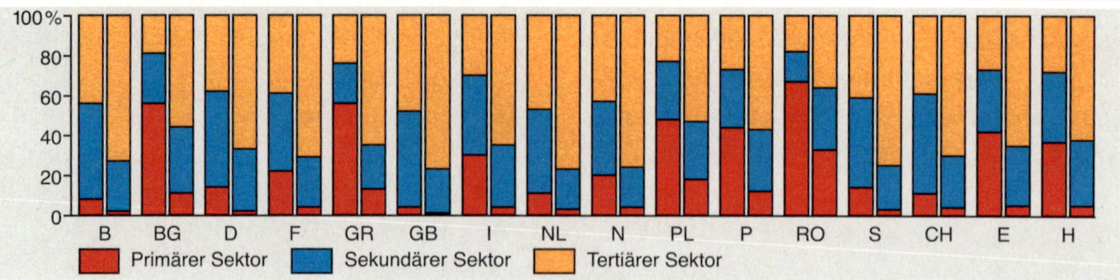

Material
Infoblatt sektoraler Wandel nach Fourastié
104105-4202

Funktionaler Strukturwandel
Verschiebungen gibt es nicht nur zwischen den Sektoren, sondern auch innerhalb der Sektoren selbst. Bis vor wenigen Jahrzehnten war der Sekundäre Sektor weitgehend identisch mit dem „Produzierenden Gewerbe", in dessen Mittelpunkt die traditionellen Produktionstätigkeiten standen, die der Gewinnung oder Herstellung von Gütern dienten. Heute arbeiten zahlreiche Beschäftigte vieler Firmen, die dem Sekundären Sektor zugeordnet werden, im nicht produzierenden Bereich, z.B. in Forschung, Verwaltung, Werbung, im Management und Vertrieb. So sind nach Berechnungen des Deutschen Instituts für Wirtschaftsforschung Berlin inzwischen über die Hälfte der Beschäftigten im „Verarbeitenden Gewerbe" in Deutschland in „Dienstleistungsberufen" tätig. Der stärkste Zuwachs entfällt hierbei auf wissensorientierte Berufe. Insofern lassen sich die strukturellen Verschiebungen nur unzureichend als Übergang von der Industrie- zur Dienstleistungsgesellschaft charakterisieren. Es entwickelt sich vielmehr eine vernetzte „Dienstleistungsindustrie", bei der **Dienstleistungen** die eigentliche Güterproduktion begleiten.

18 Räumliche Relevanz des Strukturwandels

„Die Folge (der Tertiärisierung) ist eine Umstrukturierung der industriellen Arbeitsplätze, was wiederum erhebliche räumliche Wirkungen nach sich zieht. So bringt es ein solcher Wandel der Qualität industrieller Standorte mit sich, dass sich sowohl die Standortansprüche wie auch die Standortwirkungen industrieller Unternehmen verändern. Rückläufige Flächengrößen und die zunehmend geforderte Flexibilität der Gebäude sowie nicht zuletzt eine dem hochqualifizierten, dienstleistenden white collar worker angemessene Attraktivität seines Arbeitsplatzes lassen bislang angewandte Kriterien der Standortplanung ebenso überprüfungswürdig erscheinen wie die wachsende Zahl emissionsarmer Standorte und die auch wieder zunehmende Innenstadtverträglichkeit der Arbeit. Damit werden neue Standortmuster ermöglicht."

Jörg Maier und Reiner Beck: a.a.O., S. 49/50

19 Entwicklung der Beschäftigtenanteile im Verarbeitenden Gewerbe in Deutschland

Nach Walter Gustav Hoffmann u.a.: Das Wachstum der deutschen Wirtschaft seit der Mitte des 19. Jahrhunderts. Berlin: Springer 1965, S. 68 f. sowie Statistisches Jahrbuch der Bundesrepublik Deutschland. Wiesbaden: Statistisches Bundesamt, verschiedene Jahrgänge

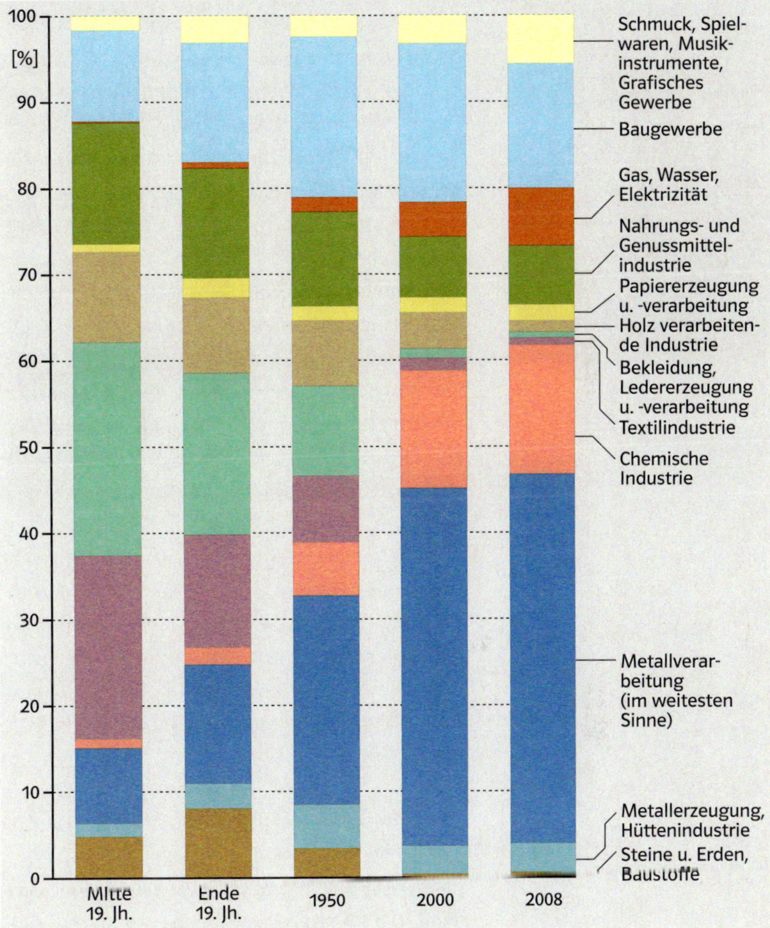

11 Beschreiben Sie die sektorale Entwicklung der Erwerbstätigenanteile (Grafik 17).

12 Nennen Sie Beispiele für die im Quellentext 18 genannten Auswirkungen auf künftige Standorte des Verarbeitenden Gewerbes.

13 Zur Grafik 19:

a) Beschreiben Sie die Entwicklung der Branchenstruktur des Verarbeitenden Gewerbes.

b) Erläutern Sie besonders auffällige Veränderungen.

20 **Industriepark in der Normandie (Frankreich)**

Neue Standorte

Lange Zeit galt der Grundsatz „Industry grows but seldom moves". Die Unternehmer wählten als Standort für ihre Fabriken in der Regel solche Räume, in denen sie optimale Produktionsbedingungen (**Standortfaktoren**) vorfanden, z. B. Rohstoffe, Energiequellen, Arbeitskräfte oder einen großen Absatzmarkt. So kam es in den meisten Industrieländern zu einer Konzentration von Gewerbe und Industrie in wenigen bevorzugten Gebieten – und damit zu ausgeprägten regionalen Gegensätzen zwischen strukturstarken **Verdichtungsräumen** einerseits und strukturschwachen ländlichen Gebieten andererseits. Aufgrund der Persistenz, d. h. des Festhaltens der Betriebe an dem einmal gewählten Produktionsstandort, blieb die ungleiche räumliche Verteilung meist noch lange bestehen, auch wenn die Standortfaktoren sich änderten.

Das räumliche Ungleichgewicht widerspricht jedoch der Forderung der Öffentlichen **Raumordnung** nach „Schaffung und Erhaltung gleichwertiger Lebensbedingungen", wie sie im Grundgesetz der Bundesrepublik Deutschland und in der europäischen Raumordnung als ein Leitziel festgeschrieben ist.

Industrieparks

Da in den marktwirtschaftlich geprägten Ländern der Staat bzw. die Kommune in der Regel nicht als „Industrieunternehmer" tätig werden kann, also auch keine Möglichkeit hat, den Standort für industrielle Anlagen so zu wählen, dass auch weniger oder nicht industrialisierte Räume davon profitieren können, bleibt ihnen in der Regel nur das Mittel einer indirekten Lenkung, z. B. durch Gebote, Verbote oder Anreizmittel. Eines der am häufigsten praktizierten Instrumente ist dabei die Ausweisung bzw. Förderung von sogenannten **Industrieparks**. Als Standort von Industrieparks werden vielfach periphere Regionen gewählt und gefördert, z. B. mit Hilfen aus dem europäischen **Strukturfonds**. Damit werden vor allem mittelgroße Betriebe angelockt. Die Standortwahl wird dadurch flexibler, so dass der eingangs zitierte Grundsatz heute nur noch eingeschränkt Gültigkeit hat.

Nachdem anfänglich Industrieparks vor allem in den USA, später auch in Entwicklungsländern errichtet wurden, gibt es inzwischen weltweit eine unüberschaubare Zahl von Gewerbe- und Industriearealen mit dieser Bezeichnung, was eine allgemein gültige Definition erschwert.

21 **Industrieparks und andere Standortgemeinschaften**

Industrieparks (engl. industrial estates, franz. zones industriels) sind zusammenhängende, in sich geschlossene Areale, die von einem öffentlichen oder privaten Träger zur Förderung und Ansiedlung von klein- und mittelgroßen Industrie- und Gewerbebetrieben unterschiedlicher Branchen eingerichtet werden. Meist werden die Areale vorab mit den notwendigen Infrastruktureinrichtungen ausgestattet, um so auch finanzschwächeren Unternehmen den Start zu erleichtern.

Technologie- und Gründerzentren sind unternehmerische Standortgemeinschaften von zumeist jungen, neu gegründeten Betrieben zur Entwicklung, Produktion und Vermarktung technologisch neuer Produkte.

Science Parks sind eine Sonderform von Standortgemeinschaften. Bei ihnen handelt es sich um größere geschlossene Areale, in denen vor allem forschungs- und entwicklungsintensiven Unternehmen umfangreiche Service- und Leistungsangebote in den Bereichen Management, Beratung, aber auch Finanzierung angeboten werden. Ein Charakteristikum ist die Nähe zu Universitäten und anderen Forschungsinstituten.

Cluster sind geographische Konzentrationen von miteinander in Verbindung stehenden Unternehmen in einem bestimmten Wirtschaftszweig. Meist bildet eine Universität den Kristallisationspunkt für die Entstehung und das Funktionieren von Clustern.

Material
Infoblatt Cluster
104105-4203

Material
Infoblatt Technologiepark Dortmund
104105-4204

22 **Biotechnologieunternehmen im Ideon Science Park, Øresundregion/Schweden**

Nach Marcus Raueiser: Biotechnologie im nordischen Wachstumsraum Øresundregion. In: Geographische Rundschau, Heft 12/2005. Braunschweig: Westermann S. 36

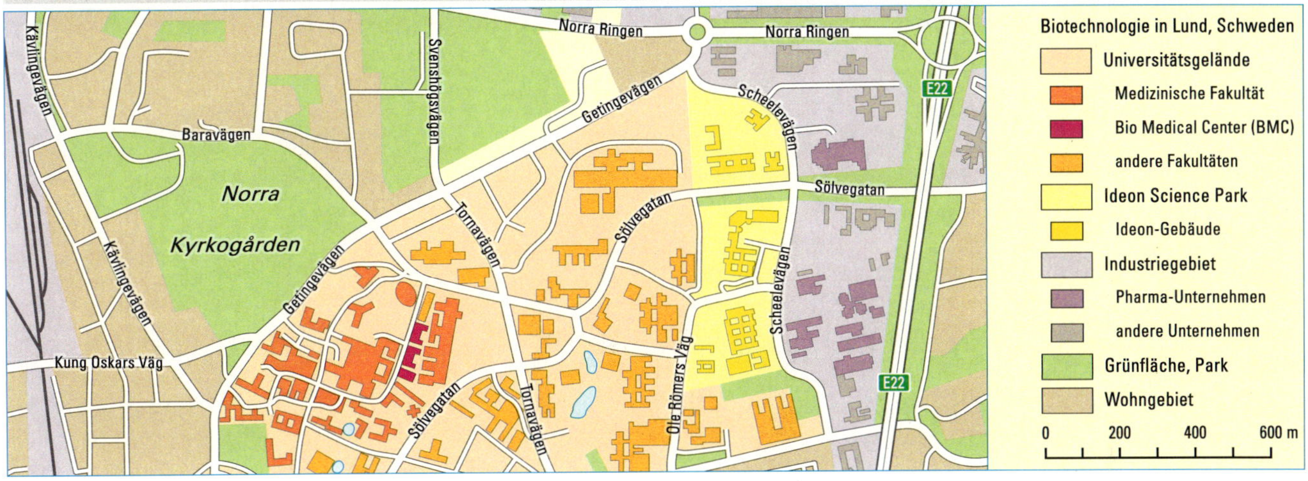

Biotechnologie-Cluster

23 **Schlüsselbranche Biotechnologie**

„Die Biotechnologie gilt als eine der Schlüsseltechnologien des 21. Jahrhunderts. Mit der Sequenzierung des menschlichen Genoms (2001) und der Mitte der 1970er Jahre begonnenen biotechnologischen Revolution durch die bahnbrechenden gentechnologischen Inventionen scheint ein Meilenstein einer neuen Entwicklung mit einem Potenzial ungeahnter Möglichkeiten gesetzt worden zu sein. Mit diesem technologischen Quantensprung hofft man für Krankheiten (wie z. B. Krebs, Alzheimer, Parkinson, Multiple Sklerose, Diabetes oder HIV), für die es bislang keine befriedigende bzw. nur unzureichende Therapiemöglichkeiten gibt, bessere Therapie- bzw. Heilungsverfahren zu erlangen...
Die Ansiedlung von Biotechnologie-Unternehmen als Substitution für den Niedergang bzw. Abzug traditioneller Industriezweige scheint vor allem für Industrieländer von großer Bedeutung zu sein."

Markus Raueiser: a. a. O., S. 28

24 **Wachstumsraum Øresund**

„Die Øresundregion ist mit rund 3,5 Mio. Einwohnern und einer Fläche von 20 859 km² die größte und dichtest besiedelte Agglomeration Nordeuropas ... Das Zentrum dieser aufstrebenden Region bildet dabei die dänische Hauptstadt Kopenhagen. Als weitere Orte mit zentraler Bedeutung gelten in diesem Gebiet Schwedens drittgrößte Stadt Malmö und die Universitätsstadt Lund. Gemessen am BIP pro Kopf gehört die Øresundregion zu den acht wohlhabendsten Regionen des Kontinents ...
Die Entstehung der biotechnologischen Aktivitäten in der schwedischen Teilregion fokussiert sich im Wesentlichen auf die Universitätsstadt Lund. Der Ideon Science Park mit seinem Innovationsumfeld hat die Entwicklung der Biotechnologie im schwedischen Teil wesentlich geprägt. Ein Großteil der Biotechnologie-Unternehmen hat sich dort aufgrund der guten Rahmenbedingungen angesiedelt."

Marcus Raueiser: a. a. O., S. 31 und 33

14 Beschreiben Sie anhand der Abbildung 22 die Struktur eines Clusters.

15 Nennen Sie mögliche Auswirkungen des Biotechnologie-Clusters für die Entwicklung der Øresundregion.

25 Technopole Sophia Antipolis bei Cannes

27 Institut Universitaire de Technologie Nice im Technologiepark Sophia Antipolis

Sophia Antipolis – liegt die Zukunft im Wissen?

26 Steckbrief der Technopole Sophia-Antipolis

Lage: Cote d'Azur, 6 km nördlich von Cannes, unmittelbar an der A 8 Marseille-Nizza-Genua
Entstehung: 1969 Gründung einer Entwicklungsgesellschaft; 1974 Niederlassung des ersten Unternehmens
Gesamtfläche (2007): 2 400 ha
Flächennutzung: ca. 65 % mediterraner Wald, ca. 28 % technologische Nutzung (Forschung, Fortbildung, Produktion, Verwaltung), ca. 7 % Infrastruktur (Schulen, Sport-, Sozial- und Kulturanlagen, Wohnungen)
Unternehmen (2007): 1276 aus den Bereichen Hochschule und Forschung, Gesundheitswissenschaften, Chemie und Biologie, Umwelttechnik und neue Energien sowie Informations- und Kommunikationstechnologie, Netzwerke und Elektronik.
Beschäftigte (2007): 26 635, davon 43 % Informationstechnologie, 36 % Dienstleistungen, 12 % Hochschule, Forschung, Ausbildung, 9 % Gesundheit, Chemie und Biologie

Nach Fondation Sophia Antipolis Inc., unter: www.sophia-antipolis.org, (Zugriff vom 10. 01. 2009), ergänzt

28 Standortwahl

„Aus gesamtstaatlicher Sicht bedeutet die Lokalisierung des Technologieparks Valbonne ... einen Bruch mit der überkommenen räumlichen Struktur industrieller Produktions- und Forschungsstätten. Zwar steht die Region P. A. C. A. (Provence, Alpes, Côte d'Azur) gemessen an der Zahl der Industriebeschäftigten ... an 4. Stelle in Frankreich ... Ihre relative Bedeutung wird jedoch ganz entschieden durch das absolute Übergewicht des zentral- und nordfranzösischen Raumes relativiert. ... Die Standortwahl für den Technologiepark Valbonne kann also im nationalen Kontext als mehrfach regional-politisches Novum bezeichnet werden. Sie beinhaltet
- die Abkehr und bewusste Distanz vom traditionellen Forschungs- und Verwaltungszentrum Paris;
- die Dezentralisierung von Forschung und Technologieentwicklung ... ;
- die Auswahl eines Standortes mit hohem Freizeitwert ..."

Hans-Georg Möller: Raumwirksame Entwicklungseffekte durch Technologieparks: das südfranzösische Beispiel Valbonne-Sophia-Antipolis. In: Erdkunde Bd. 39/1985, S. 86/87

Surftipp
Sophia Antipolis
104105-4205

29 Technologieparks in Südfrankreich

Nach Horst-Günter Wagner: Mittelmeerraum. Darmstadt: Wissenschaftliche Buchgesellschaft 2001, S. 193

30 Sophia Antipolis – Teil des europäischen Sunbelts

„Neue Firmen, meist aus dem Bereich moderner Hochtechnologie, begannen die alten Industrieregionen ... zu meiden. Aber an ihren neuen Standorten, z. T. in bisher ländlichen Gebieten, suchten sie dennoch wieder die räumliche Nähe zu einander, besonders in den Bereichen Forschung und Entwicklung und zur kostengünstigen gemeinsamen Nutzung von Versorgungs-, Infrastruktur- und Dienstleistungen. Es bildeten sich deshalb zwar dezentrale, gleichwohl konzentrierte Gemeinschaften moderner Industrie. ... Wichtig sind gute Beziehungen zu Forschungsstätten und regionalen Akteuren von Politik und Verwaltung. ... Ein besonders wichtiges Beispiel dieser innovativen High-Tech-Entwicklung liegt zwischen Nizza und Marseille. Internationale Konzerne führen hier in engster Zusammenarbeit Niederlassungen der Weltraum- und Flugzeugtechnologie ..., Militärtechnik, Computerentwicklung, Meereswissenschaften in Verbindung mit Hochschulen, Forschungsinstituten und Technologieparks. Die staatlich geförderten Standorte von Hochtechnologie, Medizin- und Biotechnik sowie Informatik in Sophia Antipolis bei Nizza/Cannes ..., das französische Silicon Valley, [sowie] Montpellier ..., Nimes und Alès werden heute bereits als ‚route des hautes technologies' zusammengefasst. ... Die enge Verflechtung von produzierenden und forschenden Aktivitäten, also die Verschmelzung der Wertschöpfung des Sekundären und Tertiären Sektors und dessen vielseitige Verbindungen zu den hier wachsenden Branchen von Banken, Versicherungen und einer breiten Tourismus- und Freizeitpalette weist auf die Zukunftsbedeutung dieses südeuropäischen ‚sunbelts' hin, der sich grenzüberschreitend von Südostspanien über Valencia, Barcelona, Südfrankreich, die ligurische Küste Italiens, die Lombardei (Mailand) einschließend mit einzelnen Standorten als ‚Romanischer Bogen' bis Rom zieht."

Horst-Günter Wagner: Mittelmeerraum. Darmstadt: Wissenschaftliche Buchgesellschaft 2001, S. 192 f.

16 Erläutern Sie den Aufstieg von Valbonne-Sophia-Antipolis zu einer der führenden Hightech-Regionen in Europa.

17 Erstellen Sie eine Liste der Faktoren, die diese Entwicklung begünstigt haben.

18 Erläutern Sie mithilfe der Materialien auf Seite 86/87 sowie von Atlaskarten die Begriffe „Silicon Arch" und „Romanischer Bogen".

Entwicklung peripherer Räume durch Industrieansiedlung? Das Beispiel Alentejo (Portugal)

KKP (Kaufkraftparität), auch KKS (Kaufkraftstandards) oder PPP-$ (Purchasing Power Parity)
Internationale Kaufkraft eines Landes. Sie gibt an, wie viel Einheiten der jeweiligen Währung erforderlich sind, um den gleichen repräsentativen Waren- und Dienstleistungskorb zu kaufen, den man für 1 US-$ in den USA kaufen könnte.

31 Kaufkraft und BIP je Einwohner nach Regionen (NUTS2) in Portugal 2007

Nach EUROSTAT 2010, unter: http://epp.eurostat.ec.europa.eu

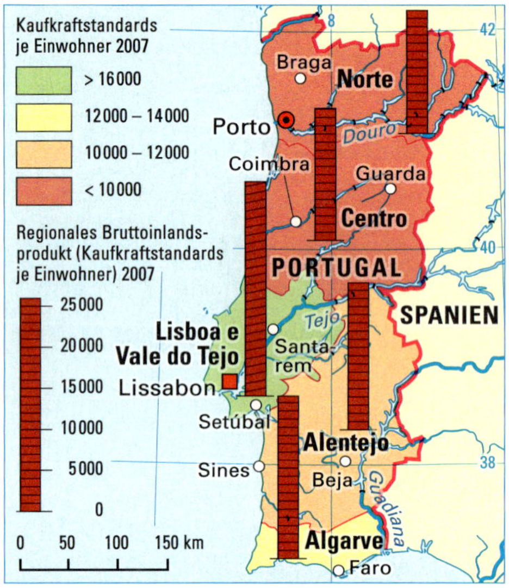

33 Bevölkerungsdichte und -entwicklung in Portugal nach Regionen 1995 bis 2008

Nach EUROSTAT 2010, unter: http://epp.eurostat.ec.europa.eua

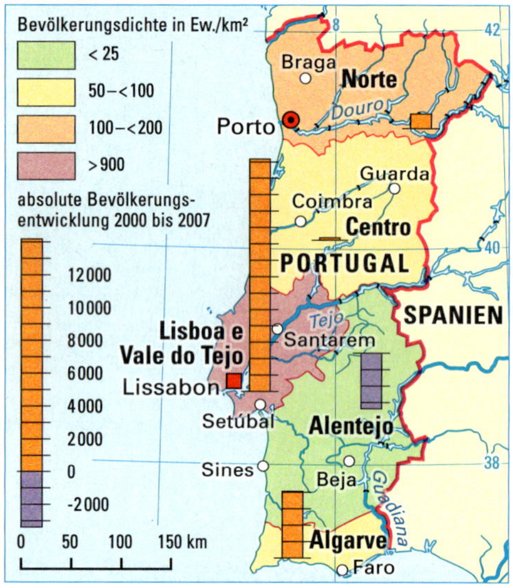

32 Nur Zeit und Geduld im Überfluss: Der Alentejo in der Mitte der 1990er-Jahre

„‚Der Alentejo ist eine vergessene Region', sagt Paula Fernandes. Die ehemalige Touristikstudentin und Geographielehrerin aus Lissabon lebt jetzt als Managerin eines Hotels in einem Zentrum des Alentejo, der Weltkulturerbe-Stadt Evora. ‚Die Menschen sind arm, die Möglichkeiten begrenzt.' Die Jüngeren ziehen in größere Städte oder viel versprechendere Regionen. Die Provinz ist überaltert. Seit die Landwirtschaft drastisch zurückgeht, liegt die Hoffnung auf dem Tourismus. Wie alles in Alentejo entwickelt sich auch dieser Sektor behäbig ...

Die Provinz bedeckt ein Drittel der portugiesischen Oberfläche. Und wirklich: Es ist ein weites Land, hügelig, menschenleer und schweigend. ... Die Gegend sieht aus, als seien nicht nur Himmel und Erde, sondern auch die Zeit hier unendlich. Kilometerweit ist kein Haus zu sehen. Hier kann ‚ein Mensch sein Leben lang gehen, ohne sich jemals zu finden, wenn er verloren auf die Welt kam', schreibt der portugiesische Schriftsteller José Saramango. ... In den vergangenen vierzig Jahren hat sich die Bevölkerungsdichte im Alentejo fast halbiert durch Abwanderungen und eine höhere Sterblichkeit als im Landesdurchschnitt.

Der Alentejo ist kein Land des Überflusses. Die Winter sind meist kalt und schneereich, die Sommer heiß und dürr. ‚O sol mata', die Sonne tötet, heißt es. Oft herrscht Wassermangel. Salazars Traum vom Alentejo als Kornkammer Portugals führte zu extensiven Monokulturen und ausgelaugten Böden. Das wenige, das sie hergeben, wird genutzt: Man lebt fast ausschließlich von der Landwirtschaft. Die Weintrauben, die Getreide- und Sonnenblumenfelder, die Olivenhaine, vor allem aber Korkeichen ... Sie liefern jährlich fast sechzehn Millionen Kilo Kork, mehr als die Hälfte der weltweiten Produktion."

Marion Löhndorf: Nur Zeit und Geduld gibt es im Überfluss. Der Alentejo ist ein weites Land. In: Frankfurter Allgemeine Zeitung vom 13.11.1997, S. R 10, gekürzt

Surftipp
Alentejo
104105-4206

34 **Staumauer des Alqueva-Stausees: das 2004 eröffnete Wasserkraftwerk hat eine installierte elektrische Leistung von 2 × 129,6 MW.**

Gravierende Defizite bestehen im Alentejo in praktisch allen Lebensbereichen: im Lebensstandard der Bevölkerung, in den landwirtschaftlichen Besitzverhältnissen, im Angebot an außerlandwirtschaftlichen Arbeitsplätzen, ja selbst in der Versorgung mit Nahrungsmitteln. Trotz umfangreicher Hilfen und infrastruktureller Ausbaumaßnahmen seit dem EU-Beitritt Portugals 1986 ist die Ausstattung in den Bereichen Energie, Verkehr und Telekommunikation völlig unzureichend und die medizinische Versorgung der Bevölkerung deutlich schlechter als in den größeren Städten des Landes. Der Alentejo bildet mit dem niedrigsten Pro-Kopf-Einkommen fast das Schlusslicht aller Wirtschaftsräume der EU. Im gesamteuropäischen Maßstab sind nur in Albanien, Mazedonien und Ostanatolien (Türkei) die Gegebenheiten noch schlechter.

Seit dem EU-Beitritt erhält Portugal Mittel aus dem europäischen Strukturfonds zum Abbau der regionalen **Disparitäten** und speziell zum Auf- und Ausbau der Industrie. Unter anderem werden direkte Zahlungen geleistet zum Ausbau der Infrastruktur und zur Förderung industrieller Investitionsvorhaben, z.B. bei der Einrichtung von **Industrieparks** in **peripheren Regionen**.

35 **Brüssels Hilfen versickern im Sand**

„Portugal erhielt 1989–1993 jährlich 1,79 Mrd. EUR, seitdem jährlich 2,76 Mrd. EUR Fördermittel aus dem Regionalfonds der EU. Leider gelangten diese Mittel im Alentejo, neben dunklen Kanälen, nicht in eine breite Förderung von Arbeitsplätzen, sondern in landwirtschaftliche Intensivprojekte ausländischer Unternehmer, die mit Agrar-High-Tech Edelexporte erzeugen (Himbeeren, genveränderte Weintrauben, Zimmerbambus, Eukalyptusholz für die Zellulose-Produktion). Deren Gewinne bleiben nicht in der Region, wohl aber die anderswo längst verbotenen Rückstände der Agrarchemie. Das verstärkt betonte Subsidiaritätsprinzip, also die Respektierung der örtlichen Entscheidungsbasis, verminderte die Kontrollbefugnis Brüssels über die Zuschussverwendung und förderte die Korruption. ….“

Horst-Günter Wagner: Mittelmeerraum. Darmstadt: Wissenschaftliche Buchgesellschaft 2001, S. 304

2007 legte der Europäische Fonds für regionale Entwicklung (EFRE) für den Zeitraum 2007 bis 2013 ein neues Programm in Höhe von 869 Mio. € für die Schaffung geeigneter Wachstumsbedingungen im Alentejo auf.

19 Erstellen Sie ein Wirkungsgeflecht zur wirtschaftlichen Situation im Alentejo.

20 Erörtern Sie die durchgeführten Maßnahmen zur Wirtschaftsförderung.

4.3 Transformation in den MOE-Ländern

Kompetenzen in diesem Kapitel erwerben:
- die wirtschaftspolitische Situation der neuen Mitgliedstaaten zum Zeitpunkt des EU-Beitritts beschreiben;
- Chancen und Risiken der EU-Osterweiterung für die neuen Beitrittsländer und für die alten Mitgliedstaaten erörtern;
- am Beispiel der Automobilindustrie Transformationsprozesse in den MOEL erläutern.

1 **1. Mai 2004: Tausende von Polen feiern auf dem Marktplatz der Warschauer Altstadt den Beitritt zur EU**

2 **Stimmen zum EU-Beitritt Tschechiens**

a) „Wir suchen die Freiheit."
„‚Manche Deutsche mögen noch glauben, wir leben im Böhmerwald, riechen schlecht und weil wir so faul sind, wollen wir nur das gute EU-Geld', sagt Tomas Chalupa. ‚Die Wahrheit ist: Wir sind wie der Rest der Europäischen Union. Wir haben eine ähnliche Geschichte, tragen die gleiche Kleidung und putzen uns die Zähne.' Der Mann mag deutliche Worte. ‚Meine Generation träumte doch deswegen nicht von Ländern wie Deutschland, weil ihr die dickeren Bananen hattet. Wir träumten von der Freiheit, in der man sprechen, arbeiten und leben konnte, wie man wollte.'"

b) „Wir fürchten den kalt regulierten EU-Markt."
„Katerina Konecna dagegen trauert jenem sozialistischen Versorgungsstaat nach, den sie selbst kaum erlebt hat. Die 23 Jahre alte Kommunistin ist die jüngste Abgeordnete im tschechischen Parlament und damit die Vorzeigepolitikerin der Altkommunisten. ‚Wie sollen sich denn in Zukunft junge Paare noch Nachwuchs leisten', fragt sie. ‚Arbeiten und Miete zahlen und Kinder bekommen, wer soll das schaffen im kalt regulierten EU-Markt?' Wie die Mehrheit der Partei ist deshalb auch Konecna gegen einen EU-Beitritt. Ihr Wahlbezirk liegt in Nordböhmen, einer Region, die unter hoher Arbeitslosigkeit leidet. ‚Für Arbeiter und Handwerker dort wird das Leben in der EU unsicherer, teurer und problematischer.' Für ihre Partei, fügt sie verschmitzt hinzu, werde sich der EU-Beitritt hingegen ‚sicherlich sehr positiv' auswirken."

Jochen Bittner: Prags zweiter Frühling. In: DIE ZEIT, Nr. 15 vom 01.04.2004. Hamburg: Zeitverlag 2004; unter: www.zeit.de/2004/15/TschechienAG (Zugriff vom 15.07.2010)

Surftipp
Erweiterung der EU
104105-4301

3 **Der Ausbau des europäischen Hauses**

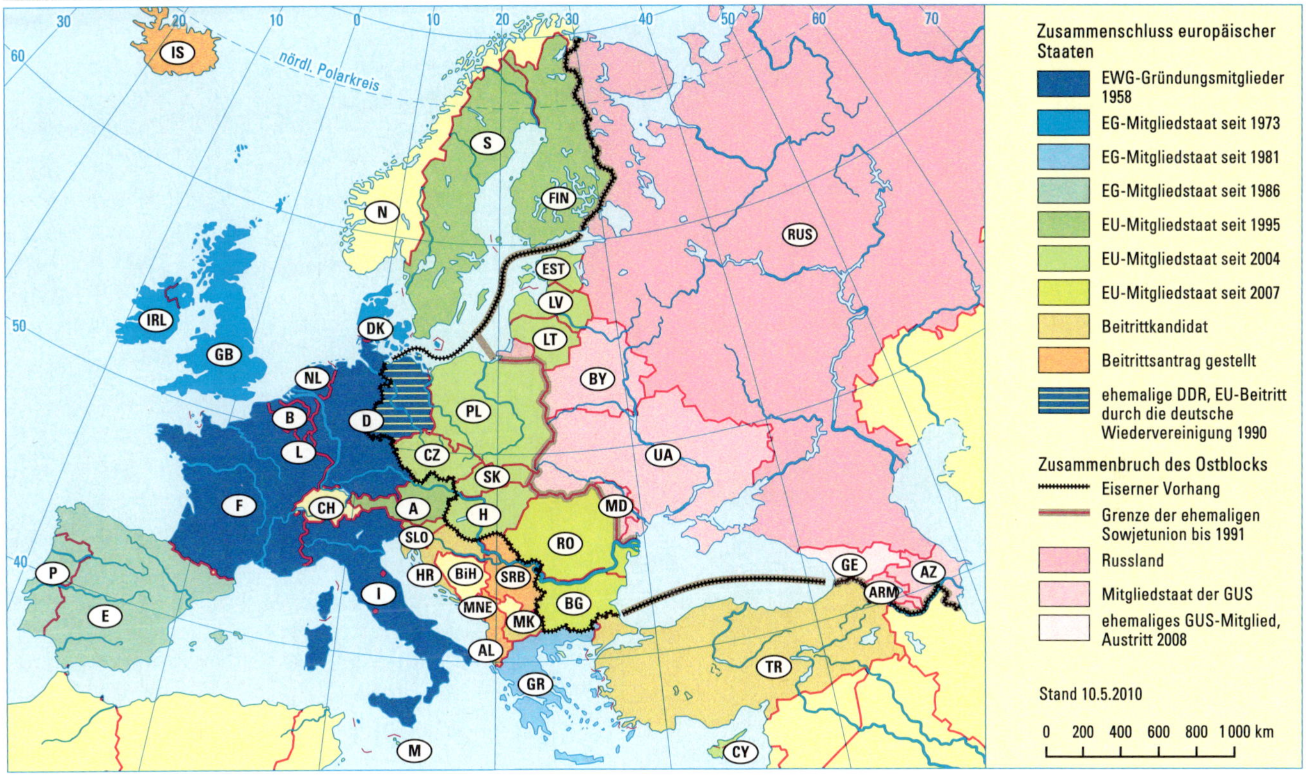

Beginn einer neuen europäische Ära

Mit großen Hoffnungen, aber auch Ängsten unter der Bevölkerung war der Beitritt der acht **mittel- und osteuropäischen (MOE-) Länder** zur EU am 1. Mai 2004 verbunden. Bis zum Beginn der 1990er-Jahre gehörten sie zum Ostblock oder besaßen als Teilgebiete von heute nicht mehr existierenden Staaten keine Eigenständigkeit. Gemeinsam ist diesen Ländern die kommunistische Vergangenheit, die das politische, gesellschaftliche und wirtschaftliche Leben vollständig prägte. Dies gilt ebenso für die restlichen Ostblockstaaten Rumänien und Bulgarien, die zum 1. Januar 2007 der EU beitraten, sowie für weitere Nachfolgestaaten der Sowjetunion (vgl. Karte 3).

Bis zu seiner Auflösung war der Ostblock durch eine militärisch streng abgesicherte, nahezu unüberwindbare Grenze vom Rest Europas abgetrennt. Protestbewegungen und Reformversuche – in Polen durch die Solidarnosc seit 1980, in der Sowjetunion durch die Perestroika seit 1986, als Montagsdemonstrationen in der DDR 1989 – mündeten in die „Zerschneidung“ des Eisernen Vorhangs zwischen Ungarn und Österreich sowie den Fall der Mauer und der innerdeutschen Grenzbefestigungen ab dem Herbst 1989.

1 Erklären Sie mithilfe eines politischen Lexikons oder des Internets folgende Begriffe: Ostblock, Warschauer Pakt, COMECON, Gemeinschaft Unabhängiger Staaten (GUS), Transformationsländer.

4 Der Nächste bitte

5 Vergleich EU-15 und der Beitrittsländer (inkl. Malta und Zypern) (2004)

Nach Angaben des Eurostat 2004 und Institut der Deutschen Wirtschaft 2004

	EU-15	Beitrittsländer
Fläche (km²)	3 191 120	738 592
Bevölkerung (Mio.)	378,7	74,8
BIP (Mrd. €)	8 827,1	403,9
BIP pro Kopf in % des EU-Durchschnitts (in Kaufkraftstandard)	100	40
Arbeitskosten pro Stunde (2000, €)	22,19	4,21
Arbeitslosenquote (%)	7,2	14,5
Beschäftigte in der Landwirtschaft (%)	4,3	13,3

Chancen und Risiken

Die Erweiterung der **Europäischen Union** von 15 auf 27 Staaten stellte Chancen und Risiken sowohl für die etablierten Mitgliedstaaten als auch für die Beitrittsländer dar. Die Bevölkerung stieg von 379 Mio. auf 482 Mio. Einwohner, also um knapp 27 %. Gleichzeitig wuchs das Bruttoinlandsprodukt um nur 4,6 %. Bereits diese beiden Zahlen verdeutlichen, welch gewaltige wirtschaftliche Unterschiede zwischen den alten und neuen Mitgliedstaaten zum Beitrittszeitpunkt bestanden. Entsprechend groß waren die Hoffnungen und Ängste – sowohl auf Seiten der „alten" EU (EU-15) als auch in den neuen Mitgliedstaaten. Innerhalb der neuen Mitgliedstaaten gab (und gibt) es zudem große regionale Unterschiede, sowohl hinsichtlich der Fläche und Bevölkerung als auch der Wirtschaftskraft.

6 Allgemeine wirtschaftliche Entwicklung

„Im Europa der 15 herrschte vor dem Beitritt der vergleichsweise armen neuen Länder eine große Verunsicherung, wie sich die Wirtschaft durch die Erweiterung entwickeln werde. Einige Jahre nach der Erweiterung hatte sich herausgestellt, dass manche Angst unbegründet war. Von 2004 bis 2008 ist die Wirtschaft in den zehn neuen EU-Ländern um fast 23 % gewachsen, in den 15 alten EU-Mitgliedern legte sie im gleichen Zeitraum um rund 8 % zu. Damit verringerte sich das Wohlstandsgefälle. Auch konnte die westeuropäische Wirtschaft von der Nachfrage des boomenden Ostens profitieren. Dennoch bleiben Sorgen in den alten EU-Staaten bestehen.
Dominiert wird diese meist von der Angst vor Billigkonkurrenz, welche die eigenen Märkte überfluten und Arbeitsplätze kosten könnte. Der Wettbewerbsdruck, vor allem in den Grenzgebieten zu den neuen Ländern, wird sicherlich zunehmen, verspricht allerdings speziell für diese Gebiete auf lange Sicht gesehen eine positive Entwicklung durch die Nähe zu Märkten im Osten. ...
Die alten wirtschaftlichen Strukturen in den Beitrittsländern sind weitestgehend verschwunden und im Zuge der Transformation durch moderne Systeme abgelöst worden. Einen riesigen Nachholbedarf an Gütern und Dienstleistungen verspricht der Markt. Die Wachstumsraten sind größer als in den alten Ländern und wecken Hoffnungen und Begehrlichkeiten bei Firmen aus dem Ausland .... Die Grundsteine hierfür wurden von vielen Firmen bereits vor der offiziellen Erweiterung gelegt. Investitionen wurden getätigt, Joint-Ventures geplant, um eine möglichst gute Ausgangsposition im Markt zu haben und Anteile zu sichern.
Die guten Aussichten sollten aber nicht darüber hinwegtäuschen, dass die Beitrittsländer teilweise sehr marode Volkswirtschaften aufweisen und trotz höherer Wachstumsraten noch Jahrzehnte brauchen werden, um zu den alten Ländern in wirtschaftlicher Sicht aufschließen zu können."

Wikipedia: EU-Erweiterung 2004, unter: http://de.wikipedia.org/wiki/EU-Erweiterung_2004 (Zugriff vom 24.04.2010)

Surftipp
Die MOE-Staaten vor dem EU-Beitritt
104105-4302

7 Daten zum Entwicklungsstand der MOE-Länder, Stand 2008

Nach Der Fischer Weltalmanach 2010: Zahlen – Daten – Fakten. Frankfurt am Main: Fischer Taschenbuch Verlag 2009

	Bevölkerungsentwicklung, 1990–2007 (%)	BIP (Mrd. €)	BIP je Einwohner (€)	Erwerbstätigkeit Landwirtschaft/Industrie/Dienstleistungen (%)	Arbeitslosigkeit (%)	Außenhandelssaldo (Mrd. €)	Städtische Bevölkerung (%)
Bulgarien	−0,8	34,1	4451	19,3/28,3/52,5	5,6	−19,6	71
Estland	−0,9	15,9	11848	3,9/34,7/61,4	5,5	2,4	69
Lettland	−0,9	23,1	10149	7,9/28,0/64,1	7,5	−4,4	68
Litauen	−0,5	32,3	9567	1,5/22,2/76,3	4,9	−5,4	67
Polen	0,0	362,1	9499	14,7/30,6/64,5	7,1	−13,9	61
Rumänien	−0,5	137,0	6258	30,6/30,7/38,7	5,8	−22,5	54
Slowakei	0,1	64,9	12025	3,6/34,4/62,0	9,5	−0,6	56
Slowenien	0,2	37,1	18385	8,6/34,6/56,8	4,4	−3,2	49
Tschechien	−0,1	148,6	14380	3,4/38,0/58,6	4,4	2,8	74
Ungarn	−0,2	105,2	10461	4,5/32,0/63,5	7,8	−0,1	67

Die vielfach geäußerte Befürchtung, dass der Beitritt der **MOE-Länder** zu einer industriellen Massenabwanderung aus dem Westen führen würde, hat sich als unbegründet erwiesen. Die neuen Mitgliedsländer boten anfänglich zwar eine bessere Lohnsituation, längere Maschinenlaufzeiten und lockten mit einer Niedrigsteuerpolitik, inzwischen näheren sie sich in ihrer Kostenstruktur jedoch den alten EU-Ländern an. Zudem sind sie seit ihrem Beitritt an die Regelungen der EU hinsichtlich Umweltschutz, Produktstandards und Wettbewerbsregeln gebunden. Einige Länder wie Polen und Tschechien sind mittlerweile für die arbeitsintensive Industrie zu teuer, sodass vereinzelt sogar Rückwanderungstendenzen zu erkennen sind, besonders seitdem exzessive Investitionshilfen und Spezialabkommen im Zuge der EU-Integration nicht mehr möglich sind.

Von der im Herbst 2007 einsetzenden Finanz- und Wirtschaftskrise wurden die MOE-Länder besonders hart getroffen, jedoch in unterschiedlichem Ausmaß. Es kamen vor allem jene Länder „unter die Räder", die stark von externer Finanzierung abhängig waren, wie die baltischen Staaten oder Ungarn. Im Gegensatz dazu erwiesen sich Tschechien und Polen als relativ stabil.

8 Prozentuale Veränderung des realen BIP pro Kopf in KKS im Vergleich zu EU-27

Zusammengestellt nach Eurostat und Deutsche Bank Research

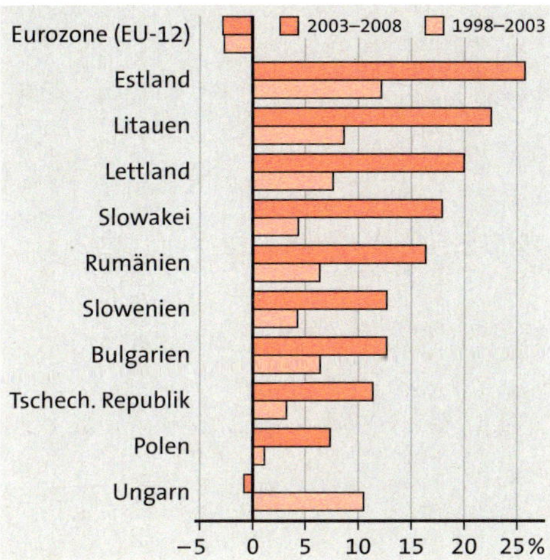

2 Vergleichen Sie anhand der Tabelle 5 die wirtschaftliche Situation der MOE-Länder mit der der EU-15.

3 Charakterisieren Sie anhand der Tabelle 7 den Entwicklungstand der MOE-Länder.

4 Arbeiten Sie Zusammenhänge mit den Aussagen in den Texten auf Seite 92 heraus.

5 „Osteuropa als ein homogener und abzugrenzender Wirtschaftsraum existiert 20 Jahre nach Transformationsbeginn nicht mehr." Nehmen Sie Stellung zu dieser Behauptung.

9 **Ende der Montagestrecke bei Audi in Györ (Ungarn)**

Automobilindustrie als Wirtschaftsmotor

Seit dem Zerfall des Ostblocks galt es für die **MOEL**, wirtschaftliche Einbrüche zu verkraften und Wachstum durch Hinwendung zum globalen marktwirtschaftlichen Wettbewerb zu erzielen statt durch die vertraglich festgeschriebenen Produktions- und Lieferbeziehungen im **Rat für Gegenseitige Wirtschaftshilfe (RGW)**. Die räumliche Lage zu den Hauptabsatzgebieten im Westen, fachliche Qualifikationen der Arbeitskräfte und das Lohnniveau waren beim Aufbau der Automobilindustrie in den jungen Beitrittsländern im Zuge dieser Umstellungsprozesse entscheidende Faktoren.

10 **Fahrzeugabsatz und Belegschaft des VW-Konzerns im In- und Ausland**

Nach Volkswagen AG: Volkswagen Chronik – Der Weg zum Global Player. Wolfsburg: VW AG 2008, S. 115, 145, 179, 207

	Absatz (1000 Fahrzeuge)				Belegschaft (1000 Arbeitnehmer)			
	1980	1990	2000	2007	1980	1990	2000	2007
Inland	788	945	1019	1030	159	173	164	168
Ausland	1707	2085	4142	5162	99	96	160	161
insgesamt	2495	3030	5161	6192	258	269	324	329

11 **Entwicklung der PKW-Auslieferung des Volkswagenkonzerns in ausgewählten Ländern (in Tausend)**

Nach VW-Konzern Kommunikation. Juli 2010

	1999	2001	2003	2005	2007	2009
Deutschland	1155	987	943	1033	1055	1244
Frankreich	264	280	217	244	263	259
Großbritannien	252	308	340	358	403	339
Italien	300	312	284	265	280	236
Spanien	331	349	314	353	366	224
Tschechien	91	98	87	84	87	78
Polen	77	72	76	54	72	78

12 **Neue Werke in Osteuropa**

„Die Nachrichten klingen nicht gut für den Automobil-Standort Deutschland. Peugeot und Toyota ziehen gemeinsam ein neues Kleinwagenwerk im tschechischen Kolin hoch, in der benachbarten Slowakei planen Hyundai und Kia aus Korea ihr erstes europäisches Montagewerk, und Peugeot will dort eine weitere Fabrik bauen. Renault investiert ebenfalls kräftig – in Slowenien und Rumänien. Im Sog der Autohersteller folgen – just in time – die Zulieferer ..., dann die Mittelständler aus der zweiten Reihe ... Der Zug nach Osten ist freilich nichts Neues, die EU-Erweiterung hat ihn allenfalls beschleunigt. Unmittelbar nach dem Fall des Eisernen Vorhangs vor 15 Jahren hatten die Automultis begonnen, sich das neue Terrain zu sichern."

Dietmar H. Lamparter: Turbodiesel statt Tokaier. DIE ZEIT, Nr. 16 vom 7.4.2004. Hamburg: Zeitverlag, S. 22

6 Beschreiben Sie anhand der Karte 13 die räumliche Struktur der Automobilstandorte in den MOE-Ländern.

7 Nennen Sie Faktoren, die die westliche Automobilindustrie zu Investitionen in den MOE-Ländern veranlasst.

8 Bewerten Sie die Standortqualität der Automobilindustrie in den MOE-Ländern.

Surftipp
PKW-Produktion in Europa
104105-4303

13 **Standorte der PKW-Industrie in den MOEL**

Nach Dietmar H. Lamparter, a. a. O.

14 **Kostennachteile von Automobilzulieferern in Deutschland (Alte Bundesländer)**

Nach Center Automotive Research 2004

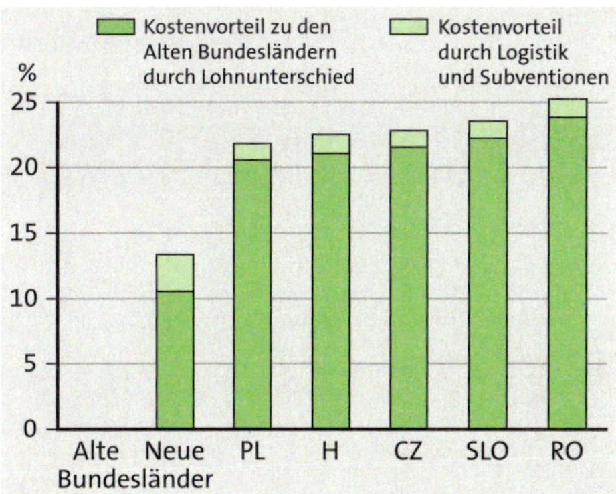

15 **Anteil der Kraftfahrzeugexporte an den slowakischen Gesamtexporten**

Nach www.slowakei.com (Zugriff vom 20.12.2009)

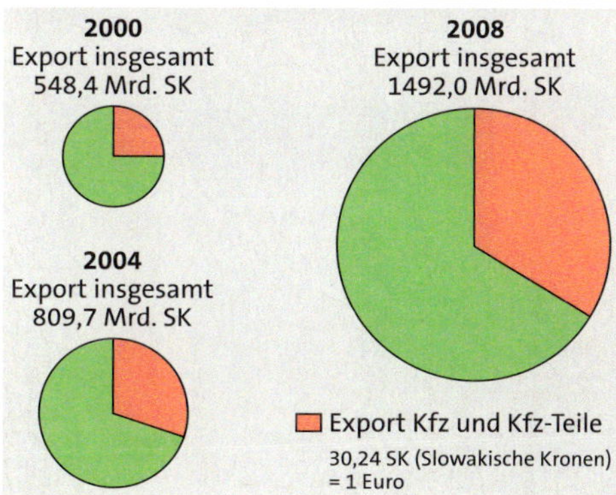

16 VW-Werk in Bratislava, Slowakei

17 Beschäftigte in der Automobilindustrie in der Slowakei

Nach Angaben von VW-Slowakia, a. s., unter www.sk/de (Zugriff vom 20.03.2010)

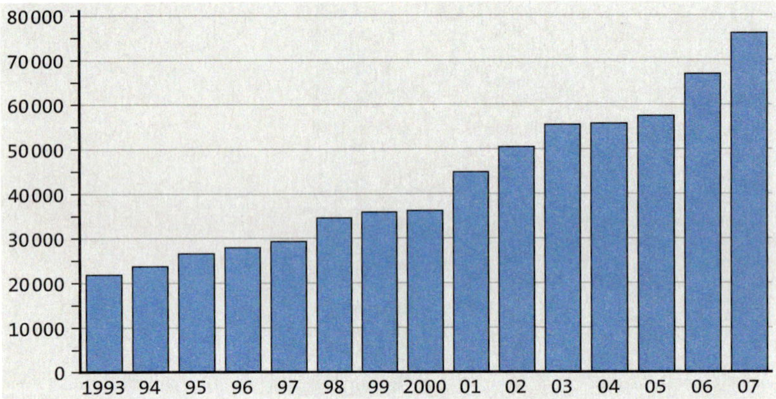

18 Produktionsentwicklung von VW-Slowakia (in 1000)

Nach Ebenda

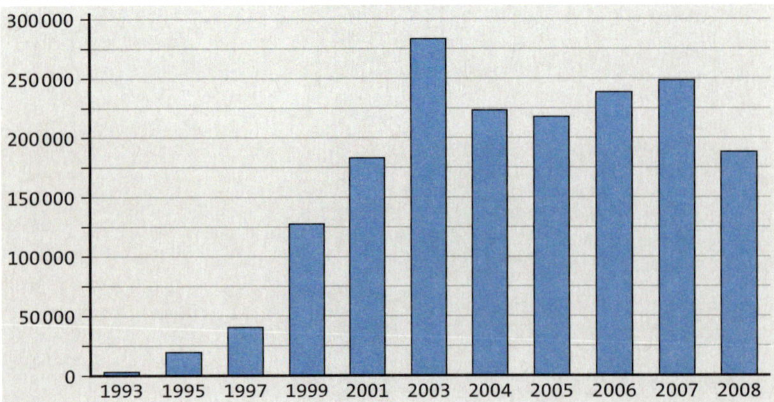

19 Standort Bratislava

„Eine knappe Flugstunde südlich von Prag gehen die Beschäftigungszahlen bislang nur steil nach oben. In der slowakischen Hauptstadt Bratislava hatte VW eine kleine Autoteilefabrik übernommen. Aus 112 Beschäftigten (1991) sind 7800 (2008) geworden. Was mit einer Passat-Kleinserie anfing, ist mittlerweile zu einem ausgewachsenen Autowerk geworden, in dem täglich bis zu 600 VW Polo/Seat Ibiza sowie 600 Geländewagen VW Touareg/Porsche Cayenne vom Band laufen können. Wie in Tschechien sind die Arbeitskosten extrem niedrig, wie dort gab es aufgrund der Maschinenbautradition ein Reservoir qualifizierter Facharbeiter und Ingenieure ... Und demnächst werden die Slowaken wohl auch das Touareg-Pendant Audi (‚Pikes Peak'/A7) montieren dürfen ... Angesichts der enormen Nachfrage für die Luxus-Offroader wurde auf die sogenannte Conti-Schicht rund um die Uhr an sieben Tagen in der Woche umgestellt. ‚Nur jedes vierte Wochenende ist komplett frei', sagt [Martin] Langfelder [37-jähriger slowakischer Elektroingenieur]. ‚Anfangs taten sich die Leute schwer mit der Umstellung, jetzt aber möchten sie nicht mehr davon weg.' Schließlich bringt die Conti-Schicht Zulagen für Nacht- und Sonntagsarbeit, und die Wochenarbeitszeit bleibt bei 37,5 Stunden ... Nicht zuletzt dem erfolgreichen VW-Engagement sei es zu verdanken, dass die Slowakei jetzt auch den Zuschlag für die Werke von Peugeot und Hyundai/Kia erhalten habe, sagt VW-Manager Uhrik ... Völlige Steuerbefreiung wie einst bei VW habe man wegen der EU-Wettbewerbshüter zwar nicht mehr bieten können. Aber selbstverständlich würden alle zulässigen Hilfen gewährt – vom eigenen Autobahnzubringer bis zur Ausbildung von Personal."

Dietmar H. Lamparter, a. a. O., z. T. aktualisiert

Anmerkung: 2007 wurde die Polo-Produktion eingestellt; im gleichen Jahr erfolgte die Aufnahme der Serienfertigung des Audi Q7 und 2008 des Skoda Octavia.

Surftipp
VW-Slowakia
104105-4304

20 Niedergang und Aufstieg

„Der Schwerpunkt der industriellen Entwicklung seit den 1950er-Jahren lag insbesondere in den energie- und rohstoffintensiven Bereichen Metallurgie, Rüstungsindustrie, Energiewirtschaft und Chemische Industrie. Im Zuge des Umbruchs 1989 kam die Schwerindustrie fast zum Erliegen. Der Anteil der Industrieproduktion am Bruttoinlandsprodukt sank von 61 % (1991) auf 24,2 % (2002), danach ist er wieder gestiegen und betrug 2007 30 %. Durch Gründung privater Klein- und Mittelstandsunternehmen erhöht sich kontinuierlich auch der Anteil des Dienstleistungsbereichs am BIP – von 33 % (1991) auf 60 % in 2007. Der Schwerpunkt liegt bei der Automobilproduktion und der dazugehörigen Zuliefererindustrie."

Auswärtiges Amt: Länderinformationen Slowakei, unter: www.auswaertiges-amt.de/diplo/de/Laenderinformationen/Slowakei/Wirtschaft.html (Zugriff am 16.03.2010)

21 Musterknaben marktradikaler Reformen

„Keine Nation Osteuropas hat in den vergangenen Jahren ihr Image so verändert wie die Slowakei ... Bis 1998 ... noch als schwerfällig und kaum EU-würdig gescholten, gilt das Land heute als einer der dynamischsten Neuankömmlinge in der Union. Wie ein Paukenschlag wirkte im Westen vor allem die Einführung der Einheitssteuer von 19 Prozent auf Einkommen und Unternehmensgewinne. Zugleich wurde Anfang 2004 die Mehrwertsteuer auf ebenfalls 19 Prozent angehoben und staatliche Fürsorgeleistungen erheblich gekürzt. Für ihre Rente müssen die Slowaken künftig teilweise privat vorsorgen: der Staat garantiert nur eine Grundsicherung. Massendemonstrationen gegen die Reformen, gerade im armen Osten des Landes, sind fast ohne Wirkung verpufft. Dabei warnt selbst die Weltbank, dass das ungestüme Tempo der Veränderungen das Land überfordern und in eine soziale Schieflage bringen könne. Sowohl bei den Einkommen ... als auch im Kaufkraftvergleich rangiert die Slowakei unter den neuen EU-Staaten im unteren Drittel."

DIE ZEIT, Nr. 36 vom 26.08.2004. Hamburg: Zeitverlag, S. 22

22 Investitionen in die Automobilindustrie der Slowakei

Nach EUROSTAT 2009, unter: http://epp.eurostat.ec.europa.eu (Zugriff vom 15.04.2010)

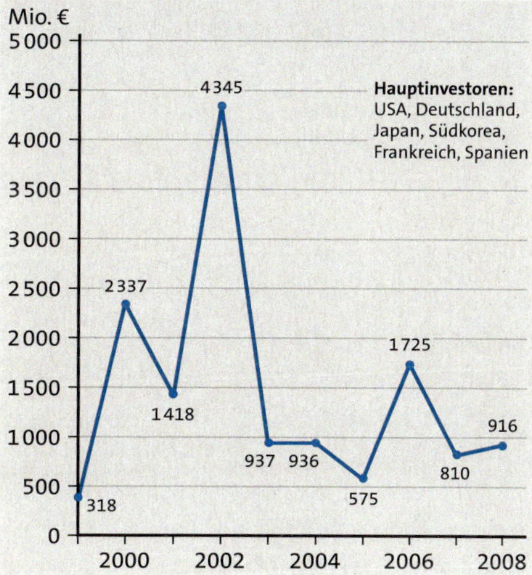

Nicht alle Regionen der Slowakei profitieren von dem spektakulären wirtschaftlichen Aufstieg gleichermaßen. Bevorzugter Raum ist eindeutig der Großraum Bratislava mit über 100 % des durchschnittlichen BIP der EU. Hier herrscht praktisch Vollbeschäftigung. Verlierer ist der Osten des Landes mit einer Arbeitslosenrate von ca. 20 %. Damit verschärft sich das seit 200 Jahren bestehende Wirtschaftsgefälle zwischen dem reichen Westen und dem armen Osten weiter. Die Gründe für die Benachteiligung des Ostens sind vor allem in seiner peripheren Lage zu den großen Märkten in Europa und der schlechten Verkehrsanbindung zu suchen, die mögliche Investoren abschrecken.

23 Arbeitskosten je Arbeitnehmerstunde im Verarbeitenden Gewerbe 2008

Statistisches Bundesamt Deutschland 2009, unter: www.destatis.de

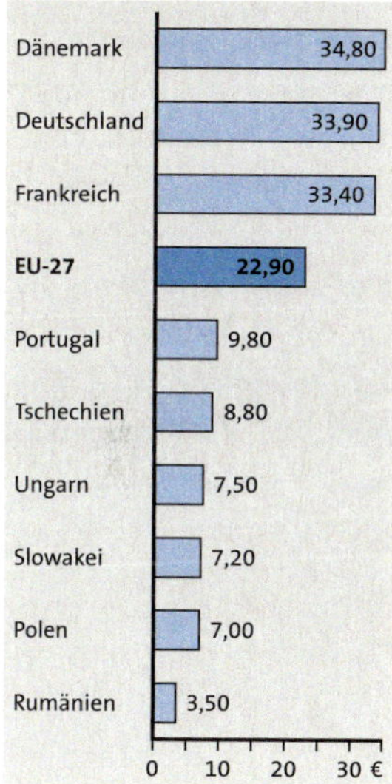

9 Nennen Sie Ursachen für den rapiden wirtschaftlichen Aufschwung der Slowakei seit den 1990er-Jahren.

10 Erläutern Sie die Bedeutung, die das VW-Werk in Bratislava dabei gespielt hat.

11 Bewerten Sie die im Quellentext 21 dargestellten wirtschaftspolitischen Maßnahmen.

12 Chancen und Risiken der EU-Osterweiterung. Erörtern Sie in Ihrem Kurs in einem Pro- und Contragespräch Vor- und Nachteile
a) für den Industriestandort Deutschland,
b) für die jungen Beitrittsländer.

TERRA METHODE

Geographische Räume werden durch das Zusammenwirken verschiedener Geofaktoren wie z. B. Relief, Wasser, Boden, Klima und menschliche Aktivitäten gestaltet. Ziel einer Raumanalyse ist es, diese Faktoren in ihren Verflechtungen aufzuzeigen, um so die charakteristische Ausprägung eines Raumes als Ausschnitt aus der Geosphäre zu erkennen. Eine Raumanalyse ist also nicht nur „Raumbeschreibung", sondern vor allem auch „Raumerklärung".

Eine Raumanalyse durchführen: Bulgarien – sozioökonomischer Entwicklungsstand

Wahl und Abgrenzung des Untersuchungsraumes für eine Raumanalyse hängen nicht von seiner Größe ab, auch wenn ein kleines, überschaubares Gebiet den Zugriff erleichtert. Besonders geeignet ist der Nahraum, der durch eigene Untersuchungen erforscht wird.
In der Schule werden aus Zeitgründen meist keine allumfassenden Raumanalysen durchgeführt. Vielmehr werden „thematische Raumausschnitte" gewählt, d.h. die Raumanalyse erfolgt unter einer bestimmten Fragestellung. Beim Gesamtthema „Europa" könnte eine solche Fragestellung z.B. darauf abzielen, die naturräumlichen Gunst- und Ungunstfaktoren für die wirtschaftliche Entwicklung zu untersuchen. Aus dieser speziellen Fragestellung ergibt sich, welche Geofaktoren detailliert analysiert werden müssen.
Geographische Räume sind nur scheinbar klar gegeneinander abgegrenzt. In der Regel kommt es zu einem allmählichen Übergang des einen geographischen Raumes in den anderen. Zur Raumanalyse gehört demnach die Auswahl geeigneter Kriterien zur Abgrenzung des zu untersuchenden Raumes. Je nach Fragestellung können hierfür naturräumliche, wirtschaftliche oder administrative Grenzen herangezogen werden. Beim gewählten Beispiel „Bulgarien – soziökonomischer Entwicklungsstand" bietet es sich natürlich an, die Landesgrenze als Grenze des Untersuchungsraumes zu wählen.

Eine thematische Raumanalyse durchführen

1. Schritt: Bestimmung des Themas
- Klärung der inhaltlichen Zielsetzung und räumlichen Dimension der Untersuchung
- Formulierung einer Leitfrage

2. Schritt: Überblick über den Raum
- Gewinnung erster Grundinformationen über den Untersuchungsraum (Atlas, Lexikon, Internet)

3. Schritt: Erstellen eines Arbeitsplanes
- Zerlegung der Leitfrage in Teilfragen
- Auswahl der Indikatoren für die Untersuchung
- Festlegung der Arbeitsschritte, Hilfsmittel und Methoden

4. Schritt: Analyse der Geofaktoren
- Sichtung und Auswertung der Quellen und Materialien (z.B. Atlaskarten, Literatur- und Internetrecherche)
- zunächst getrennte Untersuchung der Geofaktoren
- Herstellen von Beziehungen zwischen den Geofaktoren

5. Schritt: Synthese der Analyseergebnisse
- Bewertung der erhobenen Daten
- Integrative Beschreibung der Raumstrukturen auf der Grundlage der Einzelanalysen

6. Schritt: Reflexion
- Kritischer Rückblick auf die Leitfrage (Hat sie das Wesen des Raumes, den Kern der Problematik erfasst? War die Abgrenzung des Raumes richtig gewählt?)
- Überprüfen der verwendeten Methoden, Hilfsmittel, Quellen
- Aufdecken inhaltlicher Lücken
  Erörterung der Relevanz der Untersuchung für weiterführende Fragen oder ähnlich geartete Räume

Beispiel einer thematischen Raumanalyse
Thema: Bulgariens sozioökonomischer Entwicklungsstand
Leitfrage: Ist das EU-Mitglied Bulgarien der Gruppe der Entwicklungsländer zuzuordnen?
Materialien: Die Zusammenstellung auf dieser Doppelseite; zusätzlich sind weitere heranzuziehen (z.B. Atlas, Internet).

24 Bulgarien, das ärmste EU-Mitgliedsland

„Bulgarien hat hohe Wachstumsraten bei weiterer finanzwirtschaftlicher Konsolidierung. Dabei stand das Land noch 1996/1997 am Abgrund mit grassierender Hyperinflation. Die positive Entwicklung kann aber nicht darüber hinwegtäuschen, dass noch über viele Jahre hohe Wachstumsraten notwendig sein werden, um den Rückstand zum Wohlstandsniveau in der EU aufzuholen, deren ärmstes Mitglied Bulgarien ist.“

Nach Auswärtiges Amt (Hrsg.): Länderinformationen Bulgarien. Stand 10/2007

25 Zur aktuellen wirtschaftlichen Situation

„Aufgrund eines chronischen Leistungsbilanzdefizits ist Bulgarien abhängig von ausländischen Investoren. Dieses Defizit lag 2008 bei 23,5 % des BIP ..., nicht zuletzt, weil die ausländischen Direktinvestitionen deutlich zurückgegangen sind. Das BIP stieg 2008 im Vergleich zum Vorjahr um 6 %, für 2009 wird nach Prognosen der EU-Kommission ein Rückgang um 1,6 % erwartet. Die Staatsverschuldung ist in den letzten Jahren deutlich zurückgegangen, von 37,9 % (2004) des BIP auf 14,1 % (2008).“

Der Fischer Weltalmanach 2010. Frankfurt: Fischer Taschenbuch Verlag 2009, S. 122

26 Bulgarien: Außenhandelsstruktur 2008

Nach Der Fischer Weltalmanach 2010. Frankfurt: Fischer Taschenbuchverlag 2009, S. 121

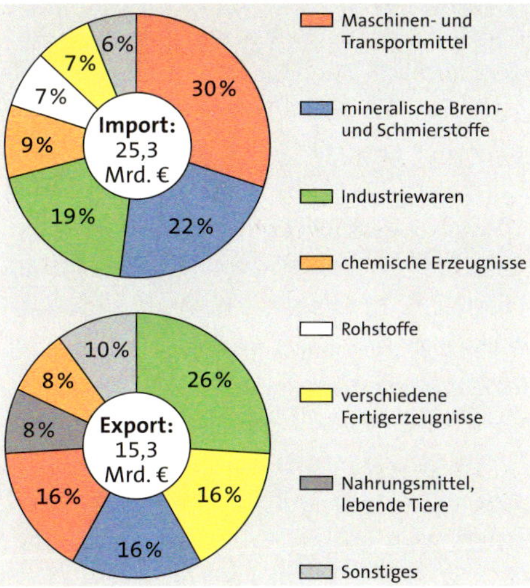

27 Daten zum Entwicklungsstand Bulgariens im Vergleich zu anderen EU-Staaten

Nach Der Fischer Weltalmanach 2010. Frankfurt: Fischer Taschenbuchverlag 2009

	BG	D	F	GR	I	PL	RO
Bevölkerung 2010 (Mio.)	7,5	82,1	62,6	11,2	60,1	38,0	21,2
BIP 2008 (Mrd. €)	34,1	2 491,4	1950,1	242,9	1 572,2	362,1	167,0
BNE/Kopf in KKP-$ 2007	11 100	34 740	33 850	27 830	30 190	15 500	12 350
Arbeitslosenquote 2009 (%)	7,3	8,6	9,6	9,1	8,8	9,9	8,0
Inflationsrate 2008 (%)	12,0	2,6	3,2	4,2	3,5	4,2	7,9
Staatsverschuldung 2009 (% des BIP)	16,0	95,7	79,7	103,4	113,0	53,6	18,2
Energieverbrauch/Kopf 2005 (kg Öl-äquivalent)	2 688	4231	4 444	2 792	3 125	2 562	1 860
HDI-Rang 2008	56	23	11	18	19	39	62

28 Bulgarien: Wirtschaft

Kompetenzen in diesem Kapitel erwerben:
- Ursachen, Ausmaß und Folgen der Tertiärisierung erläutern;
- die Stellung der Stadt Wien als Dienstleistungsmetropole charakterisieren;
- Standortverlagerungen konsumorientierter Dienstleistungen beschreiben;
- Vor- und Nachteile erläutern, die sich aus der räumlichen Konzentration von Siedlungen- und Verkehrsinfrastruktur ergeben;
- die Verkehrsentwicklung in ihrer Bedeutung für die wirtschaftliche Entwicklung eines Raumes erörtern;
- Eingriffe in den Landschaftshaushalt durch den Verkehr in einem Wirkungsgeflecht darstellen.

4.4 Wirtschaftsräume unter dem Einfluss der Tertiärisierung

1 Liverpooler Docks: heute ein modernes Dienstleistungszentrum

Tertiärisierung der Wirtschaft

„Industrienation", so bezeichnen sich stolz die meisten europäischen Länder – allerdings zu Unrecht. „Dienstleistungsnation" müsste es korrekterweise heißen, denn sowohl von der Zahl der Erwerbstätigen als auch von seinem Beitrag zum Bruttoinlandsprodukt ist der **Tertiäre Sektor** in fast allen Ländern Europas inzwischen der bedeutendste Wirtschaftsbereich. Technischer Fortschritt, wachsender Lebensstandard, Änderungen der Konsumentenwünsche und ein verschärfter Wettbewerb unter den Produzenten haben in den letzten Jahrzehnten einen wirtschaftlichen Strukturwandel in den industriebestimmten Ländern hervorgerufen, den man noch vor 30 Jahren kaum für möglich gehalten hatte. Begriffe wie „**Tertiärisierung** der Wirtschaft", „postindustrielle Gesellschaft" oder „New Economy" umreißen grob diesen Wandel.

2 Industrie und Tertiärer Sektor

„Mit wachsender Produktivität und Rationalisierung benötigt die Industrie selbst immer mehr und verfeinerte Dienstleistungen. Zunächst äußert sich dies industrieintern in einer „Tertialisierung": Immer weniger Menschen sind eigentlich materiell-produktiv tätig, immer mehr arbeiten als Angestellte in Verwaltung, Organisation, Marktforschung, Planung, sozialen Bereichen usw. An den Standorten der Industrie nimmt folglich generell das Gewicht des Tertiären Sektors zu. Aus den diffusen Agglomerationen von Wohnsiedlungen und Betrieben formieren sich zentrale Orte mit Cities. Diese werden nun auch für andere Dienstleistungen attraktiv, die die Entwicklungsmöglichkeiten der Industrie fördern: Banken, Marktforschungsbüros, Rechtsberater, Werbeorganisationen, Großhandel, Massenmedien usw."

Wolfgang Brücher: Industriegeographie. Braunschweig: Westermann 1982, S. 166–167

1 Nennen Sie Ursachen der Tertiärisierung.
2 Erörtern Sie die Auswirkungen der Tertiärisierung auf die Beschäftigungssituation sowie die Arbeits- und Lebenswelt der Menschen.

Material
Infoblatt Tertiärisierung
104105-4401

Material
Tertiärisierung der Wirtschaft
104105-4402

Dienstleistungen – Motor des Wirtschaftswachstums?

Ein Blick in den Stellenmarkt der Zeitungen ergibt ein aufschlussreiches Bild: Gesucht werden vor allem qualifizierte Kräfte im Dienstleistungsbereich, z. B. im Management und der Organisation, in Forschung und Entwicklung, in Beratung und Lehre, in der Datenverarbeitung oder der Logistik. Angesichts dieser Tatsache ist es nicht verwunderlich, dass viele Länder in den **Dienstleistungen** die „Jobmaschine" zur Behebung der z. T. hohen Arbeitslosigkeit sehen.

Dennoch: Die Lage ist widersprüchlich. Auch unter den Dienstleistungen gibt es Krisenbranchen, wie wir täglich in den Medien erfahren. Dort ist von Personalabbau im Einzelhandel, im Öffentlichen Dienst und bei Banken, von Einsparungen im Gesundheitswesen und von Rationalisierungen in der öffentlichen Verwaltung die Rede. Eine differenzierte Betrachtung ist also notwendig. Außerdem ist es sinnvoll, vorab eine begriffliche Klärung des sehr heterogenen Dienstleistungsbereiches vorzunehmen.

4 Arbeitsplätze im Dienstleistungsbereich

„Die neuen Medien und Informationssysteme eröffnen technologiebetriebenen Dienstleistungen, auch im industrienahen Bereich, enorme Wachstumsfelder. Hier könnten die wegbrechenden Industriearbeitsplätze wenigstens teilweise kompensiert werden ... Der Charakter der Arbeitsplätze selbst wandelt sich, ‚Normalarbeitsplätze', d. h. Vollerwerbsarbeitsplätze mit unbefristetem Arbeitsvertrag, gehen zurück. An ihre Stelle treten zunehmend ‚nicht-normale', ‚unsichere' Arbeitsverhältnisse wie befristete Arbeitsverhältnisse, Teilzeitarbeit, 630-DM-Jobs [400-EUR-Jobs] ... Hoch qualifizierte und mobile Experten der neuen Technologien profitieren von dieser Entwicklung. Ihnen winken steigende Einkommen, während im mittleren und unteren Segment Stillstand oder Einkommensverluste angesagt sind. Schlecht sieht es für einfache Arbeit aus."

Nach Joachim Voeller: Globalisierung: Chance oder Wohlstandsfalle? Universität Ulm, Abt. Wirtschaftswissenschaften: Working Papers in Economics 1998, S. 11–12, leicht verändert

5 Gesuchte Fachkräfte

Stellenanzeigen in mehreren überregionalen Tageszeitungen im November 2008 (Anteile an ca. 400 Stellenanzeigen)

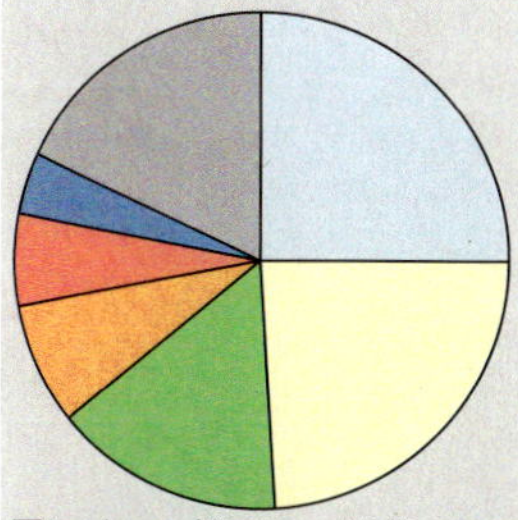

3 Was sind Dienstleistungen?

Die amtliche deutsche Statistik gliedert den Dienstleistungsbereich nach dem Arbeitsschwerpunkt der Betriebe. Nach der Einteilung des Statistischen Bundesamtes aus dem Jahre 2002 umfasst er folgende Bereiche:

- Handel und Gastgewerbe,
- Verkehr und Nachrichtenübermittlung,
- Kredit- und Versicherungsgewerbe,
- Grundstücks- und Wohnungswesen, Vermietung beweglicher Sachen, Erbringen von Dienstleistungen überwiegend für Unternehmen,
- Gebietskörperschaften und Sozialversicherung,
- Erziehung und Unterricht,
- Gesundheits-, Veterinär- und Sozialwesen,
- sonstige öffentliche und persönliche Dienstleistungen.

Wissenschaftliche Untersuchungen gliedern zumeist nach der Art und Zielgruppe der Dienstleistungen. Sie unterscheiden zwischen

- konsumorientierten (personenbezogenen) Dienstleistungen, d. h. solchen, die von Privatpersonen „konsumiert" werden (z. B. Friseure, Einzelhandel) und
- produktionsorientierten (unternehmensbezogenen) Dienstleistungen (z. B. Forschung, Verwaltung, Management, Beratung).

Vielfach werden aus dem Tertiären Sektor hoch qualifizierte Tätigkeiten (z. B. in Forschung und Entwicklung) als „Quartärer Sektor" ausgegliedert. Diese Bezeichnung hat sich jedoch nicht durchgesetzt. Gebräuchlicher ist stattdessen die Unterscheidung zwischen

- primären Dienstleistungen (z. B. Handel, Reinigen, Bürotätigkeiten) und
- sekundären Dienstleistungen (z. B. Forschen, Lehren, Management).

Wien – Dienstleistungsmetropole von internationalem Rang

6 Wien: Donau City

9 Geschichtlicher Abriss

- 1278: Beginn der Herrschaft der Habsburger in Österreich,
- 1438: Wien wird Residenzstadt des Heiligen Römischen Reiches,
- 1683: nach Abwehr der Türkenbelagerung festigt Wien seine Stellung als Reichshaupt- und Residenzstadt,
- 2. Hälfte des 19. Jahrhunderts: mit dem Eisenbahnbau und der Industrialisierung steigt Wien zur **Weltstadt** mit über 2 Mio. Einwohnern auf (1914),
- 1918: die Zerschlagung des Habsburgischen Reiches (52 Mio. Ew.) stuft Wien zurück zur Hauptstadt eines Kleinstaates (6,5 Mio. Ew.); wirtschaftlicher Bedeutungsverlust und Abwanderungen machen Wien zur einer „shrinking city“.

7 Neue geopolitische Lage

„Mit dem Fall des ‚Eisernen Vorhangs‘ und dem Beitritt Österreichs zur EU (1995) veränderten sich die geopolitischen Bedingungen für Wien tief greifend. Die durch die Lage an der ‚toten‘ Grenze ehemals ungünstige Wirtschaftssituation, z.B. eingeschränkte Handelsbedingungen, kehrte sich ins Gegenteil. Mit dem EU-Beitritt der südosteuropäischen Transformationsländer rückte Österreichs Hauptstadt wieder ins Zentrum des europäischen Städtesystems. So wird die Stadt zentraler Standort eines großen, neu geschaffenen liberalen Binnenmarktes.
Diese Veränderung in Wiens geopolitischer Lage wird begleitet von einem deutlichen sektoralen Strukturwandel der städtischen Wirtschaft. Internationalisierung der Wirtschaft, die zunehmende Verflechtung von Kapital und Arbeit sowie der Anstieg der Zahl der Beschäftigten im Tertiären Sektor, und hier vor allem in den unternehmensbezogenen Dienstleistungen und im IT-Bereich, sind die markantesten Trends. Die Bevölkerung wächst wieder – besonders durch Zuwanderungen aus dem Ausland. In Erinnerung an das gewaltige Wachstum in der zweiten Hälfte des 19. Jahrhunderts spricht man von einer ‚Zweiten Gründerzeit‘. Ihren sichtbaren Ausdruck findet die ökonomische Restrukturierung in der Errichtung der ‚Neuen Stadt‘ auf dem östlichen Donauufer, der sogenannten ‚Donau-City‘.“

Arno Kreus, Norbert von der Ruhren: Wien – „shrinking city“ oder „aufstrebende internationale Metropole“? In: TERRASSE Herbst 2005: Stuttgart: Klett, S. 8 f.

8 Bevölkerungsentwicklung Wiens (in 1000 Ew.) Nach Ebenda, S. 8

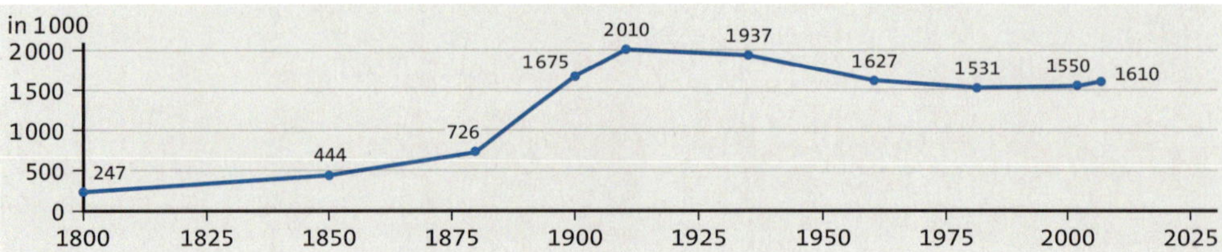

10 Strukturdaten Wiens im nationalen Vergleich

Nach Stadt Wien, unter: www.wien.gv.at/statistik/pdf/jahrbuch09.pdf (Zugriff vom 18.03.2010)

	Wien	Österreich
Einwohner (2009)	1687271	8355260
Bevölkerungswachstum 1990–2008 (%)	1,0	0,5
BIP (2006) in Mio. €	68743	257294
BIP/Ew. (2006) in €	41500	31100
BIP pro Beschäftigtenverhältnis (2006)	75100	62900
Anteil der Wirtschaftssektoren am BIP (%, 2006)		
Landwirtschaft	0,2	1,9
Prod. Gewerbe	16,8	30,9
Dienstleistungen	83,0	67,3

11 Boom im Bürobau

„Die Beschäftigungsexpansion im Tertiären Sektor war eng mit einem Boom im Bereich der Büroflächen, insbesondere von Hochhäusern mit Büroflächen gekoppelt. Traditionelle Büroflächen waren dafür nicht ausreichend vorhanden und aufgrund des Umwidmungsverbotes von Wohn- in Büroraum auch quantitativ limitiert. Der gestiegenen Nachfrage nach Büroflächen wurde daher durch die Neuerrichtung von Bürogebäuden entsprochen. Tempo und Dimension waren dabei beachtlich: 1997 umfasste die Neubautätigkeit bei Büroflächen 99000 m², stieg 1998 auf 168000 m² und betrug im Jahre 1999 bereits 206000 m². Im Zeitraum 2000–2008 sind weitere 1000000 m² projektiert oder bereits fertig gestellt. ... Durch den Boom im Büroneubau wurden gleichzeitig die komparativen Standortvorteile Wiens im Dienstleistungssektor gewahrt. Mit durchschnittlich 25 € pro Monat und Quadratmeter sind in Wien Büromieten im Vergleich zu den Metropolen der EU am niedrigsten und erreichen etwa das Niveau der unmittelbaren ‚Konkurrenzmetropolen' in den MOEL, Prag und Budapest."

Gerhard Hatz: Wien im Umbruch. Aktuelle Prozesse der Stadtentwicklung. In: Geographische Rundschau 9/2002. Braunschweig: Westermann, S. 6, Daten z.T. aktualisiert

12 Entwicklung von Bürokomplexen, Bürohochhäusern und Urban Centers an den Wiener Stadtautobahnen seit den 1990er-Jahren

Gerhard Hatz: a.a.O., S. 6

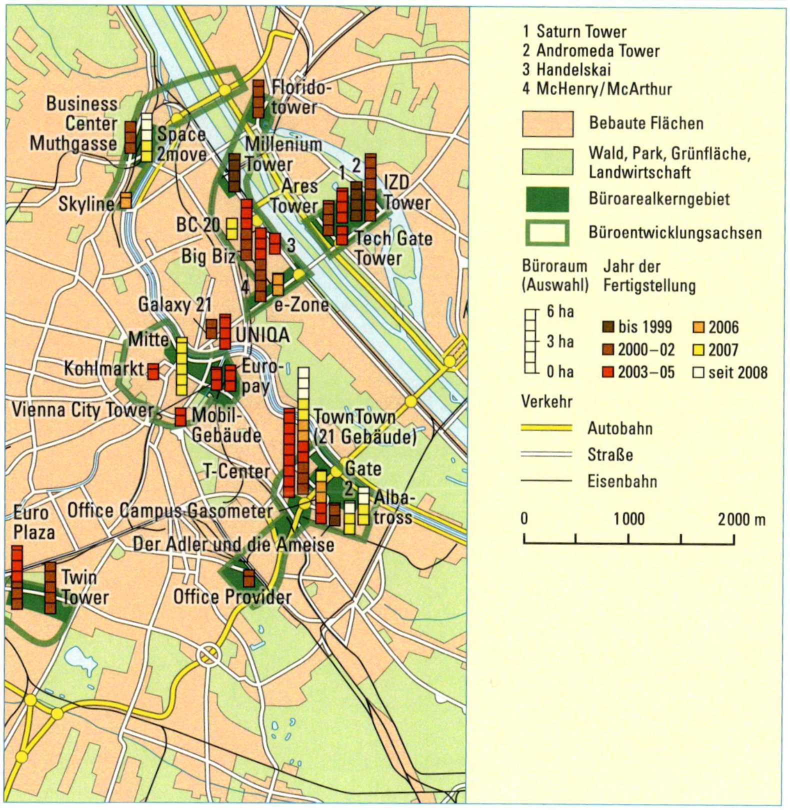

13 Bruttoregionalprodukt europäischer Stadtregionen 2005 (in Euro)

Magistrat der Stadt Wien: Wien in Zahlen 2008. Wirtschaft. Der Wirtschaftsstandort Wien: Wettbewerbsfaktoren im Vergleich. Wien: ohne Verlag 2008, S. 10

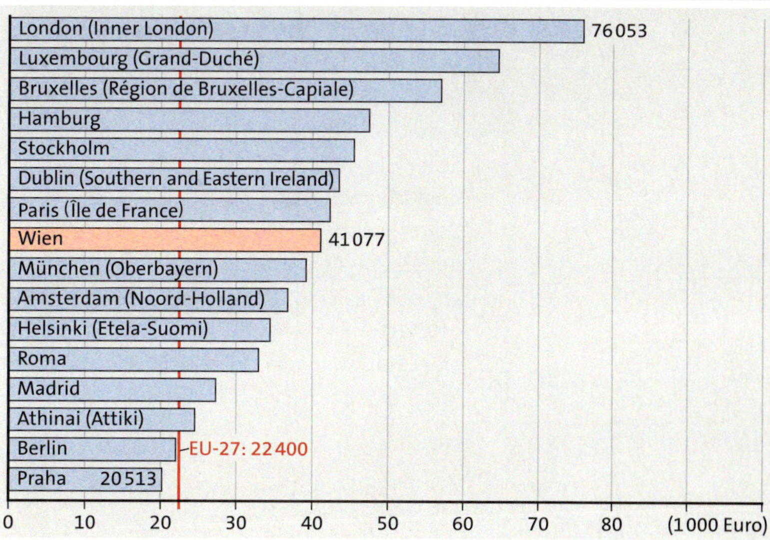

14 Integration der Donau, der UNO City und der Donau City in die Stadtlandschaft Wiens

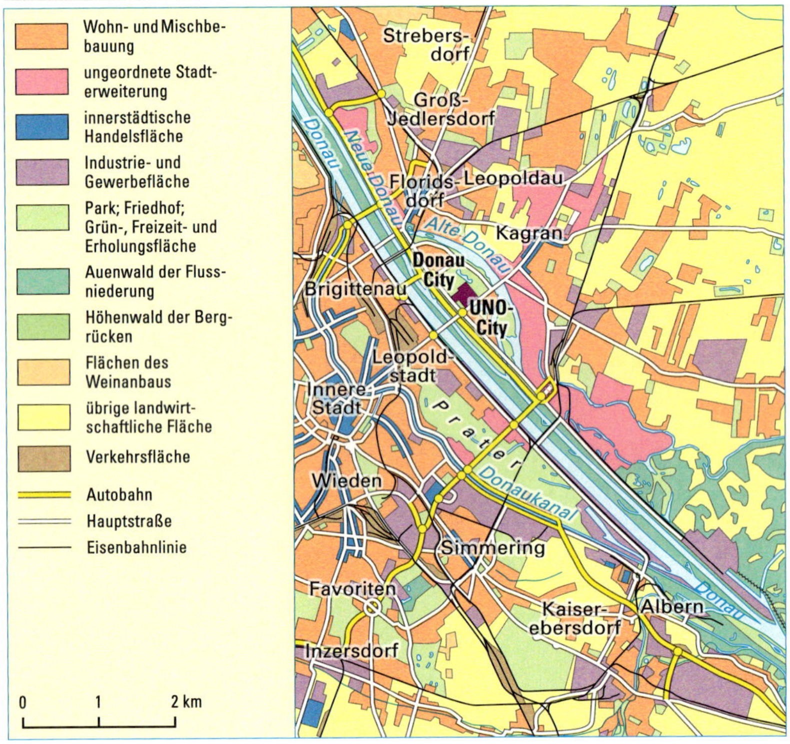

Mit der Entwicklung Wiens zur Dienstleistungsmetropole stieg auch der Flächenbedarf für die Ansiedlung entsprechender Einrichtungen. Neue urbane Zentren mussten am Rande des dicht bebauten Stadtgebietes geschaffen werden. In diesem Zusammenhang ist vor allem die tief greifende Umgestaltung des Donauraums zu erwähnen, mit der man 1972 begann. Im sogenannten „Überschwemmungsgebiet“, dem breiten Uferstreifen am nordöstlichen Flussufer, grub man ein neues Flussbett und schüttete zugleich die „Donauinsel“ auf. Damit gelang es nicht nur, die Hochwassergefahr zu bannen, man gewann damit auch ein völlig neues Erholungsgebiet für die städtische Bevölkerung und Bauflächen für die Errichtung eines vollständig neuen Zentrums, einer „Stadt in der Stadt“: UNO-City und Donau City.

UNO-City

Bereits seit den 1950er-Jahren hatten sich mehrere internationale Organisationen in Wien niedergelassen, wie z. B. die internationale Atomenergiekommission (IAEO), die **Organisation Erdöl exportierender Länder (OPEC)** und die United Nations Industrial Development Organization (UNIDO). 1979 wurden das UNO-Gebäude und das Vienna International Center (VIC) auf der „Donauinsel“ eröffnet. Mit der Übergabe des VIC am 23. August 1979 an die UN-Organisationen für eine symbolische Miete von 1 Schilling (7 Cent) pro Jahr für 99 Jahre wurde Wien neben New York, Genf und Nairobi einer von vier offiziellen Amtssitze der UNO.

Bis heute haben sich in der UNO-City annähernd 20 internationale Organisationen mit ca. 5 000 Beschäftigten niedergelassen. Hinzu kommen mehrere kleine internationale und nationale Organisationen. Bemerkenswert ist, dass von den dort Beschäftigten ca. drei Viertel Ausländer sind. Zu den großen internationalen Organisationen gehören:

- die Internationale Atomenergiebehörde,
- das Büro für Weltraumfragen,
- die Organisation für industrielle Entwicklung,
- die Kommission der Vereinten Nationen für internationales Handelsrecht.

Donau City

Auch die Errichtung der Donau City darf als ein Symbol für die Wandlung Wiens von einer nationalen Großstadt zu einer internationalen Dienstleistungsmetropole gewertet werden. Sowohl aus stadt- als auch aus wirtschaftsgeographischer Sicht bildet sie ein Schlüsselprojekt von herausragender Bedeutung.

1991 begann man mit ihrem Bau. Heute leben und arbeiten rund 8 500 Menschen in diesem neuen urbanen Zentrum. Im Jahre 2012, wenn der Gesamtbau voraussichtlich abgeschlossen sein wird, sollen es 15 000 sein. Mit 18,5 ha ist das Gelände annähernd so groß wie die Wiener Innenstadt. Das Bebauungskonzept der Donau City geht von einer breiten Nutzungsmischung aus, wobei für Büros und Geschäfte 70 %, Wohnungen 20 % und Freizeiteinrichtungen ca. 10 % vorgesehen sind.

Surftipp
Wien Donau City
104105-4403

15 Realisierte und geplante Flächennutzung in der Donau City

Nach Rudolf Juchelka: „Wien an die Donau". Bipolare Stadtentwicklung und das Projekt Donau-City. In: Geographische Rundschau, 54. Jg., H. 9, Braunschweig, Westermann 2002, S. 13

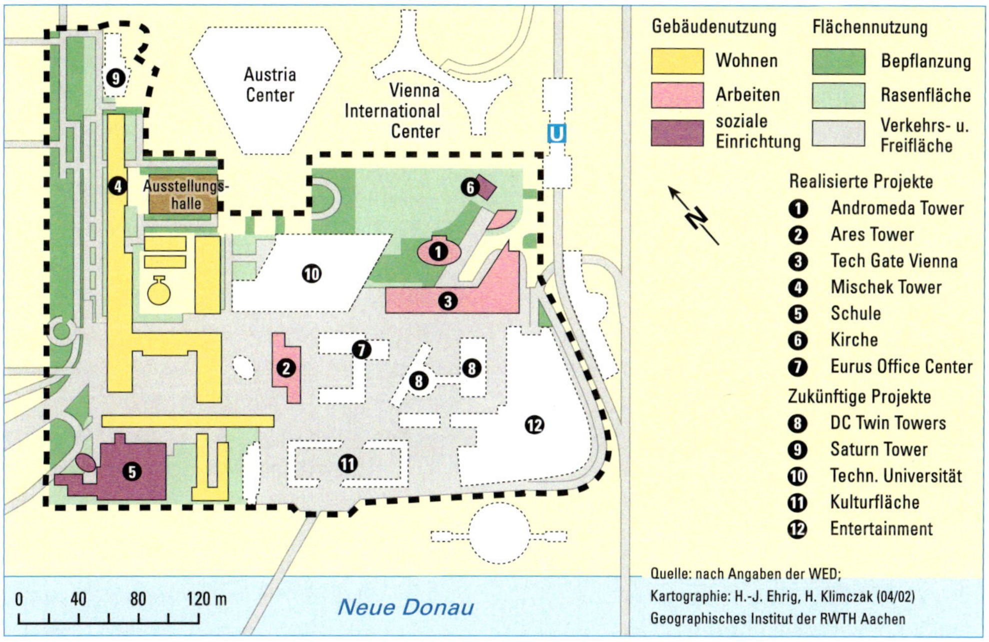

16 Projekt Donau-City

„Die Donau-City ist durch ihre Lage am Schnittpunkt der städtebaulich wichtigen Entwicklungsachse Wiens mit der Donau ein völlig neuer und multifunktionaler Stadtteil. Als eines der bedeutendsten Stadtentwicklungsprojekte Europas stellt die Donau-City auch gleichzeitig das Eingangstor zu einem der dynamischsten und am raschesten wachsenden Stadtteile Wiens dar. ...

Die bipolare Stadt mit der Donau-City als geplantem Gegenpol zur historisch gewachsenen, in weiten Teilräumen kleinteilig strukturierten, funktional differenzierten und in der Vergangenheit relativ dominierenden Wiener Innenstadt wird als Zielvorstellung angesehen. ...

Urbanes Wohngefühl, Freizeit- und Erholungswert und Büronutzung, dem städtebaulichen Leitbild der Nutzungsmischung folgend, sollen in attraktiver Lage ineinander greifen.

Die Fühlungsvorteile des in direkter Nachbarschaft liegenden Vienna International Center (VIC) mit Sitz von UN Organisationen und des Tagungs- und Kongresszentrums Austria Center unterstreichen die Bedeutung des Standortes Donau-City und lassen die Internationalisierung Wiens besonders augenfällig werden."

Ebenda, S. 12

17 Daten und Fakten zur Donau City

Gesamtfläche: 17,4 ha
Verbauungsvolumen: 1,65 Mio. m²
Bruttogeschossfläche: ca. 500 000 m²
Nutzungen: Wohnen, Arbeiten, Forschung, Kultur, Unterhaltung, Erholung
Einwohner: 3 500 (Endausbau)
Arbeitsplätze: 10 000 – 12 000 (Endausbau)
Studienplätze: 2 500 (Endausbau)
ÖPNV: U-Bahn, lokale Buslinien
Individualverkehr: 2 Autobahnanschlüsse, 6500 PKW-Stellplätze in Garagen

Arno Kreus, Norbert von der Ruhren: Wien, a. a. O., S. 11

3 „Wien im Umbruch". Erläutern Sie anhand der Materialien 6 bis 16 die jüngsten wirtschaftlichen Veränderungen der Stadt.

4 Im Zusammenhang mit dem Bau der UNO-City und Donau-City spricht man von einer ‚bipolaren Stadtentwicklung'. Erklären Sie den Ausdruck.

5 Erstellen Sie ein Referat zum Thema: „Wien – Dienstleistungsmetropole von internationalem Rang". Ziehen Sie, ergänzend zu den Materialien auf den Seiten 102 bis 105, auch den ONLINE-Link heran.

Standortverlagerungen konsumorientierter Dienstleistungen

Ladengeschäfte des Einzelhandels und andere konsumorientierte Dienstleistungsbetriebe prägen entscheidend das Bild unserer Innenstädte. Da die Betriebe in ihrer Standortwahl vornehmlich absatz- bzw. nachfrageorientiert sind, z.B. Größe des Marktgebietes, Zahl der Kunden oder Erreichbarkeit und Attraktivität des Umfeldes, kam es in der Vergangenheit zu einer Konzentration des Einzelhandels vor allem in den Innenstädten, d.h. dem Stadtteil mit der potenziell größten Kundenfrequenz. Besonders in den Citybereichen der Oberzentren konzentrierten sich Kaufhäuser mit ihrem breiten Warenangebot, Fach- und Spezialgeschäfte sowie höherrangige Dienstleistungsbetriebe.

In den letzten Jahrzehnten hat dieser Bereich des Dienstleistungssektors jedoch einen erheblichen internen Strukturwandel erfahren, der sich räumlich u.a. in einer Veränderung der Standortpräferenzen auswirkte. Der klassische Einzelhandelsbetrieb („Tante-Emma-Laden") wurde in den Innenstädten weitgehend durch große Filialbetriebe verdrängt. Gleichzeitig entstanden am Rande der Städte „auf der grünen Wiese" neue Versorgungszentren in Form von großen Verbrauchermärkten sowie Fachmärkte des Non-Food-Sektors (z.B. Möbel- oder Baumärkte).

Es findet also eine **Suburbanisierung** des **Tertiären Sektors** statt, die in ursächlichem Zusammenhang mit der Suburbanisierung der Wohnbevölkerung steht. Auslösende Faktoren sind vor allem das unzureichende Flächenangebot für eine Expansion bzw. Neuansiedlung sowie die hohen Grundstücks- und Mietpreise in den Innenstädten.

Als ein derzeitiger Höhepunkt dieser Entwicklung kann man die riesigen kombinierten Shopping und Entertainment Center sehen, die nach dem Vorbild der US-amerikanischen **Malls** am Rande vieler europäischer Großstädte entstanden bzw. entstehen.

18 Shoppingcenter auf der „grünen Wiese" in der Gemarkung von Villiers en Bière in der Region Île de France (Frankreich)

Material
Infoblatt HafenCity Hamburg
104105-4404

Surftipp
HafenCity Hamburg
104105-4405

Eine zweite City für Hamburg – die „HafenCity“

19 HafenCity in Daten und Fakten

Die HafenCity ist mit einer Fläche von 157 Hektar eines der markantesten innerstädtischen Stadtentwicklungsvorhaben weltweit und wird die Hamburger Innenstadt auf Basis einer neuen Konzeption von Urbanität um 40 Prozent erweitern. Zwischen historischer Speicherstadt und Elbe entsteht eine neue Stadt mit einer dichten urbanen Mischung aus Wohnen, Dienstleistung, Kultur, Freizeit, Tourismus und Handel. Die hafentypischen Strukturen werden dabei erhalten.

Gesamtgröße: 157 ha
Landflächen: 123 ha
Bruttogeschossfläche (BGF): Neubau mehr als 2,0 Mio. m^2
Es entstehen 5 500 Wohnungen und mehr als 40 000 Arbeitsplätze

Entfernung zum Rathaus (City-Zentrum): 800 m
Erweiterung der Hamburger Innenstadt um 40 %
10 km neue Uferlinie
ca. 24 ha öffentliche Parkanlagen, Plätze und Promenaden

Nutzungen in der HafenCity
ca. 650 000 m^2 Wohnfläche
ca. 107 000 m^2 Einzelhandels- und Gastronomiefläche
ca. 1 000 000 m^2 Bürofläche
ca. 250 000 m^2 Fläche für Bildung, Wissenschaft, Kultur und Freizeit

Stand: März 2010

20 Nutzungsplanung „HafenCity“ – Projekt und Realisierung

Nach Freie und Hansestadt Hamburg, unter: www.hamburg.de, www.hafencity.com (Zugriff vom 10. 02. 2008), aktualisiert

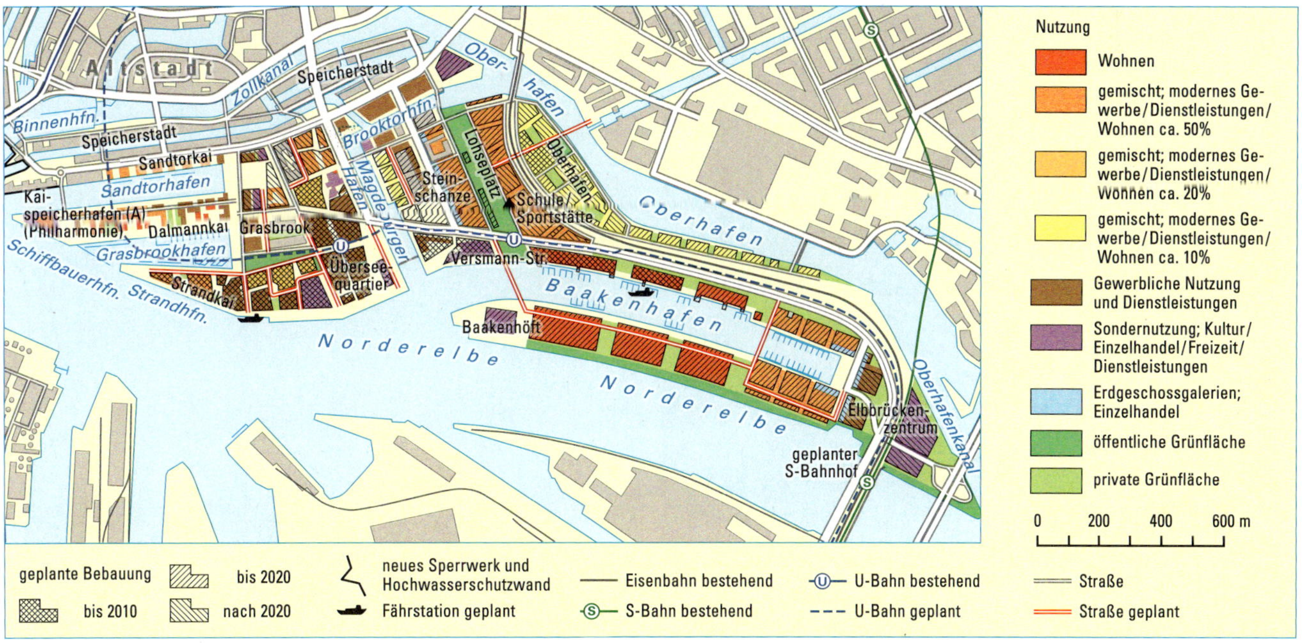

6 Zur Hamburger HafenCity:
a) Erläutern Sie das Konzept der Hamburger HafenCity.
b) Bewerten Sie die Standortsituation.
c) Erläutern Sie mögliche Auswirkungen auf die traditionelle City.

Verkehr und Entwicklung

21 Europäische Verkehrsgroßprojekte: A – Frankfurter Kreuz; B — Flughafen Paris (Charles de Gaulle); C – ICE-Schnellfahrstrecke Fulda – Göttingen; D – Eurotunnel-Terminal, Folkstone; E – Öresund-Brücke

Material
Europa: Verkehr, Verkehrskonzepte
104105-4406

Material
Infoblatt Hochgeschwindigkeitszüge
104105-4407

Surftipp
Hochgeschwindigkeitszüge
104105-4408

Europa wächst zusammen

Im Jahre 1830 fuhr in England die erste Eisenbahn der Welt. Für die ca. 45 km lange Strecke benötigte sie fast eineinhalb Stunden. Heute legt ein Hochgeschwindigkeitszug wie der ICE oder der TGV in der gleichen Zeit eine Strecke von mehr als 300 km zurück. Europa wächst zusammen – der Verkehr beschleunigt die Integration. Umgekehrt gilt aber auch: Die Integration schafft Verkehr.

22 Zeitdistanzen im europäischen Hochgeschwindigkeitsschienenverkehr 1995

Nach Haack Weltatlas. Gotha: Klett-Perthes 2007, S. 121

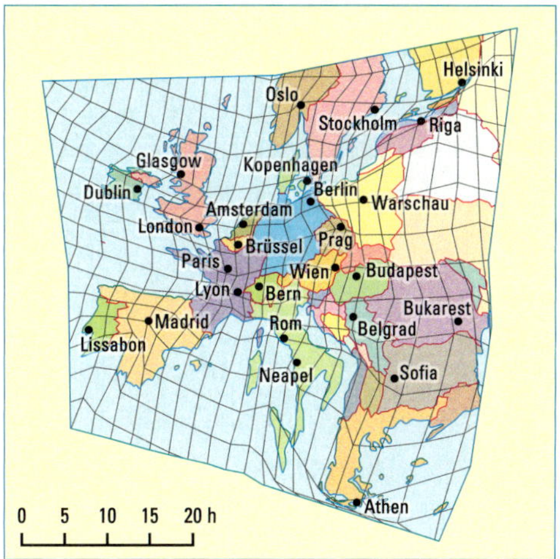

23 Zeitdistanzen im europäischen Hochgeschwindigkeitsschienenverkehr 2020 (Prognose)

Nach Ebenda

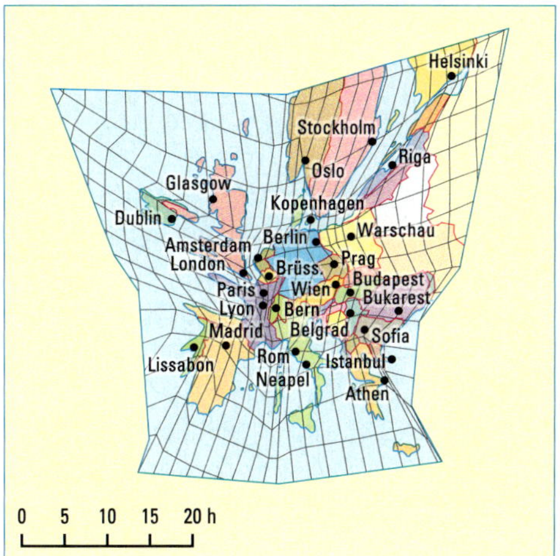

Verkehrs- und Siedlungskorridore

Infolge der fortschreitenden Integration Europas sowie der zunehmenden **Globalisierung** und Tertiärisierung der Wirtschaft nimmt die Verkehrsdynamik besonders zwischen den Agglomerationsräumen zu. Die Folge: Die großräumigen, hoch verdichteten Siedlungs- und Verkehrskorridore zählen heute – europa- und weltweit – zu den sich besonders dynamisch entwickelnden Räumen.

24 Entwicklungsdynamik in Knotenpunkten der europäischen Verkehrsachsen

„Die Herausbildung von Siedlungs- und Verkehrskorridoren ist traditionell und, verstärkt durch die europäische Integration, transnational und grenzübergreifend. Der Rheinkorridor von Rotterdam bis Basel und das Rhônetal, der Kanaltunnel von Lille über London nach Manchester sowie die Achse von Amsterdam über Brüssel nach Paris sind z.B. großräumige Verkehrskorridore, in denen sich hohe Verkehrsanteile auf allen Verkehrsträgern konzentrieren. Sie verbinden stark wachsende Agglomerationsräume mit den besten und leistungsfähigsten Infrastrukturen. ...
In den europäisch bedeutenden Siedlungs- und Verkehrskorridoren in Nordwesteuropa und am Mittelmeer konzentrieren sich auch die Knotenpunkte für die internationalen Verbindungen zu anderen Erdteilen, die Großflughäfen und Seehäfen. Sie haben ‚Gateway-Funktionen' für Gesamteuropa. Sie verfügen damit über hervorragende Bedingungen einer regionalen Entwicklungsdynamik. ...
Gleichzeitig wird erwartet, dass an den Knotenpunkten der europäischen Verkehrsachsen durch die verstärkte Wahrnehmung von deren Standortvorteilen Wachstumsimpulse ausgelöst werden. Auch die an den Eckpunkten der Achsen gelegenen Zentren, insbesondere die in Mittel- und Osteuropa gelegenen sowie viele kleinere Städte und Regionen zwischen den großen Kontenpunkten, rechnen sich Wachstumsimpulse durch die zunehmende Vernetzung im europäischen Integrationsprozess aus."

Bundesamt für Bauwesen und Raumordnung (Hrsg.): Raumordnungsbericht 2000. Bonn 2000, S. 57

25 Siedlungs- und Verkehrskorridore in Europa

Bundesamt für Bauwesen und Raumordnung, Bonn (Hrsg.): a.a.O., S. 58

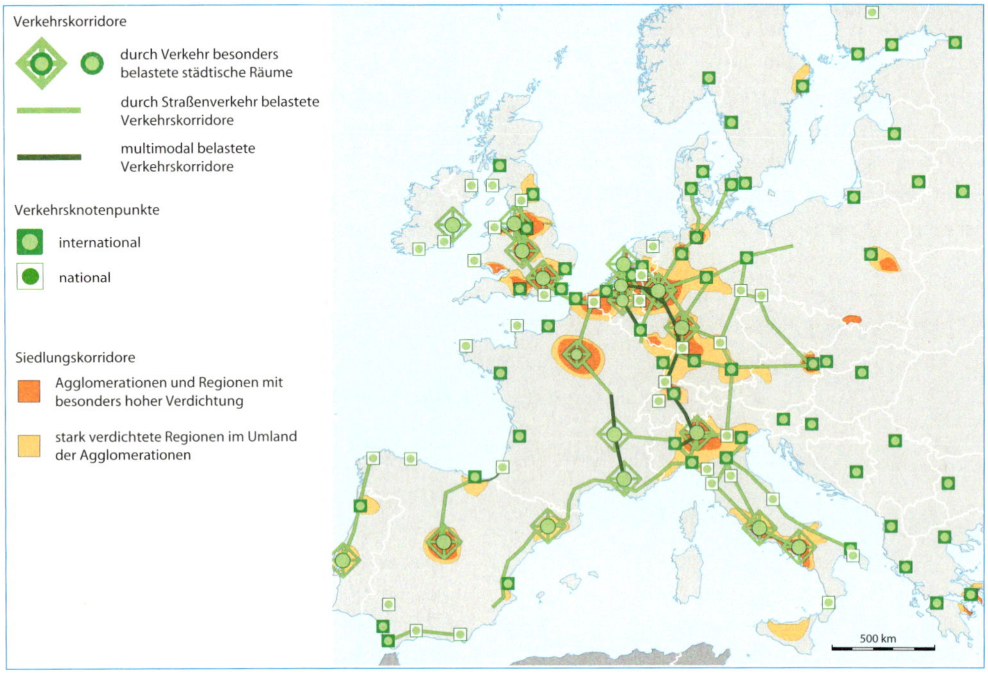

26 Siedlungs- und Verkehrskorridore als raumordnerisches Dilemma

„Die Siedlungs- und Verkehrskorridore stellen durch die Bündelung von großräumig bedeutsamen Versorgungslinien aus raumordnerischen Gesichtspunkten erwünschte Konzentrationen dar, insbesondere um die verbliebenen Freiräume an anderer Stelle zu bewahren. Die Vorteile, die durch eine Konzentration in Verkehrskorridoren und anderen Regionen erreicht werden, werden aber durch die enormen Belastungen und Konflikte in den Korridorräumen konterkariert.

Die negativen Effekte weiteren Wachstums von Verkehrs- und Siedlungsentwicklung in diesen Korridoren liegen auf der Hand ... Verkehrsbelastungen ergeben sich sowohl durch die hier stark gebündelte Verkehrsinfrastruktur (Flächeninanspruchnahme, Zerschneidungseffekte aufgrund der Netzdichte) als auch durch die Emissionen aus dem Fahrzeugbetrieb von Pkw und Lkw und führen zu Belastungen der Luft und des Bodens sowie zu Lärmemissionen.

Die Freiflächen geraten durch die Ausdehnung der Siedlungsflächen immer mehr unter Druck. Die Boden- und Mietpreise steigen. Die Infrastrukturen sind überlastet und die Umweltqualität sinkt. Nicht nur Bevölkerung zieht daraufhin immer weiter in das Umland hinaus, sondern auch Betriebe verlagern zunehmend ihre Standorte wegen Überlastungserscheinungen in den Kernbereichen der Siedlungsbänder immer weiter ins Umland der Korridore.“

Bundesamt für Bauwesen und Raumordnung, Bonn (Hrsg.): a.a.O., S. 59

Verkehrswachstum – Wirtschaftswachstum

Zusammen mit dem Tourismus ist der Verkehrsbereich gegenwärtig einer der am stärksten wachsenden Wirtschaftszweige. So stieg beispielsweise in der Bundesrepublik seine Bruttowertschöpfung seit 1980 um mehr als das Dreifache und damit stärker als die der Gesamtwirtschaft. Mit einem Anteil von nicht einmal 4%

Material
Infoblatt Eurotunnel
104105-4409

Surftipp
Personenverkehr in der EU (1990–2004)
104105-4410

am Bruttosozialprodukt im Durchschnitt der europäischen Länder zählt der Verkehrssektor zwar zu den weniger wichtigen Wirtschaftszweigen. Dieser Wert berücksichtigt jedoch nur unvollkommen die funktionale Seite des Verkehrs, die sich in der für moderne Industrie- und Dienstleistungsgesellschaften typischen hohen Mobilität von Personen und Gütern in nahezu allen Wirtschafts- und Lebensbereichen zeigt. Seine wirkliche Bedeutung wird erst erkennbar, wenn man die vielfältigen Verflechtungsbeziehungen mit anderen Wirtschaftsbereichen sieht.
Wegen der hohen volkswirtschaftlichen Bedeutung und der vielfältigen Verflechtungsbeziehungen mit Industrie und Dienstleistungen gilt der Fahrzeugbau allgemein als eine Schlüsselindustrie. Gemessen am Umsatz ist er z.B. in Deutschland die größte Industriebranche mit einem Anteil von annähernd 10% an der gesamten Industrieproduktion. Aufgrund der starken Verflechtung mit vorgelagerten und nachgelagerten Branchen (Handel, Tankstellen, Reparatur, Straßenbau etc.) ist die wirkliche wirtschaftliche Bedeutung jedoch um ein Vielfaches größer, als der Beitrag zum BIP oder die Beschäftigtenzahl vermuten lassen.

Kehrseite des Verkehrswachstums
Kein anderer Kontinent ist von einem vergleichbar dichten Verkehrsnetz durchzogen wie Europa, und infolge der zunehmenden Integration wird der Verkehr besonders zwischen den **Aktivräumen** z.B. der „Blauen Banane" (vgl. S. 142) weiter zunehmen und zu Überlastungen der Verkehrsträger führen – mit z.T. noch nicht absehbaren Folgen für Umwelt, Wirtschaft und die Mobilität der Bevölkerung.

27 Verkehrsträger im Vergleich
Nach Christoph Lehner/Joachim Vossen: Das Güterverkehrszentrum Regensburg. In: Praxis Geographie, 33. Jg., H. 5. Braunschweig: Westermann 2003, S. 23, 30/32

	Binnenschiff	Eisenbahn	Lkw
Primärenergiebedarf im Güterverkehr (l Diesel je 100 tkm)	1,3	1,7	4,1
Emissionen (g/tkm)	33,4	48,1	164
Transportweiten (km/t bei gleichem Energieaufwand)	370	300	100
Transporteinheit (Massengut)	1 Schiffseinheit à 2 000 t	50 Waggon à 40 t	67 Lkw à 30 t
Personalbedarf (für gleiche Transportmenge)	1	6	20
Lebensdauer (Jahre)	50	30	10

28 Fahrzeugbestand in der EU und in Deutschland
Nach Europäische Kommission 2006, unter: http://europa.eu.int/comm/transport, aktualisiert

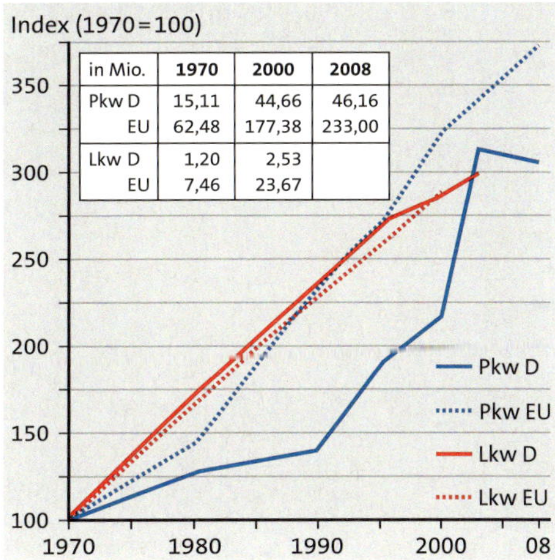

Seite 114/115
Ein Wirkungsgeflecht erstellen

7 Erklären Sie die Überschrift des Quellentextes 26.
8 Erläutern Sie die in der Grafik 28 aufgezeigte Entwicklung.
9 Erläutern Sie an konkreten Beispielen Vor- und Nachteile, die sich aus der räumlichen Konzentration von Siedlungs- und Verkehrsinfrastruktur ergeben.
10 Erörtern Sie die Bedeutung des Verkehrs für die Wirtschaftsentwicklung eines Landes/einer Region.
11 Vergleichen Sie die Vor- und Nachteile der verschiedenen Verkehrsträger.

29 **Das TEN-T – Hauptachsen und Projekte**

Nach Europäische Gemeinschaften: Transeuropäisches Verkehrsnetz. TEN-V – vorrangige Achsen und Projekte 2005. Luxemburg 2005, S. 12–13

ns-European transport network (TEN-T)

- Eisenbahnverbindung Berlin – Verona / Mailand – Bologna – Neapel – Messina – Palermo
- Hochgeschwindigkeitsbahnverbindung Paris – Brüssel – Köln – Amsterdam – London
- Hochgeschwindigkeitsbahnverbindung Südwesteuropa
- Hochgeschwindigkeitsbahnverbindung Osten
- Betuwe-Strecke (Deutschland – Niederlande)
- Eisenbahnverbindung Lyon – Triest / Koper – Ljubljana – Budapest – ukrainische Grenze
- Autobahnverbindung Igoumenitsa / Patras – Athen – Sofia – Budapest
- multimodale Verbindung zwischen Portugal / Spanien und dem restlichen Europa
- konventionelle Bahnverbindung Cork – Dublin – Belfast – Larne – Stranraer (2001 fertiggestellt)
- Flughafen Malpensa (2001 fertiggestellt)
- durchgängige Bahn- / Straßenverbindung zwischen Dänemark und Deutschland (2001 fertiggestellt)
- Eisenbahn- / Straßenverbindung Nordisches Dreieck
- Straßenverbindung Großbritannien / Irland – Benelux
- Eisenbahnhauptstrecke Westküste Großbritannien
- Satellitennavigationssystem Galileo
- Schienengüterverkehrsstrecke Sines – Madrid – Paris
- Eisenbahnverbindung Paris – Straßburg – Stuttgart – Wien – Preßburg (Bratislava)
- Binnenwasserstraße Rhein / Maas – Main – Donau
- interoperable (techn. kompatible) Mehrsystem-Hochgeschwindigkeitsverbindung der Iberischen Halbinsel
- Eisenbahnstrecke über den Fehmarnbelt
- Hochgeschwindigkeits-Seewege (Ostsee, Westeuropa, Südosteuropa, Südwesteuropa)
- Eisenbahnverbindung Athen – Sofia – Budapest – Wien – Prag – Nürnberg / Dresden
- Eisenbahnverbindung Danzig (Gdańsk) – Warschau – Brünn (Brno) / Preßburg (Bratislava) – Wien
- Eisenbahnverbindung Lyon / Genua – Basel – Duisburg – Rotterdam – Antwerpen
- Autobahnverbindung Danzig (Gdańsk) – Brünn (Brno) – / Preßburg (Bratislava) – Wien
- Schienen- / Straßenverbindung Irland / Großbritannien – europäisches Festland
- „Rail Baltica" – Eisenbahnverbindung Warschau – Kaunas – Riga – Tallinn
- „Eurocaprail" auf der Eisenbahnverbindung Brüssel – Luxemburg – Straßburg
- Eisenbahnverbindung des intermodalen Korridors Ionisches Meer / Adria

Transeuropäische Netze (TEN-T)

Zur Bewältigung der wachsenden Verkehrsströme im zusammenwachsenden Europa hat das Europäische Parlament 1996 gemeinschaftliche Leitlinien für ein **transeuropäisches Verkehrsnetz (TEN-T)** verabschiedet.

Vorrangiges Ziel der TEN-T-Projekte ist es, regionale **Disparitäten** in der EU auszugleichen, ein reibungsloses Funktionieren des Binnenmarktes zu garantieren und so den wirtschaftlichen und sozialen Zusammenhalt zu stärken.

Um diese Ziele zu verwirklichen, soll nicht nur die Integration der nationalen Verkehrsnetze verbessert werden, sondern auch der Zugang zu den Netzen wird ausgebaut. Der Schwerpunkt liegt dabei auf Schienenstrecken, insbesondere Hochgeschwindigkeitsstrecken, die die Agglomerationsräume der EU verbinden. Die Straßenprojekte dienen in erster Linie der Anbindung **peripherer Regionen**. Das Konzept berücksichtigt darüber hinaus auch die Verbindungen zu Netzen von Drittländern, insbesondere in den mittel- und osteuropäischen Staaten.

30 Leitlinien für den Aufbau eines transeuropäischen Verkehrsnetzes

„Die gemeinschaftlichen Leitlinien für den Aufbau eines transeuropäischen Verkehrsnetzes verfolgen neben den durch den Unionsvertrag vorgegebenen Zielen:
- die Entwicklung eines auf Dauer tragbaren Personen- und Güterverkehrs ...,
- eine effiziente Nutzung der vorhandenen Kapazitäten und
- eine qualitativ hochwertige Infrastruktur zu vertretbaren wirtschaftlichen Kosten ..."

Bundesamt für Bauwesen und Raumordnung (Hrsg.): a. a. O., S. 280

12 Wählen Sie aus den in der Karte 29 dargestellten Transeuropäischen Verkehrsnetzen ein Projekt aus.

a) Beschreiben Sie den Verlauf der Verkehrsachse.

b) Analysieren Sie die räumlichen Ressourcen sowie die Wirtschafts- und Siedlungsstruktur in ihrem unmittelbaren Einflussbereich.

TERRA **METHODE**

Keine Ursache ohne Wirkung. Zumeist hat eine Ursache aber mehrere Wirkungen – und umgekehrt gilt: Eine Wirkung hat oft mehrere Ursachen. In der Realität sind die Probleme oft recht komplex und die Faktoren miteinander verknüpft, sodass das einfache lineare Ursache-Wirkungsdenken nicht weiterhilft. Ein Denken in Systemen und Wirkungsgefügen ist vielmehr notwendig, um die vielen Zusammenhänge zu erfassen. Dieses Erfassen von Zusammenhängen ist eine wichtige Voraussetzung für das Lösen von Problemen.
Fließschemata und Wirkungsgefüge helfen bei der Ermittlung und Darstellung solcher Beziehungen und Zusammenhänge. Ihre Erstellung schult das geographische Denken.

Ein Wirkungsgeflecht erstellen

Vernetzendes Denken in Systemen

Geographische Systeme sind komplexe und dynamische Systeme. In ihnen laufen Entwicklungen ab, die sich gegenseitig beeinflussen und so zu vielfältigen Verbindungen und Zusammenhängen führen. Dabei ergeben sich Ursache-Folge-Wirkungen, Rückkoppelungen und mehrschichtige Verflechtungen.
Es ist Aufgabe des Geographieunterrichts, diese einzelnen Erscheinungen, ihre Elemente, Entwicklungen und Wechselwirkungen aufzudecken, um so die Struktur geographischer Systeme in ihrer Komplexität und Dynamik zu erfassen. Auf diesem Wege lässt sich gleichzeitig das für das Fach Geographie wichtige vernetzende Denken schulen.
Dieses Denken eignet sich in besonderer Weise dazu, Sachverhalte sowohl in ihrer Ordnungs- als auch in ihrer funktionalen Dimension zu vermitteln. Es ist eine optimale Erkenntnismethode, weil sie dem Menschen hilft, das ihm eigene, eher linear-monokausale Denken zu überwinden – zugunsten eines mehrperspektivischen, multikausalen Verflechtungsdenkens.

Monokausale Beziehungen

Aus den genannten Gründen sind Darstellungen, die einfache kausale Beziehungen wiedergeben, wie sie Grafik 31 zeigt, zur Erklärung geographischer und ökologischer Systemzusammenhänge häufig unzureichend. Sie sind in ihrer Aussagekraft eingeschränkt, da sie den vielschichtigen natürlichen Systemen und den in ihnen ablaufenden Prozessen nicht gerecht werden.

Eine linear-kausale Beziehung liegt vor, wenn sich eine Wirkung im gleichen Maßstab verändert wie ihre Ursache, wie z. B. das Ausmaß der Luftverschmutzung in Abhängigkeit von der Fahrzeugzahl pro Straßenfläche beim fließenden Verkehr (bei gleich bleibender Geschwindigkeit). Meist verändern sich Ursache und Wirkung jedoch nicht im gleichen Maße. Mit zunehmender Verkehrsdichte kommt es z. B. zu Staus, sodass die Abgasmenge nicht mehr proportional mit der Fahrzeugzahl steigt, sondern auch mit der sich verringernden zurückgelegten Fahrstrecke. Die Kurve steigt nicht linear, sondern exponentiell.

Offene Systeme

Geographische Systeme haben noch ein weiteres Merkmal. Wie alle natürlichen Systeme sind sie offen sowie mit anderen Systemen verbunden und vernetzt. Aus ihnen strömt etwas heraus und in sie strömt etwas hinein. Sie sind dynamisch und immer im Fluss. Geschlossene, statische Systeme gibt es nur in der Theorie.
Deswegen sind auch die sogenannten Teufelskreise (Grafik 32) irreführend. Sie gehen ebenfalls von der Annahme aus, dass Beziehungen zwischen verschiedenen Faktoren nach der Art einer Kausalkette bestehen, wobei die einzelnen Faktoren zugleich Ursache und Wirkung für und von anderen Faktoren sind (zirkuläre Verursachung). Teufelskreise dienen in erster Linie zur Erklärung von sich negativ verstärkenden Prozessen. Sie mögen im Kern zwar richtig sein, ihnen fehlt aber die multikausale und vernetzende Betrachtungsweise.

31 Beispiel einer linear/kausalen Beziehung

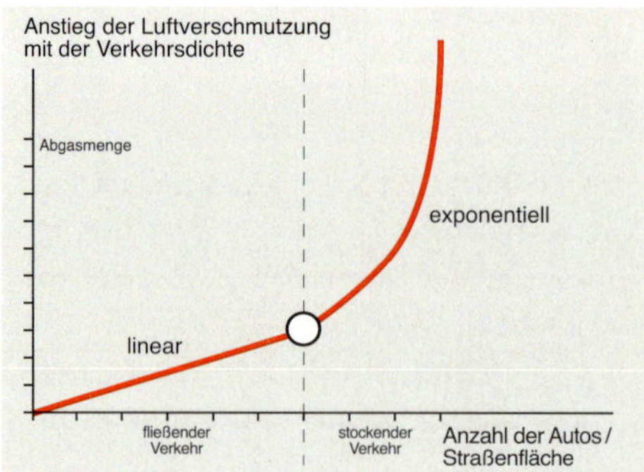

32 Beispiel eines geschlossenen Systems

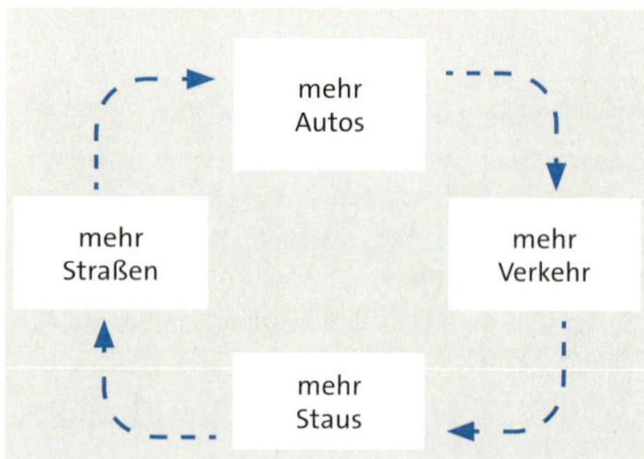

Material
Weitere Beispiele monokausaler Beziehungen
104105-4411

Lernen im Netz
Wirkungsgefüge zum Üben
104105-4412

Wirkungsgeflecht

In einem Wirkungsgeflecht, auch Wirkschema oder Strukturskizze genannt, lassen sich hingegen Ursache-Folge-Wirkungen, komplexe Zusammenhänge und funktionale Wechselbeziehungen in eine logische und visuell leicht fassbare Abfolge bringen. Dazu werden wichtige Begriffe stichwortartig aufgelistet, nach Themenbereichen geordnet und durch Wirkungspfeile miteinander verbunden. Die Pfeile sollen dabei zum Ausdruck bringen, dass die einzelnen Faktoren in einer Wechselbeziehung zwischen verursachenden Faktoren, Prozessverläufen und Folgen bestehen.

Arbeitsschritte bei der Erstellung eines Wirkungsgeflechtes

Beispiel: Eingriffe in den Landschaftshaushalt durch den Verkehr

1. Schritt: Materialien auswerten

Werten Sie aus diesem Buch die Texte und Materialien der Kapitel „Verkehr und Entwicklung" sowie „Raumwirksame Veränderungen durch den Tourismus" aus. Ziehen Sie zur ergänzenden Information weitere Quellen (z. B. Lexikon zur Ökologie, Internet) heran.

2. Schritt: Schlüsselbegriffe suchen

Benennen Sie Schlüsselbegriffe zum Thema und notieren Sie diese auf schmalen Papierstreifen (Haftzettel sind praktisch!).

3. Schritt: Schlüsselbegriffe ordnen

Ordnen Sie die Schlüsselbegriffe nach Sach- und/oder Problemfeldern.

4. Schritt: Schlüsselbegriffe exponieren

Ermitteln Sie die zentralen Schlüsselbegriffe und platzieren Sie diese auf einem größeren Blatt Papier/Karton an exponierter Stelle.

5. Schritt: Weitere Begriffe zuordnen

Ordnen Sie, gegliedert nach den unter 3. genannten Gesichtspunkten, die anderen Begriffe den zentralen Schlüsselbegriffen zu und kennzeichnen Sie die entscheidenden Faktoren farblich.

6. Schritt: Verbindungen herstellen

Stellen Sie durch Pfeile Beziehungen dar. Was wirkt worauf? Wo bestehen Verflechtungen, Rückkoppelungen etc.? Welcher Faktor wirkt besonders stark auf den/die anderen? Kennzeichnen Sie vermutete, nicht erwiesene Zusammenhänge als solche.

33 Schlüsselbegriffe zum Thema dieser Methodendoppelseite in Auswahl (ungeordnet)

- Flächenverbrauch
- Flächenversiegelung
- Barriereeffekte (z. B. Straßen als unüberwindbare Hindernisse für Kleinsäuger)
- Zerschneidungseffekte (Trennen von Revieren und Biotopen)
- Artenvernichtung (z. B. Igel, Kröten)
- Artenwandel im Straßenrandbereich (Abwandern von Tieren und Pflanzen, Zuwandern von artfremden Lebewesen)
- Bodenverdichtungen
- Unterbrechen von Bodenwasserströmen
- Beeinträchtigung des Wasserhaushalts
- Abrieb von Reifen und Bremsbelägen
- Korrosion, Öl- und Bremsflüssigkeitsverluste
- Bodenbelastung durch Schadstoffe
- Streusalz
- Emissionen (besonders NO_x)
- Luftverunreinigungen
- Saurer Regen
- Waldsterben
- Verstärkung des Treibhauseffekts
- Lärm
- Gesundheitsschäden für Verkehrsteilnehmer und die übrige Bevölkerung
- Veränderung des Mikroklimas im Bereich der Verkehrsflächen (z. B. Temperaturerhöhung)
- Ressourcenverbrauch (Erdöl, Metalle, Kies für den Straßenbau)
- Landschaftswandel, Landschaftsschäden
- Verlust der ökologischen Stabilität

13 Erstellen Sie mit den Schlüsselbegriffen ein Wirkungsgeflecht zum Thema „Eingriffe in den Landschaftshaushalt durch den Verkehr". Ergänzen Sie die Begriffe, falls nötig.

14 Erweitern Sie Ihr Wirkungsgeflecht um einen weiteren Themenbereich, z. B. „Verkehr und Wirtschaft".

Kompetenzen in diesem Kapitel erwerben:
- Auswirkungen des Tourismus auf die Wirtschafts-, Sozial- und Raumstruktur beschreiben;
- Fremdenverkehrszentren hinsichtlich Entwicklung, Fremdenverkehrseinrichtungen und touristischer Zielsetzung vergleichen;
- Umwelteinwirkungen des Tourismus erläutern;
- Chancen und Umsetzungsschwierigkeiten eines „sanften Tourismus" erörtern;
- Maßnahmen zur Eindämmung des Transitverkehrs in den Alpen beurteilen.

1 Die Alpen – ein einzigartiger Natur- und Lebensraum

4.5 Raumwirksame Veränderungen durch den Tourismus – Beispiel Alpen

Kaum ein europäischer Großraum unterlag derart signifikanten Strukturveränderungen wie die Alpen. Obwohl bereits weit vor der Zeitenwende kleine Siedlungen und Saumpfade nachweisbar sind, dauerte es viele Jahrhunderte, bis sich daraus moderne Transitstrecken entwickelten, entlang derer bedeutende Siedlungen heranwuchsen. Die sich verbessernde **Infrastruktur**, vor allem der Verkehrswege, lockte zunehmend mehr Touristen in den Alpenraum. Viele Bergbauern gaben ihren landwirtschaftlichen Betrieb auf und versuchten im Bereich des Tourismus (Gastronomie, Hotellerie, Techniker bei Aufstiegshilfen usw.) eine neue Existenz aufzubauen.

Inzwischen gehört der Fremdenverkehr im Alpenbogen von Slowenien bis nach Frankreich zu den bedeutendsten und dynamischsten Wirtschaftszweigen, und die Alpen gelten als der größte Erholungsraum Europas.

Material
Infoblatt Alpentourismus
104105-4501

„Landschaftsfresser" Tourismus

Vor ca. 30 Jahren veröffentliche Jost Krippendorf, der Wortführer der Tourismuskritik in den 1970er- und 1980er-Jahren, ein aufsehenerregendes Buch unter dem Titel „Die Landschaftsfresser". Darin legt er seine Sicht der bisherigen und künftigen Entwicklung des Tourismus dar und warnt vor den Folgen, insbesondere für die Natur.

Heute ist uns allen bewusst, welch gewaltige Ansprüche der Fremdenverkehr an Raum und Umwelt stellt. Verkehrsströme, Rodungen, Versiegelungen, Flächenverbrauch durch Infrastruktureinrichtungen, aber auch die Freizeitaktivitäten selbst sind als ursächliche Faktoren zu nennen. Infolge wachsender Freizeit und **Mobilität** der Bevölkerung sowie eines immer höheren Anspruchsdenkens werden die negativen Folgen weiter an Gewicht zunehmen. Besonders fatal an dieser Entwicklung ist, dass Umweltbeeinträchtigungen vor allem in ökologisch empfindlichen oder bereits stark belasteten Räumen auftreten. Die negativen Folgen machen deutlich, wie wichtig es ist, wirtschaftliche Ziele, Umweltschutz und soziale Aspekte in Einklang zu bringen.

Besonders belastet durch den Tourismus sind die Hochgebirge der Erde. Ihre Situation wird in einem speziellen Kapitel der **Agenda 21** der UN Konferenz für Umwelt und Entwicklung 1992 in Rio de Janeiro verdeutlicht. Darin heißt es u.a., dass die Gebirge der Erde wichtige Ressourcen für Wasser, Energie, biologische Diversität, Rohstoffe, Holz, landwirtschaftliche Produkte und Erholung darstellen. Sie repräsentieren ein komplexes **Ökosystem** von globaler Bedeutung, das für das Überleben des globalen Ökosystems unentbehrlich ist.

Durch den Tourismus können aber auch Belastungen sozialer Art in einem nicht unerheblichen Umfang auftreten, wenn z.B. durch die große Zahl der Touristen viele Einheimische ihren Lebensraum inzwischen als „Konsumgut" der Fremden empfinden.

2 Fläche und Bevölkerung im Alpenraum

Berggenuss Rolf Schosser und Regina Oswald GbR, unter: www.bio-berggenuss.de/alpenlaender.html (Zugriff vom 20.03.2010)

	Alpenfläche		Alpenbevölkerung
	absolut (km²)	relativ (%)	(in Mio.)
Österreich	61500	29	3,99
Italien	59990	27	4,10
Frankreich	40802	21	2,45
Schweiz	25170	13	1,74
Deutschland	11131	6	1,38
Slowenien	6766	4	0,64
Liechtenstein	160	0,01	0,03

3 Die Zukunft der Alpen

„Als europäisches Erbe bilden die Alpen eine natürliche, geschichtliche, kulturelle und soziale Einheit von lebenswichtiger Bedeutung. In allen ihren Teilen haben sie eine entscheidende Rolle gespielt, indem sie die großen Strömungen der Zivilisation trennten, umformten und verbanden. Aber trotz der manchmal schwierigen Beziehungen und Verbindungen zwischen den Völkern und den politischen Systemen hat sich eine eigenständige Alpenkultur herausgebildet, und obgleich die Alpen nie eine politische Einheit gekannt haben, lassen Lebensweise und Tätigkeiten ihrer Bevölkerungen Eigenschaften von auffallender Ähnlichkeit erkennen."

Die Zukunft der Alpen. Aus der Präambel des Aktionsplans eines Symposiums der Internationalen Union zur Erhaltung der Natur und der natürlichen Hilfsquellen. Trient 1974

Entwicklung des Fremdenverkehrs und seine Auswirkungen auf die Wirtschafts-, Sozial- und Raumstruktur

4 Vom Bergbauern zum Dienstleister

„Pierre hatte 1965 seine Schulpflicht erfüllt. Auf ihn wartete der kleine Bergbauernbetrieb seiner Eltern. Schon während der Schulzeit musste er im Stall und bei der Ernte mithelfen. Er sah keine Chance in der sozialen Hierarchie aufzusteigen. 1968 nahm Pierre eine Stelle als Pistenpfleger im nahe gelegenen Skigebiet von Lac de Tignes (Frankreich) an. Die Seilbahngesellschaft stellte ihm ein Appartement in einem der modernen Häuser zur Verfügung.
Pierre stieg in kurzer Zeit zum Chef der Pistenpfleger auf, trug viel Verantwortung und hatte vor allem ein für seine Verhältnisse ungewöhnlich hohes Einkommen. In seiner Freizeit knüpfte er viele Kontakte zu den Gästen der Skistation. Sein eher zurückhaltendes Wesen wandelte sich zunehmend in Weltoffenheit. Hin und wieder erhielt er Besuch aus seinem Heimatdorf. Vor allem seine jugendlichen Freunde waren sehr beeindruckt von seiner großzügigen Wohnung und dem Freizeitangebot vor Ort.
Nach wenigen Jahren investierte Pierre seine Ersparnisse in seinem Heimatdorf. Er modernisierte den Bergbauernbetrieb seiner Eltern und baute in die ehemaligen Wirtschaftsgebäude Fremdenzimmer ein. Wenig später setzte er in seiner Gemeinde den Bau einer großen Skiliftanlage gegen den Willen des Großbauern seines Heimatdorfes durch. 1970 heiratete Pierre ein einheimisches Mädchen. Das Paar hat inzwischen zwei Kinder. Die Tochter besucht eine Hotelfachschule, sein Sohn möchte eine Skischule gründen.
Philippe, der Sohn des Großbauern, der vormals das Sagen im Ort hatte, ist inzwischen fast fünfzigjährig, ledig, und lebt von den kargen Erträgen seiner Landwirtschaft und von öffentlichen Zuschüssen."

Lorenz Deuringer u.a.: Fundamente Kursthemen Europa – Raumnutzung, Raumverflechtung. Gotha: Perthes 1997, S. 81–82

5 Frühe Alpinisten auf dem Mer de Glace

Bis weit in die Neuzeit waren die Alpen für die meisten Europäer ein wenig interessanter Naturraum, eher ein hinderlicher Riegel zwischen Mittel- und Südeuropa. Man ahnte die Armut der dort zurückgezogen lebenden Bevölkerung, die z.T. im Herbst ins Alpenvorland und in Ballungsräume wanderte, um dort den Winter über Arbeit zu suchen.
Es hat lange gedauert, bis die Europäer die Alpen als Erholungsraum entdeckten. Mitte des 18. Jahrhunderts begannen vor allem die Engländer die bis dahin noch weitgehend unbekannte Bergwelt zu erforschen. Chamonix in den französischen Alpen wurde zu einem der ersten Zentren des Alpinismus. Daneben spielte der Bädertourismus (vor allem für die europäische Aristokratie) eine zunehmend wichtige Rolle. Binnen etwa hundert Jahren erreichte Chamonix eine Jahresgästezahl von rund 70000.
Vor einer grandiosen Bergwelt entwickelte sich St. Moritz im Engadin im frühen 19. Jahrhundert zu einem viel besuchten Kurort. 1815 beschloss der Gemeinderat eine seit der Bronzezeit bekannte Heilquelle neu zu fassen und für den Fremdenverkehr zu erschließen. Hinzu kam, dass sich in der zweiten Hälfte des 19. Jahrhunderts die ersten Wintersportler einquartierten. Damit waren die Grundlagen für eine boomartige Entwicklung gelegt, die St. Moritz zu einem der ersten und wohl berühmtesten Fremdenverkehrsorte des Alpenraums machte.

6 **Bergbauernraum (links) und Fremdenverkehr (rechts) im Nord-Südprofil durch die Ostalpen**

Nach Elisabeth Lichtenberger 1979, in: Elisabeth Lichtenberger. Österreich. Darmstadt: Wissenschaftliche Buchgesellschaft 2002, S. 197

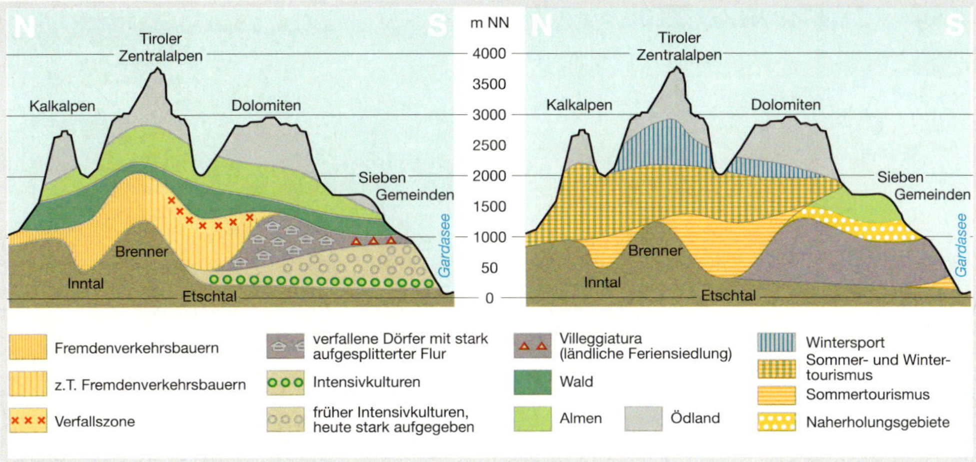

Sozioökonomischer Wandel

Mit über 5 Mio. Ferienbetten, jährlich 120 Mio. Hotelgästen und 500 Mio. Übernachtungen sind die Alpen heute eine der größten Tourismusregionen der Welt. Aus Bergdörfern wurden Fremdenverkehrsorte, die von der einheimischen bergbäuerlichen Bevölkerung sehr unterschiedlich bewertet werden. Während die einen darin eine Chance sehen, ihre wirtschaftliche und soziale Situation zu verbessern, verfolgen die anderen die **„Tertiärisierung“** der Wirtschaft ihrer Heimat sehr skeptisch. Benachteiligt waren vor allem Frauen. Für sie gab es außerhalb der Berglandwirtschaft kaum Arbeitsplätze. Mit der Heirat eines Bergbauern war der berufliche Werdegang dieser Frauen in früheren Jahren vorbestimmt: ein Leben lang harte Arbeit in der Landwirtschaft und nur bei seltenen Gelegenheiten Kontakte zur „Außenwelt“. Die Kluft zwischen den Lebensbedingungen in einem abgeschiedenen Bergbauerndorf und denen einer Stadt im Voralpenland oder einem alpinen Tourismuszentrum führte zunehmend zur Abwanderung junger Frauen aus den Bergbauerndörfern.

Raumwandel

Mit der Zunahme des Tourismus entwickelten sich Fremdenverkehrsorte bzw. -regionen, welche die alpenländische **Kulturlandschaft** stark überprägten. In aller Regel schuf der Tourismus für die in den Alpen lebenden Menschen wachsenden Wohlstand, da die Einkommen deutlich stiegen.

Art und Grad der Umgestaltung des Raumes hängen von vielen Faktoren ab, z. B. von der natürlichen Ausstattung, den raumplanerischen Konzepten, der Verkehrsanbindung, den Gästen und ihrer Aufenthaltsdauer usw. Als besonders problematisch erwies sich die Abwanderung der jungen Bevölkerungsgruppen. Der drohenden Entvölkerung vor allem entlegener Alpentäler glaubte man zunehmend durch deren Erschließung für den Tourismus begegnen zu können. Mittlerweile hat sich dieser Prozess im Alpenraum weiter und differenziert entwickelt, wobei sich inzwischen zunehmend Stimmen erheben, die vor möglichen Nachteilen einer weiteren Erschließung der alpinen Bergwelt für den Tourismus warnen.

1 Beschreiben Sie wirtschaftliche Veränderungen, die durch den Tourismus in den Alpen ausgelöst wurden.

2 Stellen Sie den durch den Tourismus im Alpenraum verursachten wirtschafts-, sozial- und raumstrukturellen Wandel in einem Wirkungsgeflecht dar.

7 Screenshot des Skigebietsplans von Sölden

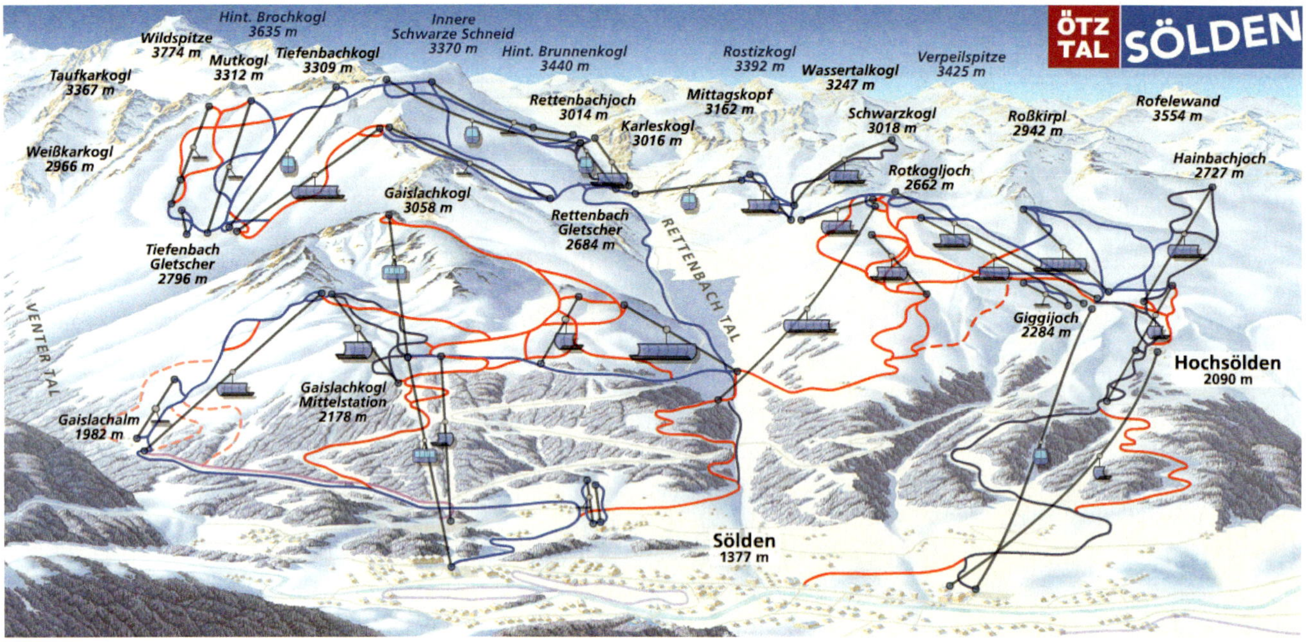

Sölden – vom Bergbauerndorf zur Skiarena

Um die Mitte des 18. Jahrhunderts zählte die Bergbauerngemeinde Sölden im Ötztal rund 1500 Einwohner. Zu dieser Zeit setzte die Industrialisierung in den Haupttälern sowie den damaligen Ballungsgebieten verstärkt ein und lockte vor allem junge Leute an. Das bekamen viele Orte in den abgeschiedenen Tälern schmerzhaft zu spüren. So auch Sölden, das bis gegen Ende des 19. Jahrhunderts rund 600 Einwohner verlor.

Das 19. Jahrhundert war aber auch im positiven Sinne eine wichtige Wegmarke der Entwicklung der Gemeinde Sölden. Erzherzog Johann von Österreich, einer der Pioniere des Alpentourismus, besuchte das Ötztal und initiierte damit den Fremdenverkehr in der Region. Immer mehr Bergsteiger kamen in das Ötztal, um die grandiose Bergwelt mit ihren Gletschern zu „erobern."

Im 20. Jahrhundert entwickelte sich vor allem der Skisport dank der schneesicheren Gletscherregion. Die Einwohnerzahl von Sölden stieg auf heute ca. 3000 und wird, so die Prognosen, dank steigender Nachfrage nach Arbeitskräften im Tourismusbereich weiter wachsen.

8 Aus der Chronik von Sölden

Nach Ötztal Tourismus: unter: www.soelden.com, Stand 03/2010

1855	Im Gemeindegebiet werden fünf Gasthöfe gezählt
1914	12 Gasthöfe in der Gemeinde Sölden
1928	Bau des ersten Hotels
1930	88000 Übernachtungen (90 % Sommerurlauber) in Sölden
1948	Bau der ersten Einsesselbahn von Sölden nach Hochsölden
1966	Eröffnung der Gaislachkogl-Bahn, damals höchste Seilbahn Österreichs
1985	1,5 Mio. Übernachtungen, davon 63 % im Winter
2007	In Sölden gibt es kaum mehr ein Privathaus, das nicht auf Gästebeherbergung eingerichtet wäre. Damit arbeiten alle Einwohner direkt oder indirekt in der Tourismuswirtschaft. Handel und Gewerbe erzielen durch die vielfältigen Investitionen im Tourismus gute Umsätze. Für Sölden werden ca. 2 Mio. Übernachtungen gezählt.

9 Der Nationalpark Hohe Tauern

Nach Nationalparkkommission Matrei 1988, Kartengrundlage: Österreichischer Unterstufenatlas. Wien: Hölzel 1989

Matrei – Tourismus im Nationalpark

Der „Nationalpark Hohe Tauern Osttirol“ ist Teil des Nationalparks Hohe Tauern, des größten Schutzgebietes des Alpenraumes und Mitteleuropas. Von den 1 800 km² Gesamtfläche liegen 610 im südalpinen Osttirol, die das Isel-, Virgen-, Defereggen- und Kalsertal umfassen. Das Zentrum bildet Matrei.

In diesem Raum leben rund 10 000 Einwohner, deren Vorfahren ihre Existenz vor allem durch die Berglandwirtschaft, Arbeit im nahen Lienz und durch den Transitverkehr über die Felbertauern- und Großglocknerroute sicherten. Der Tourismus spielte nur eine untergeordnete Rolle, bis dann in der zweiten Hälfte des 20. Jahrhunderts der Nationalparkgedanke von der einheimischen Bevölkerung als eine Chance für die Entwicklung des **„Sanften Tourismus“** zunehmend erkannt wurde.

Dementsprechend wurde eine touristische **Infrastruktur** aufgebaut, die sich von der in Sölden deutlich unterscheidet. Selbstverständlich kommen auch alpine Skifahrer auf den insgesamt 100 km Pisten bei Matrei, St. Jakob und Kals auf ihre Kosten. Der Schwerpunkt im Bereich des Wintersports liegt hier jedoch abseits des Massentourismus im Langlauf, in Skitouren und Schneeschuhwanderungen.

Zahlreiche Wanderwege im Tal wie auch im Hochgebirge bis hinauf in die Gletscherregion laden zum Wandern und Bergsteigen ein. Für Urlauber, die sich für die Vielfalt der alpinen Fauna und Flora interessieren, organisiert die Verwaltung des Nationalparks Führungen sowie Ausstellungen zu unterschiedlichen Themen. Darüber hinaus legt sie Lehrpfade zu unterschiedlichen alpinen Themen an, wie z. B. „Wasser im Gebirge“ oder „Seltene Pflanzen und Tiere“.

3 Vergleichen Sie die beiden Fremdenverkehrszentren Sölden und Matrei hinsichtlich Entwicklung, Fremdenverkehrseinrichtungen, touristischer Zielsetzungen. Ziehen Sie ergänzend auch die beiden Internetadressen heran: www.soelden.com und www.matrei.at.

4 Kritiker von Matrei befürchten, dass der (notwendige) Versuch, die Zahl der Touristenankünfte zu steigern, nicht mit dem Gedanken eines „sanften Tourismus“ zu vereinbaren sei. Nehmen Sie Stellung.

10 Ferienwohnungen (Parahotellerie) auf der Riederalp/Wallis

Landschaftszersiedlung – Landschaftszerstörung

Die Parahotellerie

Unter Parahotellerie fasst man vermietbare Ferienwohnungen, Privatzimmer, Jugendherbergen und Camping zusammen. Sie stellt nicht nur einen bedeutenden Wirtschaftsfaktor, sondern auch ein stark gestaltendes Element der alpinen Kulturlandschaft dar.

In einigen Fremdenverkehrsgebieten der Schweiz zählt man heute bereits bis zu zehnmal mehr Ferienwohnungen als Wohnungen von Einheimischen. Der Anteil ausländischer Eigentümer an Ferienwohnungen liegt bei ca. 20 %. Der Versuch, den Ausländern die Möglichkeit zum Eigentumserwerb an Ferienwohnungen zu nehmen, wurde vor allem durch die davon am meisten betroffenen Kantone, wie z. B. Graubünden und Wallis, abgelehnt. Dafür wurden im Wallis gewichtige Argumente angeführt. So sind dort z. B. 74 % aller im Baugewerbe Beschäftigten direkt vom Tourismus abhängig. Ein Stopp des Ferienwohnungsbaus würde den Verlust von ca. 4 000 Arbeitsplätzen (= ca. 5 % aller Arbeitsplätze) im Wallis bedeuten. Die Lehrstellen würden entsprechend abgebaut. Vor allem in touristisch hocherschlossenen Gebieten übersteigen die gemeindlichen Einnahmen aus Steuern und Gebühren, die von den Eigentümern der Ferienwohnungen zu entrichten sind, die Ausgaben für Infrastrukturmaßnahmen. In sogenannten „touristischen Regionen“ sind die Gemeinden dagegen durch notwendige Erweiterungen und Infrastrukturmaßnahmen hochverschuldet.

11 Entwicklung der Bettenzahl/Übernachtungen in der Hotellerie und Parahotellerie der Schweiz (in 1000)

Nach EUROSTAT 2010, unter: http://epp.eurostat.ec.europa.eu/portal/page/portal/tourism/data/main_tables

	Hotels	Parahotellerie
Betten/Plätze		
1912	211 000	o. A.
1963	223 834	320 000
1983	274 600	850 000
1998	260 000	811 000
2008	270 000	o. A
Übernachtungen (in 1000)		
1990	35 780	39 479
2000	14 013	21 919
2008	15 855	o. A.

Material
Alpentourismus
104105-4502

12 **Bodenerosion auf einer aufgelassenen Alm**

Bodenzerstörung

Es dürfte wohl kaum eine Gemeinde im gesamten Alpenraum geben, bei der das Wachstum des Fremdenverkehrs nicht zu einem Rückgang im Bereich der Landwirtschaft geführt hätte. Entweder wurden landwirtschaftliche Nutzflächen, oft sogar die besten, zu Bauland umgewidmet, oder die Bewirtschaftung ungünstig gelegener Flächen wurde wegen Arbeitskräftemangels eingestellt. In vielen Fällen musste der gesamte landwirtschaftliche Betrieb aufgegeben werden, weil die Erben in der Fremdenverkehrswirtschaft ihren wirtschaftlichen und sozialen Aufstieg eher gewährleistet sahen.

Die Auswirkungen dieses Niedergangs der Landwirtschaft zeigen sich auch in einer optischen Veränderung der **Landschaft**. Landwirtschaftliche Wirtschaftsgebäude verfallen oder werden einer anderen Nutzung zugeführt, ehemals landwirtschaftliche Nutzflächen werden aufgeforstet oder der Brache überlassen.

Aus ökologischer Sicht bedenklicher sind die Bodenzerstörungen, die nicht nur durch den Wander- und Skitourismus verursacht werden, sondern auch eine Folge der Aufgabe landwirtschaftlicher Betriebe sein können.

13 **Fließschema des ungehemmten Wachstums im alpinen Fremdenverkehr**

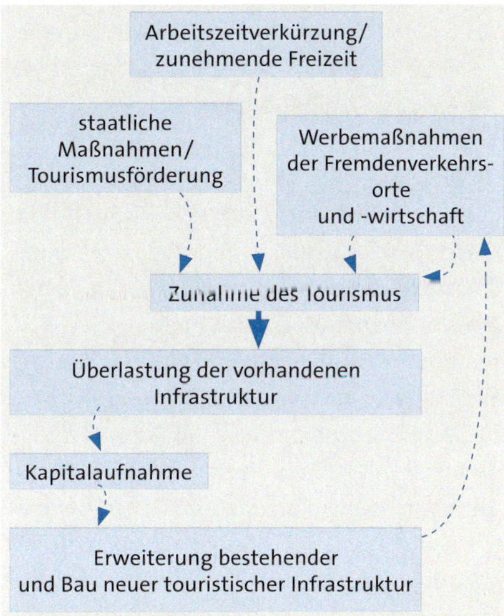

5 Viele Fremdenverkehrsgemeinden erwägen die Einführung einer Zweitwohnsitzsteuer. Erörtern Sie Beweggründe und mögliche Folgen.

6 Erläutern Sie mögliche Zusammenhänge zwischen der Aufgabe der Berglandwirtschaft und der Bodenerosion.

Transitraum Alpen

14 Schlagzeilen aus der Presse

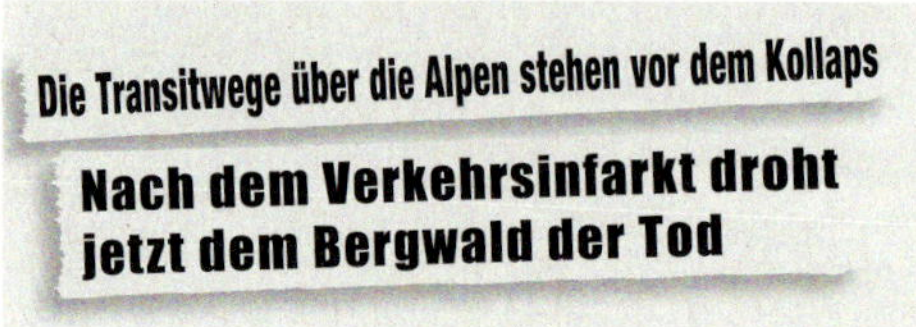
Die Transitwege über die Alpen stehen vor dem Kollaps

Nach dem Verkehrsinfarkt droht jetzt dem Bergwald der Tod

Diese Schlagzeilen stehen stellvertretend für viele ähnliche Meldungen, die sich mit der gegenwärtigen prekären Verkehrssituation in den Alpenländern befassen. Nicht zuletzt der Tourismusboom hat dazu beigetragen, dass der Verkehr selbst in entlegenen Regionen zu Überlastungen der Verkehrswege geführt hat. Als besonders problematisch erweist sich jedoch der **Transitverkehr** zwischen den Anrainerstaaten nördlich und südlich der Alpen. Setzte bereits mit der Gründung der Europäischen Wirtschaftsgemeinschaft 1957 eine Intensivierung der transalpinen Verkehrsströme ein, so erfährt diese Entwicklung gegenwärtig einen weiteren Schub durch den Prozess der **Globalisierung**.

15 Autobahnbau und Transitverkehr

„Beim Transitverkehr ist es Österreich wie dem Zauberlehrling ergangen: Man rief die Geister und wird sie nun nicht los. Die rückblickend enorme Investition des Staates in den Autobahnbau in den ersten Jahrzehnten der Nachkriegszeit belegt, dass sich die Entscheidungsträger wichtige Wirtschaftsimpulse vom Autobahnbau und Transitverkehr erhofften. Alle Autobahnen haben nämlich internationale Transferfunktionen für die Nachbarländer und sind für den transeuropäischen Verkehr unverzichtbar, wie etwa die Inntalautobahn (A 12) und die Brennerautobahn (A 13) für den Nord-Süd-Verkehr durch Tirol und die Tauernautobahn (A 10) für den Nord-Süd-Verkehr durch Salzburg und Kärnten."

Elisabeth Lichtenberger: Österreich. Darmstadt: Wissenschaftliche Buchgesellschaft 2002, S. 309

16 Alpenquerender Güterverkehr 1980–2008 Mont-Cenis/Fréjus – Brenner Mio. Tonnen/Jahr (Netto)

Bundesamt für Verkehr BAV: Alpinfo 2008, Bern: BAV 2009, S. 1

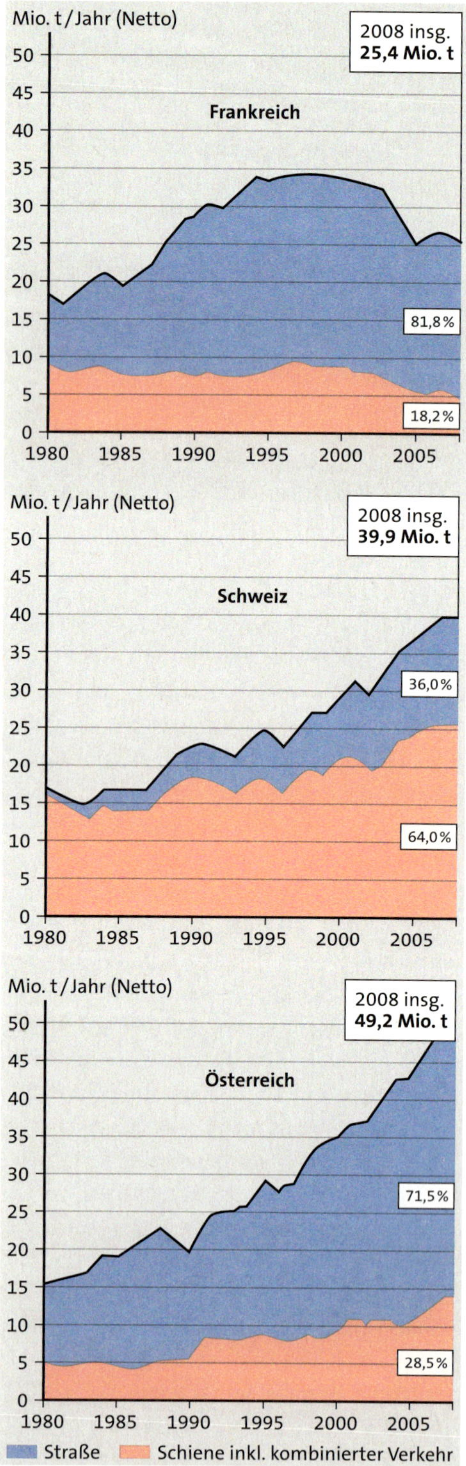

Surftipp
Alpenkonvention
104105-4503

Surftipp
LKW-Transit über Österreichs Alpen
104105-4504

Material
Infoblatt Gotthard-Tunnel
104105-4505

17 Entwicklung des Lkw-Verkehrs über den Brenner und benachbarte Routen

www.bmvit.gv.at/verkehr/gesamtverkehr/statistik/downloads/brenner_04.pdf, 2006 und VCÖ factsheet: VCÖ: Lkw-Transit über Österreichs Alpen nimmt am stärksten zu. Wien: VCÖ 2008, S. 3

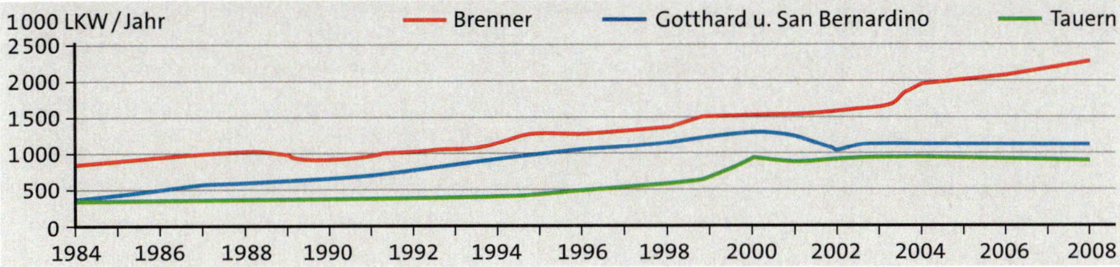

Brenner – Alpenübergang mit Spitzenfrequenz

18 „Umwegtransit" über Österreich

„Genauere Analysen zeigen, dass ein beachtlicher Teil des durch Österreich fließenden Transitverkehrs sogenannter ‚Umwegtransit' ist. Die Lastkraftwagen weichen aufgrund technischer Beschränkungen und administrativer Hindernisse in der Schweiz nach Westen und Osten aus. ... Denn das Ziel der Schweizer Verkehrspolitik ist, langfristig möglichst den ganzen Transitverkehr aus ökologischen und ökonomischen Gründen auf der Schiene abzuwickeln, wozu umfangreiche Investitionen im Rahmen der neuen Eisenbahnalpentransversale (NEAT) geplant und auch schon beschlossen sind. Aufgrund dieser Verkehrspolitik hat die Schweiz folgerichtig Nachtfahrtverbote über einen längeren Zeitraum verfügt als die umgebenden Staaten. Die Höchstlast für Lastkraftwagen ist zur Zeit noch mit 28 t begrenzt, während in der Europäischen Union 42 t zugelassen sind. ..."

Felix Jülg: Österreich. Perthes Länderprofile. Gotha: Klett-Perthes 2001, 133/136

19 Transitvertrag

„Zur Entspannung dieser Situation [gemeint ist der Brennerverkehr] wurde nach langen Verhandlungen 1992 ein Transitvertrag zwischen Österreich und der Europäischen Union unterzeichnet, mit dem man eine Reduktion des Straßentransits und der Umweltbelastung erreichen wollte. Eine wesentliche Rolle spielte hierbei die Einführung der sogenannten ‚Ökopunkte' ..., die bei jeder Fahrt eines Lastkraftwagen über 7,5 t im Transit abgebucht werden müssen. ... Die Höhe der abzubuchenden Punkte richtet sich nach den Abgaswerten des Fahrzeuges. ... [Zieht man Bilanz], so erkennt man, dass das Ziel der Reduzierung nicht erreicht wurde. Die Zahl der Transitfahrten hat sogar noch über das im Vertrag vorgesehene Ausmaß hinaus zugenommen. ...
Damit waren die Bemühungen, den Brenner-Transit durch Ökopunkte in den Griff zu bekommen, wenig erfolgreich. Auch andere Ansätze ... haben einstweilen kaum Resultate gebracht. Eine drastische Erhöhung der Maut auf der Brenner-Autobahn hat zu Protesten seitens der Europäischen Union und zu einem vorübergehenden Ausweichen von Lastkraftwagen auf die Tauernautobahn geführt."

Felix Jülg: a. a. O., S. 139–140

7 „Die Mitgliedschaft Österreichs in der EU hat die transalpinen Verkehrsprobleme des Landes nicht nur vergrößert, sondern Lösungen erschwert." Nehmen Sie Stellung.

8 Vergleichen Sie anhand der Grafik 16 die Entwicklung des Güterverkehrs in den drei Staaten.

9 Erläutern Sie das Schlagwort vom „Umwegtransit".

10 Diskutieren Sie Maßnahmen der Schweiz zur Eindämmung des Transitverkehrs.

11 Erörtern Sie die Frage, ob eine Intensivierung des Schienenverkehrs eine Lösung der Transitprobleme im Alpenraum sein kann.

TERRA KOMPETENT

Diese Doppelseite bietet Ihnen die Möglichkeit der Selbsteinschätzung: Beherrsche ich das erforderliche Fachvokabular – verfüge ich tatsächlich über die mit der Bearbeitung dieses Kapitels angestrebten Sach-, Methoden- und Handlungskompetenzen? Überprüfen Sie sich selbst.

Wichtige Fachbegriffe

Agrarpolitik
Agrarreform
Altindustriegebiet
COMECON (Rat für gegenseitige Wirtschaftshilfe, RGW)
Dienstleistung
Gemeinsame Agrarpolitik (GAP)
Industriepark
Infrastruktur
Just-in-time
Logistik
Mall
Marktordnung
Mobilität
MOE-Länder
Nachhaltige Rohstoffe
OPEC
Peripherie
Sanfter Tourismus
Standortfaktor
Suburbanisierung
Tertiärer Sektor
Tertiärisierung
Transeuropäische Netze (TEN)
Transformationsländer
Transitverkehr
Verdichtungsraum
Wertschöpfung

Die Definitionen dieser Begriffe finden Sie im Glossar (S. 180–185).

Wissen vernetzen

Das Kapitel informierte über die Entwicklungen und aktuellen Trends in den drei Wirtschaftssektoren sowie über die Struktur und die Besonderheiten ausgewählter Wirtschaftsräume. Ein wesentlicher Erkenntnisgewinn ist, dass entsprechend der natürlichen und demografischen Vielfalt des Kontinents auch die Wirtschaftsräume ganz unterschiedlich geprägt sind und sich aufgrund der jeweiligen natürlichen Gegebenheiten, der historisch/politischen und gesellschaftlichen Rahmenbedingungen ganz unterschiedlich entwickelt haben. Gemeinsam ist allen europäischen Ländern jedoch, dass sie sich in einem Übergangsstadium von der ehemaligen Agrargesellschaft über die Industriegesellschaft zur postindustriellen Dienstleistungsgesellschaft befinden – mit Rückwirkungen auf die einzelnen Wirtschaftsräume. Auf dem Weg dahin sind die Länder und Wirtschaftsräume jedoch unterschiedlich weit fortgeschritten. Ein Ergebnis dieses Prozesses sowie der genannten unterschiedlichen natürlichen Potenziale und soziökonomischen Rahmenbedingungen sind ausgeprägte regionale Disparitäten. Diese Disparitäten abzubauen ist eine zentrale Aufgabe der EU-Wirtschaftspolitik. Gleichzeitig muss die EU darum bemüht sein, sich im Konkurrenzkampf mit den großen Wirtschaftsmächten der Triade USA und Süd-/Südostasien zu behaupten, denn ökonomisch sieht die EU sich als Global Player im Wettstreit mit diesen beiden Konkurrenten.

1 Wirtschaftsräume Europas
Nach Haack Weltatlas, Gotha: Klett-Perthes 2007, S. 69

Material
Bogen zur Selbsteinschätzung
104105-4601

Kompetenzen überprüfen

Überprüfen Sie Ihre bei der Bearbeitung des Kapitels erworbenen Kompetenzen.
Nehmen Sie dabei die untenstehende Selbsteinschätzung Ihres Kompetenzstandes unter Verwendung der folgenden Klassifikation vor:
1 = stimmt
2 = stimmt überwiegend
3 = stimmt teilweise
4 = stimmt nicht

Eine Checkliste mit der Möglichkeit zum Kennzeichnen Ihres Kompetenzstandes steht Ihnen im Internetauftritt dieses Schulbuches unter dem Online-Link 104105-4601 zur Verfügung.
Führen Sie die Selbsteinschätzung zunächst allein durch. Vergleichen Sie dann die Ergebnisse im (Zweier-)Team. Arbeiten Sie schließlich Möglichkeiten und Methoden heraus, festgestellte Lücken zu schließen und Defizite zu beseitigen. Wenn Sie Hilfe benötigen, wenden Sie sich an Ihre betreuende Lehrerin oder Ihren Lehrer.

Sachkompetenz – Ich kann ...
- die Ziele, Entwicklung und Funktionsweise der Gemeinsamen Agrarpolitik beschreiben;
- Auswirkungen der Gemeinsamen Agrarpolitik auf landwirtschaftliche Betriebe erklären,
- die Bedeutung der Landwirtschaft in der EU analysieren;
- europäische Agrarregionen im Hinblick auf Formen und Standortvoraussetzungen vergleichen;
- die Entwicklung und den Strukturwandel europäischer Industriegebiete beschreiben;
- Industrieparks als Instrumente der Wirtschaftsförderung charakterisieren;
- Transformationsprozesse in den MOE-Ländern erläutern;
- Ursachen, Ausmaß und Folgen der Tertiärisierung beschreiben;
- die Stellung der Stadt Wien als Dienstleistungsmetropole charakterisieren;
- Auswirkungen des Tourismus auf die Wirtschafts-, Sozial- und Raumstruktur erläutern;
- Fremdenverkehrszentren hinsichtlich Entwicklung, Einrichtungen und Zielsetzung vergleichen;
- Umwelteinwirkungen des Tourismus erläutern.

Methodenkompetenz – Ich kann ...
- durch Materialauswertung Informationen zu Raum- und Wirtschaftsstrukturen gewinnen;
- anhand eines Wirkungsgeflechtes die wirtschaftliche Situation eines strukturschwachen Raumes darstellen.

Urteilskompetenz – Ich kann ...
- neue Funktionen bzw. Perspektiven der Landwirtschaft in der EU bewerten;
- Chancen und Risiken der EU-Osterweiterung für die alten und neuen Mitgliedstaaten erörtern;
- die Verkehrsentwicklung in ihrer Bedeutung für die wirtschaftliche Entwicklung eines Raumes beurteilen;
- Chancen und Umsetzungsschwierigkeiten eines „sanften Tourismus" erörtern.

Handlungskompetenz – Ich kann ...
- einen Beitrag zur nachhaltigen Landwirtschaft leisten, indem ich z. B. meine Ernährung umstelle;
- andere Personen fachlich fundiert über die Umweltwirkungen wirtschaftlicher Aktivitäten informieren;
- mich in meinem Alltag durch die Verkehrsmittelwahl für eine bessere Umweltqualität einsetzen;
- die ökologischen und gesellschaftlichen Auswirkungen meines Verhaltens als Tourist überprüfen und ggf. ändern.

5 Raum- und Wirtschaftsplanung in der EU

Europa ist ein vielgestaltiger Kontinent, in Teilen sehr dicht, in anderen dünn besiedelt, teilweise stark städtisch überformt, zum Teil sehr ländlich geprägt. Hoch entwickelte Wirtschaftsregionen stehen wirtschaftsschwachen Regionen gegenüber. Da sich die Europäische Union sowohl als Wirtschafts- als auch als Solidargemeinschaft definiert, sollen gleichwertige Lebensbedingungen nicht nur zwischen den einzelnen Mitgliedsländern, sondern auch innerhalb der jeweiligen Mitgliedstaaten geschaffen werden.
Für die Raum- und Wirtschaftsplanung sind folgende Fragestellungen von besonderem Interesse, um Entwicklungstrends und langfristig wirkende Strukturveränderungen zu erkennen und, wenn nötig, zu beeinflussen.

- Mit welchen Indikatoren lassen sich die Disparitäten innerhalb Europas erfassen und messen?
- Inwiefern sind diese regionalen Disparitäten eine politische Herausforderung?
- Wie kann ein weiteres Auseinanderdriften der einzelnen Regionen Europas verhindert werden?
- Lässt sich eine Balance erreichen zwischen der Förderung wirtschaftlich rückständiger oder geographisch benachteiligter Gebiete sowie der Stärkung der „Wachstumslokomotiven", die global wettbewerbsfähig bleiben müssen?

1

2

1 **Straßencafe in Spanien**
2 **Britische Gentlemen auf einem Empfang in London**
3 **Olivenhain im Süden der Insel Euböa (Griechenland)**
4 **Automobilwerk des Fiat-Konzerns bei Palermo (Sizilien)**
5 **Bankenviertel in London**

3

4

5

5.1 Räumliche Disparitäten in der EU

1 Bruttoinlandsprodukt in der EU in Euro/Einwohner auf NUTS-2 Basis 2007 (Screenshot der Seite www.klett-gis.de)

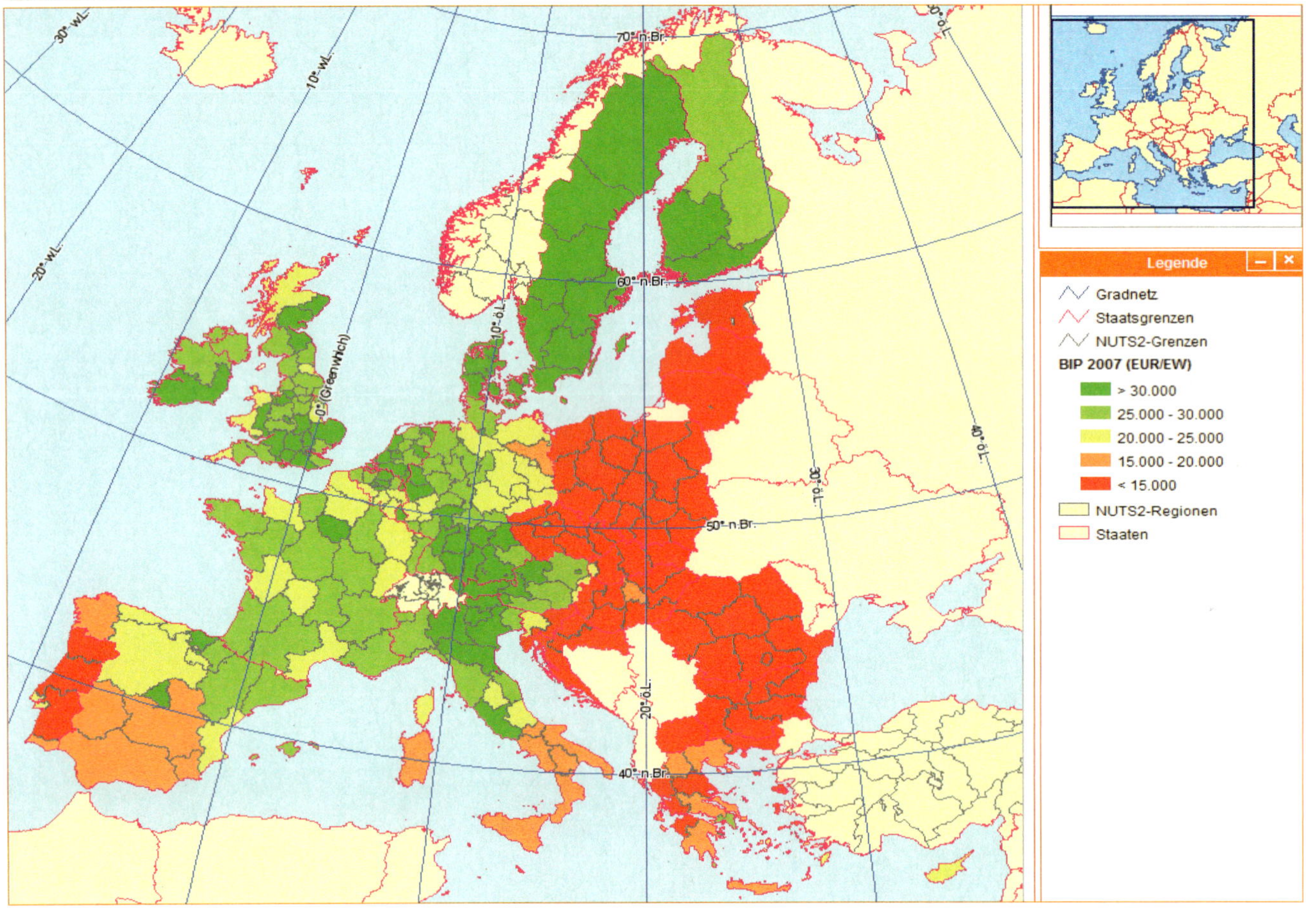

Kompetenzen in diesem Kapitel erwerben:
- Disparitäten mithilfe geeigneter Indikatoren herausarbeiten;
- unterschiedliche Lebensbedingungen in Aktiv- und Passivräumen charakterisieren;
- Disparitäten in der EU und innerhalb ihrer Mitgliedstaaten erklären;
- ein GIS als Informationsquelle nutzen.

Die **Europäische Union** zählt zu den führenden Wirtschaftsräumen der Welt. Vor allem die ärmeren Staaten dieser Erde sehen die EU als reichen, hoch technisierten Wirtschaftsblock. Dabei wird jedoch häufig übersehen, dass Reichtum und Armut sowie die Wirtschaftskraft und damit die Lebensbedingungen und -perspektiven innerhalb Europas unterschiedlich ausgeprägt sind.

Mit den Erweiterungen der EU 2004 und 2007 haben sich die schon bestehenden regionalen **Disparitäten** noch verschärft: Die Spannweite des Wohlstandsgefälles reichte 2007 bei den EU-Regionen der NUTS-2-Ebene von 26 % des Durchschnitts der EU-27 (24900 €) bis 334 %. Mehr als jede siebte Region lag über 125 % des EU-Durchschnitts, jede vierte unter 75 %.

Starke wirtschaftliche und soziale Unterschiede gibt es nicht nur zwischen den einzelnen Staaten. Auch innerhalb der meisten Staaten stehen wirtschaftsstarken **Aktivräumen** strukturschwache **Passivräume** gegenüber.

Diese regionalen Disparitäten haben ihre Ursachen in unterschiedlichen naturräumlichen Ausstattungen, z. B. mit Ressourcen, oder lassen sich durch historische und politische Einflüsse erklären. Verstärkt wurden sie durch die Industrialisierung, von der einige Räume besonders profitierten, da sich die wirtschaftliche

Material Karte Disparitäten in Europa 104105-5101

Lernen im Netz Klett GIS 104105-5102

2 Regionale Divergenzen innerhalb der EU27 (NUTS-2-Regionen): BIP je Einwohner (in KKS) 2006

Nach Frank Thalheimer: Regierungsbezirke Stuttgart und Karlsruhe unter den wirtschaftsstärksten Regionen Europas. In: Statistisches Monatsheft Baden-Württemberg 5/2009, S. 26

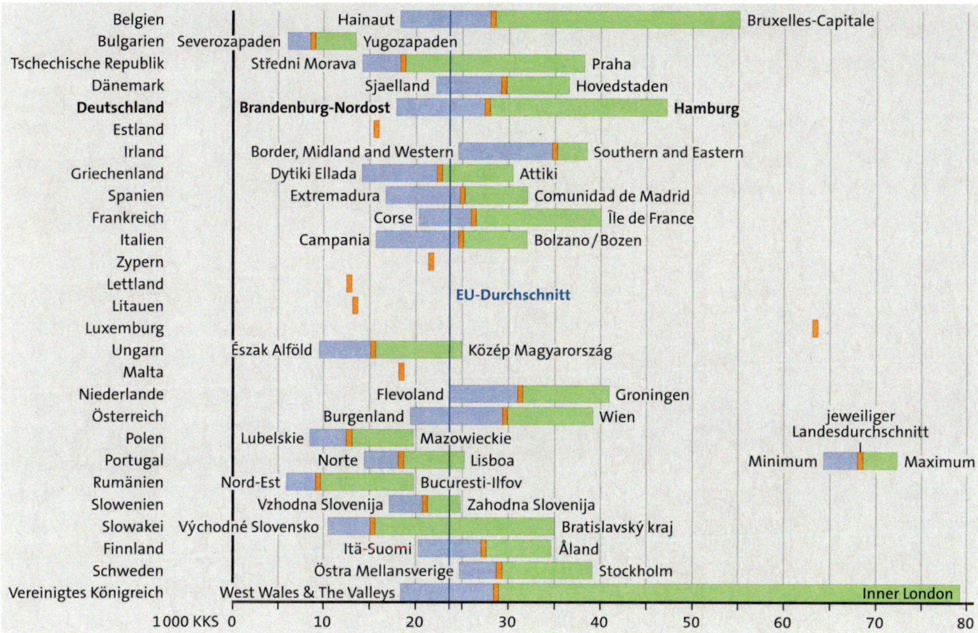

Seite 88
Kaufkraftstandard (KKS)

Dynamik in erster Linie auf die Städte bzw. auf bereits bestehende Aktivräume konzentrierte. Disparitäten werden normalerweise mithilfe des Bruttoinlandsprodukts (BIP) aufgezeigt. Als weitere Indikatoren können die Arbeitslosen- oder die Beschäftigungsquote, die Ausprägung der Wirtschaftssektoren, Zuwanderungen bzw. -abwanderungen, Ausgaben für Forschung und Entwicklung, aber auch Bildungschancen, der Zugang zur Infrastruktur oder Wanderungssalden, Mietkosten und Grundstückspreise herangezogen werden.

Die **EU-Raumordnungspolitik** sieht eine ihrer Hauptaufgaben darin, diese strukturellen Unausgewogenheiten abzubauen, um so den politischen Einigungsprozess zu fördern. Die Angleichung soll aber keineswegs die kulturelle Identität der Regionen gefährden. „Einheit und Vielfalt" heißt die Devise.

Auf den Folgeseiten werden beispielhaft ein Passivraum und ein Aktivraum gegenübergestellt. Anschließend werden Instrumente und Maßnahmen analysiert und bewertet, mit denen der Abbau der regionalen Disparitäten erreicht werden soll.

1 Charakterisieren Sie mithilfe der Karte 1 das Wohlstandsgefälle in der EU.

2 In der EU spricht man vom „Nord-Süd-Gefälle". Erörtern Sie, ob und inwieweit diese grobe Einteilung gerechtfertigt ist.

3 Arbeiten Sie mit dem Atlas:

a) Beschreiben Sie, in welchen EU-Ländern die innerstaatlichen Disparitäten besonders groß bzw. klein sind.

b) Erklären Sie am Beispiel einer strukturschwachen und -starken Region Ursachen der jeweiligen wirtschaftlichen Situation.

4 Arbeiten Sie mit einem Web-GIS:

a) Erstellen Sie mithilfe des WebGIS Karten, die regionale Disparitäten mit anderen Indikatoren als dem BIP aufzeigen.

b) Vergleichen Sie diese mit der Karte des BIP.

3 Beschäftigungs- und Arbeitslosenquote in Italien 2008

Nach Istituto nazionale di statistica: Rapporto Annuale. La situazione del Paese nel 2008. Roma: Istituto nazionale di statistica 2009, S. 132

4 Bruttoinlandsprodukt je Einwohner in Italien 2007 nach NUTS-2 in KKS (EU-27 = 100)

Nach Eurostat Pressemitteilung STAT/10/25 vom 18. Februar 2010, unter: http://europa.eu

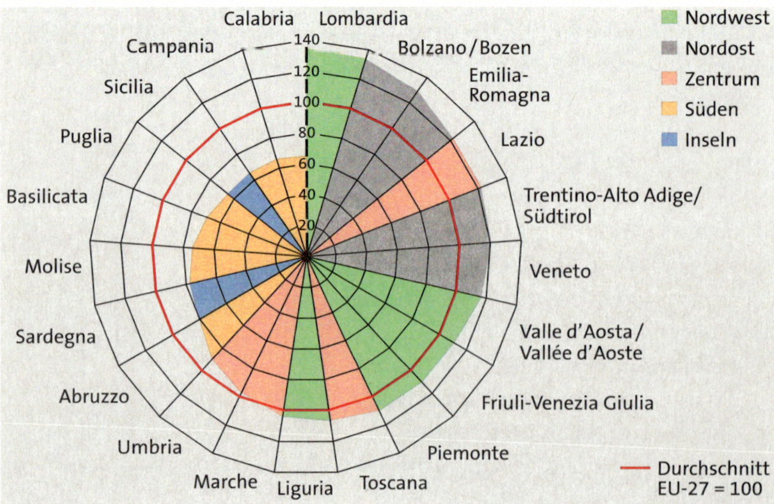

„Europas Stiefel drückt und zwickt"

5 Italien: Das Nord-Süd-Gefälle

„Kaum ein anderes europäisches Land ist von derart tief greifenden Unterschieden im Niveau der wirtschaftlichen Betätigung allgemein, der Innovationsaktivität, des Lebensstandards, der Erwerbstätigkeit, der Qualität der Dienstleistungen, der Ausstattung des Verkehrswesens oder der Kommunikationsinfrastruktur im Besonderen gekennzeichnet wie Italien. Große Armut, Analphabetentum, immer noch tief verwurzelte kriminelle Organisationen, Schattenwirtschaft und Hilflosigkeit prägen weithin das wirtschaftliche und soziale Leben des Mezzogiorno. Demgegenüber können die Regionen des Nordwestens, des Nordostens und des Zentrums zum Teil in Europa als Vorbilder für die Leistungsfähigkeit von vernetzten regionalen und lokalen Produktionsgemeinschaften gelten."

Helmut Druke: Europas Stiefel drückt und zwickt. In: Aus Politik und Zeitgeschichte. B. 35–36. Bonn: bpb 2004, S. 23

Historische Ursachen der Disparitäten

Die Wurzeln des deutlichen Nord-Süd-Gegensatzes gehen weit in die Geschichte des Landes zurück: Der Süden stand sehr lange unter permanenter Fremdherrschaft und wies ein zentralistisches Feudalsystem auf. Während zu Beginn des 19. Jahrhunderts im Norden die Industrialisierung, verbunden mit Verkehrsaufbau und Freihandel, einsetzte, verharrte der Süden im Feudalismus. Die Dominanz der Landwirtschaft gegenüber der einsetzenden merkantilistischen Staatsindustrie mit Schutzzöllen blieb bestehen. So konnte sich nur der Norden zu einer modernen Industriegesellschaft entwickeln. Der Mezzogiorno, d.h. die Regionen im Süden und die Inseln Sizilien und Sardinien, blieben ein wirtschaftliches und soziales Problemgebiet. Auch die politische Einigung Italiens im Jahre 1861 konnte die **Disparitäten** nicht beseitigen. Große Teile der Bevölkerung wanderten daher nach Norditalien, in das europäische Ausland oder nach Übersee aus.

Material
Infoblatt Industriedistrikte und das Dritte Italien
104105-5103

6 Italien – zwei Länder?

„Der eine Teil der italienischen Gesellschaft ist der reiche und industrialisierte Norden, der andere jedoch der wirtschaftlich unterentwickelte Mezzogiorno (Süden). ...
Das Geld, das die italienische Regierung und die EU in den Mezzogiorno gepumpt hat, floss zum größten Teil in die Korruption und in die allgegenwärtige Mafia. Das Unbehagen über diese Tatsache wurde in den letzten Jahren im Norden immer größer, bis es schlussendlich zur Gründung der ziemlich radikalen Partei Lega Nord kam. Parteichef Umberto Bossi und seine Anhänger sehen sich dazu berufen, einen unabhängigen norditalienischen Staat zu gründen. Bossi meinte, dass es sich jetzt zur Genüge gezeigt habe, dass sich der Mezzogiorno einfach vom Norden ernähren lasse, anstatt selbst zu arbeiten."

Samuel Weber: Italien – zwei Länder? unter: www.in-italy.de/italien/artikel/3483-italien-zwei-laender (Zugriff vom 13.03.2010)

7 Strukturförderung im Mezzogiorno

„[Das derzeitige] Regionalprogramm für die italienische Region Molise ... fällt unter das Ziel ‚Regionale Wettbewerbsfähigkeit und Beschäftigung' und verfügt über einen Gesamtetat von rund 192 Mio. EUR. ...
Es wird erwartet, dass das Programm unter anderem folgende Wirkung haben wird:
- 2 600 neue Arbeitsplätze (mindestens 50 % für Frauen);
- Steigerung der Arbeitsproduktivität ... um 7,3 %;
- Erhöhung der Beschäftigungsquote von Arbeitskräften im Alter von 15 bis 64 Jahren um 7 %;
- Steigerung des Anteils des Ausfuhrwerts am Bruttoinlandsprodukt (BIP) der Region um 2,2 %;
- Reduzierung der Abhängigkeit von der Außenhilfe um 11,6 %, gemessen als prozentualer Anteil der Einfuhren am gesamten BIP der Region;
- Verringerung des CO_2-Ausstoßes in der Region von 2 Tonnen jährlich pro Einwohner auf 1,6 Tonnen."

Europäische Kommission: Operationelles Programm ‚Molise', Brüssel: Europäische Kommission 2008, S. 1 f.

Hilfe für den Süden
Nach dem 2. Weltkrieg wurde von den italienischen Regierungen mit Reformen und Gesetzen versucht, die großen Gegensätze auszugleichen. So wurde u.a. 1950 das nationale Entwicklungsprogramm „Cassa per il Mezzogiorno" zur Förderung der Landwirtschaft, des Straßenbaus und von Industrieansiedlungen ins Leben gerufen, um die Armut Süditaliens zu überwinden und neue Arbeitsplätze zu schaffen. Als diese „Südkasse" 1993 wegen Ineffizienz und Überschuldung durch zu teuere Projekte aufgelöst wurde, hatte sich der erhoffte Aufschwung nur begrenzt eingestellt. Die Förderung der Landwirtschaft erfolgte nach dem Gießkannenprinzip, die darauf folgende Strategie der Wachstumspole schuf zwar Industriezonen durch Großkomplexe, diese wurden aber als „cattedrale nel deserto" bezeichnet, als Kathedralen in der Wüste, weil die Bauwerke mehr die Landschaft veränderten als die sozioökonomische Struktur. Der erhoffte trickle-down-Effekt in Form vermehrter Ansiedlung von Zulieferbetrieben blieb aus.
Der Mezzogiorno ist heute in die Regionalpolitik des gesamten Landes zur Stützung strukturschwacher Gebiete und in die Strukturförderung der EU eingebunden.

5 Beschreiben Sie mithilfe der Karte 3 regionale Disparitäten in Italien.
6 Arbeiten Sie aus Grafik 4 eine Gliederung Italiens nach der Wirtschaftskraft heraus.
7 Diskutieren Sie die Abspaltpläne Norditaliens vor dem Hintergrund eines zusammenwachsenden Europas.
8 Strukturförderung im Mezzogiorno
a) Bewerten Sie die Erfolge des Entwicklungsprogramms „Cassa per il Mezzogiorno".
b) Beurteilen Sie die Erfolgsaussichten der derzeitigen Strukturförderung im Mezzogiorno am Beispiel der Region Molise.

8 **Die Skyline von London**

9 **Die Region Greater South East in Großbritannien**

Die Region Greater South East:
- erwirtschaftet rund 42 % des BIP von GB (rund 2,2 Billionen € 2009),
- hat rund 46 % aller registrierten Unternehmen (rund 750 000),
- zieht 60 % aller privaten Investition in Forschung und Entwicklung und
- 70 % aller Risikokapital-Investitionen an,
- beherbergt 71 % der 131 Hochschulen,
- ist Ziel von 60 % aller ankommenden Containerschiffe,
- ist ein wichtiges kulturelles Zentrum,
- richtet die Olympischen Spiele 2012 aus.

Greater South East: Europe's leading super-region

Der **Aktivraum** Greater South East, bestehend aus London und den Regionen South East und East of England, weist eine Einwohnerzahl von 21 Millionen oder 35 % der Bevölkerung des Vereinigten Königreichs auf. Er trägt jedoch weit mehr zur Wirtschaft bei, als es seinem Bevölkerungsanteil entspricht.

Über 600 000 Menschen aus der Region East und Southeast pendeln täglich nach London. Damit wachsen die Verflechtungen zwischen den drei Regionen. London ist der bedeutendste Finanzplatz der Welt, weit vor New York oder Frankfurt. Während das Kapital Inner London in Bewegung hält und als Magnet für die Zentralen vieler Unternehmen fungiert, erfüllen die Regionen South East und East stärker eine „Zulieferfunktion", z. B. in den Bereichen Forschung und Entwicklung und Unternehmensdienstleistungen. Mit ihren See- und Flughäfen erfüllen sie gleichzeitig eine wichtige Rolle für die Verkehrsanbindung und Logistik.

10 **Commuter trains from Calais to Kent 'could be running before 2012 Olympics'**

"A commuter 'metro' train between France and Britain which would confirm the Calais area as a 'suburb of London' could be up and running in time for the 2012 Olympics, a French mayor has claimed today.
The service, could link the cities of Lille and London, with journey times of just over an hour, claimed Dominique Dupilet, head of the Pas-de-Calais council.
He said plans for the new train were well advanced, adding: 'We are a suburb of London and we have to draw from England every development opportunity that we can get.'"

Peter Allan in: Mail Online, vom 05.02.2010, unter: www.dailymail.co.uk/news/worldnews/article-1248558/Metro-commuter-trains-Calais-Kent-running-2012-Olympics.html

Die Region gilt als „Powerhouse", als Kraftwerk der britischen Wirtschaft. Um auch in Zukunft den Herausforderungen gegenüber anderen Global Cities z. B. aus Südasien und Ostasien gerecht werden zu können, versucht die Region alles, um nicht nur ihr Wachstum weiter zu steigern, sondern auch ihre Position innerhalb der globalisierten Wirtschaft zu verbessern.

11 Entwicklungsplan der Teilregion South East

Nach The South East Plan Secretary of State's Proposed Changes, Summary prepared by the South East England Regional Assembly, July 2008, p. 22, "South East Plan Key Diagram" © Crown copyright. All rights reserved. Government Office for the South East Licence No. 100018986 (2008), unter: www.southeast-ra.gov.uk/southeastplan/consultation/proposed_changes/proposed_changes_summary_with_maps_july08.pdf

12 Die City of London – das neue Empire

„Die City ist nicht größer als ein Dorf. Nicht einmal 10 000 Menschen wohnen hier. Aber mehr als 200 000 arbeiten in dieser Zentrifuge des Geldes, deren Kräfte die entlegensten Winkel der Erde erreichen. Rund ein Viertel des gesamten internationalen Devisenhandels wird hier abgewickelt, 2006 waren es mehr als 800 Milliarden Dollar. Jeden Tag werden außerbörsliche Derivate im Wert von 643 Milliarden Dollar gehandelt .... London ist der am stärksten globalisierte Handelsplatz der Welt."

John F. Jungclaussen: Das neue Empire, vom 01.10.2007, unter: www.zeit.de/2007/40/London-Finanzmarkt?page=all

9 Beschreiben Sie die Bedeutung der Region Greater South East für die Wirtschaft Großbritanniens.

10 Arbeiten Sie Vor- und Nachteile heraus, die das Leben in einem Aktivraum wie der Region Greater South East mit sich bringt.

11 Der durchschnittliche Zeitaufwand für Pendler beträgt für die einfache Wegstrecke in Italien 25 Minuten, in Frankreich 35 und in England 45 Minuten. Beurteilen Sie, ob die Gegend um Calais zum Vorort von London werden könnte.

12 Teilregion South East
a) Beschreiben Sie den Entwicklungsplan der Teilregion South East.
b) Beurteilen Sie, inwieweit er die ehrgeizigen Ziele der Region vorantreiben kann.

13 Erstellen Sie anhand der Seiten 130 bis 135 eine Übersicht mit Kennzeichen von Aktiv- und Passivräumen.

5.2 Raumordnung in der Europäischen Union

1 EU-Fördergebiete 2007–2013 (NUTS-2-Regionen)

Nach Europäische Kommission, unter http://ec.europa.eu/regional_policy/atlas2007/index_de.htm, Juli 2006

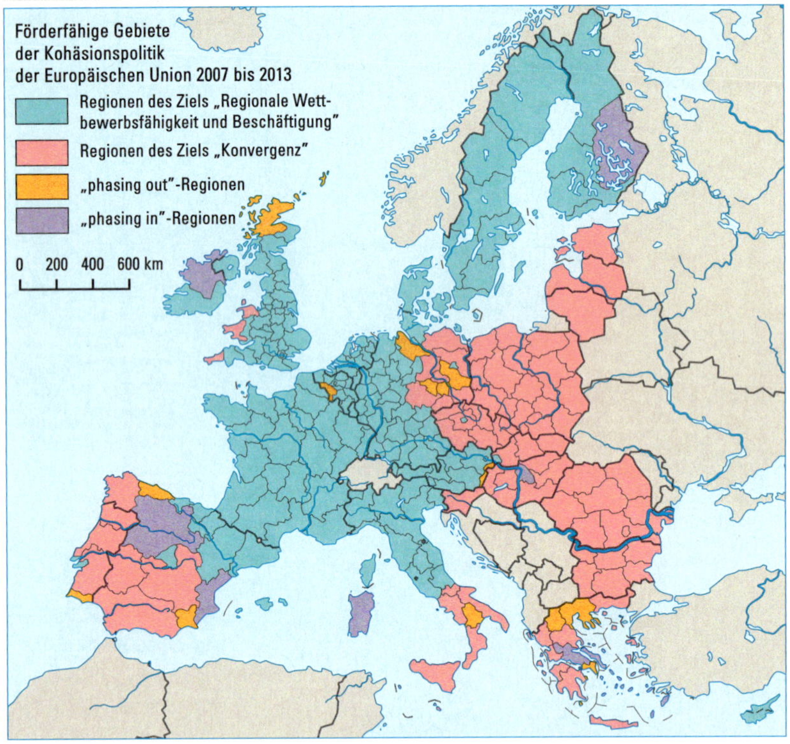

Die Strukturpolitik der Europäischen Union

Um das Strukturgefälle zwischen den einzelnen europäischen Regionen zu verringern und eine ausgewogene räumliche Entwicklung zu erreichen, hat sich die Europäische Union zum Ziel gesetzt, Programme und Maßnahmen zu unterstützen, die regionale Entwicklungen fördern. Sie verfolgt damit gleichzeitig die Absicht, den wirtschaftlichen und sozialen Zusammenhalt innerhalb der Europäischen Union zu stärken. Die Mittel für die Regionalpolitik bilden für die Laufzeit 2007 bis 2013 den zweitgrößten Posten des EU-Haushalts. Für die Strukturhilfen wurden drei Fonds eingerichtet: Zwei sogenannte **Strukturfonds** – der Europäische Fonds für regionale Entwicklung (EFRE) und der Europäische Sozialfonds (ESF) – sowie der Kohäsionsfonds. Dazu kommt noch der Europäische Verbund für territoriale Zusammenarbeit (EVTZ).

Kompetenzen in diesem Kapitel erwerben:
- erklären, auf welcher Grundlage die EU Regionen fördert;
- die Instrumente der europäischen Raumordnung beschreiben;
- ein gelungenes Beispiel europäischer Regionalförderung darstellen;
- die Folgen der jüngsten EU-Erweiterungen für die Raumordnung beurteilen;
- europäische Raumentwicklungskonzepte erläutern.

2 Förderschwerpunkte der EU 2007–2013

Nach Europäische Kommission, unter http://ec.europa.eu/regional_policy/index_de.htm (Zugriff vom 12.04.2010)

Programme und Instrumente	Kriterien für die Förderung
Ziel KONVERGENZ (Beschleunigung der wirtschaftlichen Konvergenz der Regionen mit großem Entwicklungsrückstand durch Verbesserung der Voraussetzungen für Wachstum und Beschäftigung)	
Nationale und regionale Programme (EFRE, ESF)	Regionen mit BIP/Kopf < 75 % in der EU-25
Nationale und regionale Programme (EFRE, ESF)	„Phasing-out"-Regionen: hatten in der EU-15 ein BIP/Kopf unter 75 % der EU und in der EU-25 ein BIP >75 %, wären also nicht mehr förderungsfähig.
Kohäsionsfonds	Mitgliedstaaten mit BIP/Kopf < 90 % der EU-25
Ziel REGIONALE WETTBEWERBSFÄHIGKEIT UND BESCHÄFTIGUNG	
Regionale Programme (EFRE) Nationale Programme (ESF)	Im Prinzip alle Regionen außerhalb des Konvergenzzieles; Mitgliedstaaten schlagen Liste vor
„Phasing-in" (EFRE)	Regionen mit Entwicklungsrückstand, die nicht vom Konvergenzziel betroffen sind; hatten diesen Status bereits zwischen 2000 und 2006
Ziel EUROPÄISCHE TERRITORIALE ZUSAMMENARBEIT	
Grenzüberschreitende und transnationale Programme/Netzwerke	transnationale Kooperationsräume, Netzwerke

Material
Infoblatt Europäische Union
104105-5201

3 Strukturmaßnahmen der EU 2007–2013: Aufgaben und vorgesehene Finanzinstrumente

„Der EFRE hat die Aufgabe, Investitionen zu fördern und zum Abbau der regionalen Ungleichgewichte in der Union beizutragen. Finanzierungsschwerpunkte sind Forschung, Innovation, Umweltschutz und Risikoprävention, wobei auch den Infrastrukturinvestitionen vor allem in den Regionen mit dem größten Entwicklungsrückstand weiterhin eine wichtige Rolle zukommt. ...

Der ESF stärkt die Wirtschafts- und Sozialpolitik der EU, indem er zur Verbesserung von Beschäftigung und Beschäftigungsmöglichkeiten beiträgt. Der ESF unterstützt die Maßnahmen der Mitgliedstaaten zur Verbesserung der Anpassungsfähigkeit der Beschäftigten und der Unternehmen, der sozialen Eingliederung benachteiligter Personen, der Investition in Humankapital und der Leistungsfähigkeit und der Effizienz des öffentlichen Dienstes. ...

Der Kohäsionsfonds ... stärkt den wirtschaftlichen und sozialen Zusammenhalt der Gemeinschaft im Interesse der nachhaltigen Entwicklung, vor allem in den Bereichen transeuropäische Verkehrsnetze und Umweltschutz. ... Rund 167,2 Millionen Europäer ... leben in einer vom Kohäsionsfonds geförderten Region.

Der Europäische Verbund für territoriale Zusammenarbeit (EVTZ) zielt darauf ab, die gegenwärtigen Hindernisse für die grenzüberschreitende Zusammenarbeit zu beseitigen. Der Verbund wird Programme oder Projekte im Rahmen der grenzüberschreitenden Zusammenarbeit durchführen."

Amt für amtliche Veröffentlichungen der Europäischen Gemeinschaften: Die Kohäsionspolitik 2007–2013. Erläuterungen und offizielle Texte. Luxemburg: EU 2007. S. 96 ff.

4 Beispiele für die Strukturförderung

Campania, Italy (EU-contribution 1,358 Mrd. €)
"With some 3.5 million people living in and around Naples, frequent, hassle-free and comfortable rail travel has become a priority for Campania. The Regional Metro System (RMS) project addresses this priority, incorporating sustainable mobility and environmentally friendly solutions. ... Metro Line 1 is a great infrastructure born to resolve the problems of city mobility. With a ring route 27 km in length and with 28 stations, the line connects the city's nerve centres: the suburbs, the residential areas, the historic centre, the port, the railway station, the administrative centre and the airport."

Solán, Czech Republic
(EU-contribution 173 000 €)
"The highlands in the east of Moravia, and their peak – Solán, have long been popular with tourists. To cater for the continued interest, a new information centre has been built offering not only valuable information to tourists but also a selection of cultural activities. Exhibitions, concerts and similar events are all hosted in the new centre."

Europäische Kommission, unter:
http://ec.europa.eu/regional_policy/projects/stories/index_de.cfm?pay=IT&region=ALL&the=ALL&type=ALL&per=2
(Zugriff vom 01.04.2010)

1 Arbeiten Sie aus der Karte 1 Regionen heraus, welche:
a) Strukturhilfen wegen ihres Entwicklungsrückstandes erhalten,
b) wegen der Osterweiterung nicht mehr die Konvergenzkriterien erfüllen, aber noch übergangsweise unterstützt werden.

2 Strukturförderung der EU:
a) Beschreiben Sie die beiden Beispiele der Strukturförderung (Text 4).
b) Beurteilen die Wirksamkeit und Bedeutung der Maßnahmen.

3 Überprüfen Sie an einem Beispiel Zielsetzungen und Auswirkungen der europäischen Strukturförderung (siehe ONLINE-Link).

Irland – Erfolge der EU-Strukturpolitik

5 Cavan Innovation and Technologie Center – ein EU gefördertes Projekt

6 Wirtschaftskraft je Einwohner in der EU 2008

7 Die irische Erfolgsstory

„Als Irland der EG/EU 1973 zusammen mit Großbritannien und Dänemark beigetreten ist, war es das Land mit dem niedrigsten Pro-Kopf-Einkommen in der damaligen Gemeinschaft der Neun. Als strukturschwaches Land profitierte Irland maßgeblich von den Fördermitteln der EU ... Irland konnte in der zweiten Hälfte der [19-]neunziger Jahre das größte Wirtschaftswachstum in der EU verzeichnen. Während sich in diesem Zeitraum im EU-Binnenmarkt das Bruttosozialprodukt jährlich um durchschnittlich 2,5 Prozent erhöhte, waren es in Irland durchschnittlich 9,4. ...

Irland ist pro Kopf gerechnet nach Singapur und Belgien der drittgrößte Exporteur der Welt. So wurde Irland in den [19-]80er Jahren eines der führenden Länder im Bereich der Kommunikationstechnologie, und es kam darüber hinaus zu einem kräftigen Aufschwung im Bereich der exportierenden Industrien wie Elektrotechnik, Maschinenbau und Chemie. ...

Als treibende Kräfte für die wirtschaftliche Dynamik Irlands werden eine vergleichsweise junge und gut ausgebildete Erwerbsbevölkerung, vergleichsweise günstige Produktionskosten und investitionsfreundliche rechtliche Rahmenbedingungen sowie eine gute Forschungsinfrastruktur gesehen. Vier von zehn Iren sind unter 25 Jahre, der Anteil der Studierenden ist in den letzten zehn Jahren um 80 Prozent angestiegen und die Forschungseinrichtungen haben sich verdoppelt. Der Anteil der Bevölkerung mit Hochschulabschluss ist der höchste in ganz Europa. Jährlich verlassen zum Beispiel rund 500 Biotechnologie-Absolventen die irischen Universitäten."

Forschungsgruppe Jugend und Europa der Ludwig-Maximilians-Universität München, unter: http://szenarien.fgje.de/laender/ie.htm (Zugriff vom 02.04.2010)

In Anlehnung an die bis vor kurzem boomenden „Tigerstaaten" Südostasiens bezeichnet man Irland wegen seines rasanten Wirtschaftswachstums gern als den „Keltischen Tiger". Durch die gezielte Strukturpolitik der EU wurde aus dem wirtschaftsschwachen klassischen Auswanderungsland am Rande Europas eine Boom-Region. Irland wurde der europäische Anziehungspunkt für Investoren aus aller Welt. Aus dem einstigen Armenhaus wurde das Land mit dem zweithöchsten Pro-Kopf-Einkommen der EU, aus dem Auswanderungs- ein Einwanderungsland. Nach 1990 entwickelten sich Wirtschaft und Lebensqualität besonders rasant.

8 Grundstein des irischen Erfolges

„1987 legte die irische Regierung ihr „Program for Prosperity and Fairness‘ auf. Es verpflichtete die Gewerkschaften zu Lohnzurückhaltung und Streikverzicht, die Regierung zur Steuersenkung, was Unternehmen und Arbeitnehmer finanziell entlastete. Günstige Investitionsbedingungen und schnelle Genehmigungsverfahren für Industrieansiedlungen – die Investment and Development Agencies erledigten einen Niederlassungsantrag in zwei Monaten – zogen trotz der Randlage in Europa Kapital an, vor allem amerikanisches. Über 570 US-Unternehmen schufen bis 2004 mit Direktinvestitionen von 34 Mrd. US-$ rund 90 000 Arbeitsplätze."

Lorenz Deuringer et al.: Fundamente Kursthemen Europa. Leipzig: Klett 2006, S. 154

10 Wanderungen in die EU und in der EU

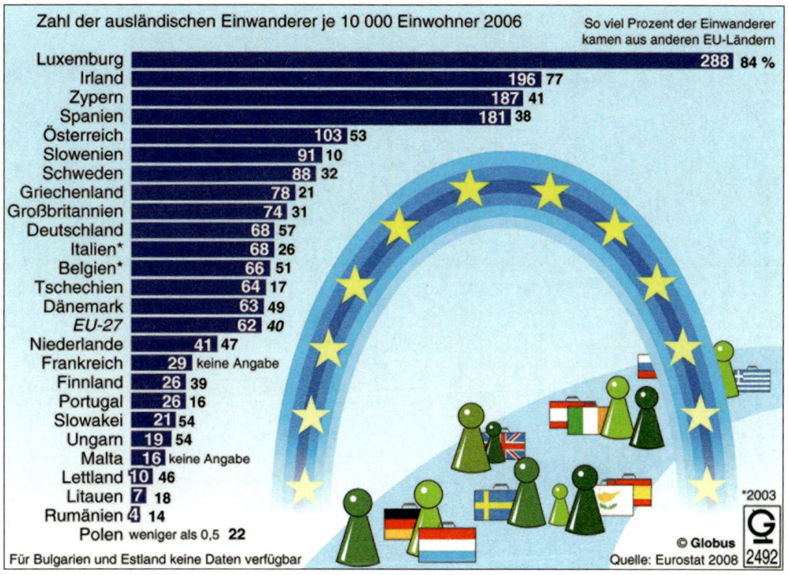

9 Entwicklung von Wirtschaftswachstum und Arbeitslosenquote in Irland

Nach Central Statistics Office of Ireland, unter: www.cso.ie (Zugriff vom 20.02.2010), ergänzt

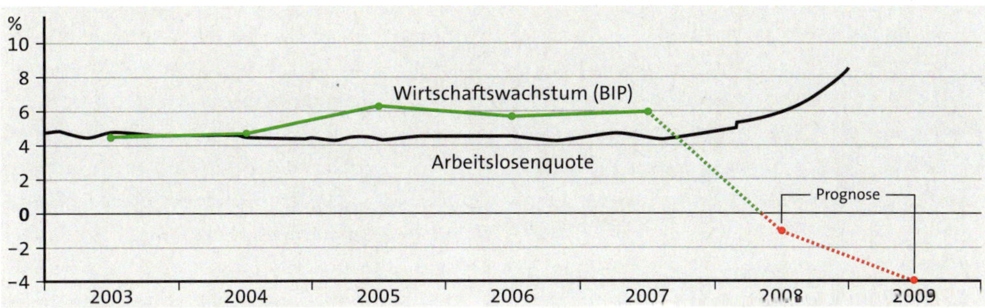

Die Erfolgsgeschichte hatte jedoch auch ihre Schattenseiten. Der einstige „Musterschüler der EU" lief Gefahr, Opfer seines eigenen Erfolgs zu werden: Vollbeschäftigung und Immobilienboom bedrohten die Preisstabilität. Arbeitskräfte waren schwerer zu bekommen, die Arbeitskosten stiegen. Die Insel drohte zu teuer zu werden, Nachahmer schickten sich an, sie zu übertrumpfen. Die ersten Unternehmen begannen in billigere Staaten, vor allem ins östliche Europa, abzuziehen.

Die weltweite Wirtschaftskrise beschleunigte die Talfahrt Irlands. Der „keltische Tiger" schlitterte in die Krise, da der heimische Immobilienmarkt vollkommen überhitzt war. Als erstes EU-Land stürzte Irland Ende 2008 in die Rezession. Mit einem radikalen Sparprogramm soll nun ein drohender Staatsbankrott abgewendet werden.

4 Beschreiben Sie mithilfe der Grafiken 6 und 10 die Wirtschaftskraft Irlands und die Stellung des Landes innerhalb der EU.

5 Erläutern Sie, wie sich Irland vom „Armenhaus Europas" zum „Irischen Tiger" entwickeln konnte.

6 „Der letzte [Ire], der das Land verlässt, macht das Licht aus."
Nehmen Sie zu diesem Ausspruch aus den frühen 1980er-Jahren Stellung.

7 Erläutern Sie, weshalb es zu einem Rückschlag bei der irischen Erfolgsstory kam.

EU-Erweiterungen – Herausforderungen für die Raumordnung

11 „Selbstverständlich ist das Projekt solide finanziert! Warum fragst Du?“

12 Europa ist erweiterungsmüde

„Seit dem 1. Dezember 2009 ist der Lissabon-Vertrag in Kraft. Obwohl der Vertrag auch die Grundlage für eine Debatte über die künftigen Grenzen der EU schaffen sollte, redet im Moment niemand mehr von einer EU-Erweiterung, bemerkt die Tageszeitung Postimees: Der Stern des Themas EU-Erweiterung begann aber schon früher zu sinken, und wirklich populär war das Thema in Westeuropa schon 2005 nicht mehr – das war auch einer der Gründe für das Scheitern der Verfassung bei den Volksabstimmungen in Frankreich und den Niederlanden. Die folgende interne Krise der EU hat die Sache nicht besser gemacht, und darum ist seit dem Beitritt von Rumänien und Bulgarien im Wesentlichen nur noch von Kroatien als künftigem Mitglied die Rede. ... Die übrigen Kandidatenländer auf dem Balkan und die Türkei sind jedoch in Vergessenheit geraten, und das wird sich im kommenden Jahrzehnt kaum ändern.“

Postimees – Estland vom 23.02.2010, unter: www.bpb.de/themen/005UGS,0,Erweiterung_der_EU.html

13 Das Erbe der sozialistischen Zeit als Herausforderung für die Osterweiterung

„Die Europäische Union [steht] nicht nur vor der Herausforderung, die mit der Erweiterung stark anwachsenden regionalen Disparitäten in der gesamten EU zu mindern, sondern auch die Entwicklungsunterschiede innerhalb der neuen Mitgliedstaaten abzubauen. Als Problemgebiete erweisen sich in den mittel- und osteuropäischen Ländern (MOEL) neben Altindustriegebieten vor allem die ländlichen Räume. Diese haben in der Vergangenheit häufig zu wenig Aufmerksamkeit erfahren. Regionalpolitische Maßnahmen und lokale Institutionen spielten während der sozialistischen Zeit nur eine unbedeutende Rolle. Seit 1990 haben insbesondere die großen Städte vom Transformationsprozess profitiert, und die Disparitäten zwischen ländlichen und städtischen Gebieten sind gewachsen. ...
[Zur] sozialistischen Zeit stellte eine relativ einheitliche Einkommensverteilung ein wichtiges politisches Ziel dar. In den zentralgelenkten Wirtschafts- und Gesellschaftssystemen Mittel- und Osteuropas waren interpersonale und -regionale Einkommensunterschiede daher viel schwächer ausgeprägt als in den stärker am Leistungsprinzip orientierten marktwirtschaftlichen Ländern Westeuropas. Es ist daher nicht verwunderlich, dass seit dem Beginn der Transformation zu einem marktwirtschaftlichen System die Einkommensunterschiede in den MOEL zugenommen haben.
Damit einhergehend wurde vor allem in Lettland, Bulgarien und Rumänien für große Teile der (insbesondere ländlichen) Bevölkerung Armut zu einem Problem. ... Der ländliche Raum [hat zudem häufig] ... eine geringe Bevölkerungsdichte, ... eine unzureichende Infrastruktur, eine immer noch relativ starke Abhängigkeit von der Landwirtschaft, eine hohe Arbeitslosigkeit, fehlende Beschäftigungsalternativen und die Abwanderung junger, ausgebildeter Arbeitskräfte.“

Sabine Baum, Peter Weingarten: Interregionale Disparitäten und Entwicklung ländlicher Räume als regionalpolitische Herausforderung für die neuen EU-Mitgliedstaaten. In: Agrarwirtschaft 54 (2005), Heft 4, S. 210 f.

Material
Infoblatt EU-Erweiterung
104105-5202

Material
Infoblatt Erweiterungskandidaten
104105-5203

Beispiel:
Europäische Regionalpolitik für Rumänien
Die EU fördert die neuen Beitrittsländer wie beispielsweise Rumänien mit dem Ziel einer ausgewogenen und nachhaltigen wirtschaftlichen und gesellschaftlichen Entwicklung der Regionen unter Berücksichtigung der jeweilige Bedürfnisse und Ressourcen. Regionen mit Entwicklungsrückstand werden dabei bevorzugt. Schwerpunkte der Projekte sind allerdings auch städtische Wachstumspole, die Verbesserung der Rahmenbedingungen für Unternehmen und grundlegende Infrastrukturen. Die gezielte Förderung der städtischen Wachstumspole soll zu einer polyzentrischen Entwicklung Rumäniens beitragen.

14 Programm „Regionalpolitik Rumänien"

„Die Europäische Kommission [hat] das ‚Operationelle Programm Regionalpolitik' ... für Rumänien für den Zeitraum 2007–2013, das mit Mitteln aus dem Europäischen Fonds für regionale Entwicklung (EFRE) gefördert wird, [gebilligt]. Das Gesamtbudget des Programms beträgt rund 4,38 Mrd. €, und die Förderung durch die Gemeinschaft beläuft sich auf 3,7 Mrd. € (dies entspricht ca. 19 % der gesamten in Rumänien im Rahmen der Kohäsionspolitik 2007–2013 investierten EU-Fördergelder)."

Nach Europäische Kommission, unter http://ec.europa.eu/regional_policy/country/prordn/details_new.cfm?gv_PAY=RO&gv_reg=ALL&gv_PGM=1041&LAN=4&gv_per=2&gv_defL=4 (Zugriff vom 12.04.2010)

15 Projekt Donaubrücke

"A new bridge spanning the Danube River ... between Bulgaria and Romania is due to open in 2011. ..., it will provide a vital link on a key priority route of the Trans-European Transport Network ... . The bridge will facilitate increased long-distance traffic and trade between south-eastern Europe and Turkey and central Europe. Planners also expect investment in the project to stimulate the local economy and generate employment."

Nach Europäische Kommission, unter http://ec.europa.eu/regional_policy/projects/stories/details_new.cfm?pay=RO&the=60&sto=1721&lan=7&region=ALL&obj=ALL&per=2&defL=de (Zugriff vom 12.04.2010)

16 Natürliche Bevölkerungsentwicklung und Migration in der EU-27

Nach Europäische Union, unter: www.espon.eu/export/sites/default/Documents/Publications/TerritorialObservations/TrendsInPopulationDevelopment/map_1_typology_of_population_development_2001-2005.pdf (Zugriff vom 30.03.2010)
Anmerkung: Natürliches Bevölkerungswachstum: Saldo von Geborenen und Sterbefällen

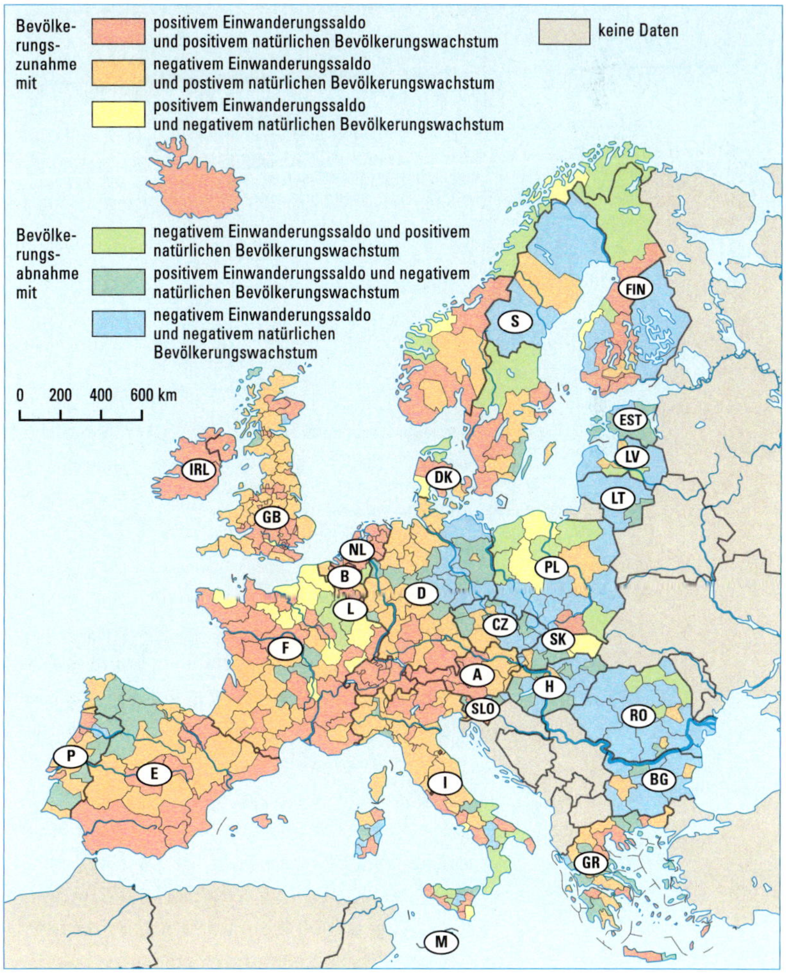

8 Arbeiten Sie aus der Karikatur 11 und dem Quellentext 12 heraus, weshalb Europa als „erweiterungsmüde" bezeichnet wird.

9 Erklären Sie, weshalb die Osterweiterung als Herausforderung betrachtet wird.

10 Vergleichen Sie die Bevölkerungsentwicklung der Beitrittsländer zur EU von 2004 und 2007 mit jener der „alten" EU-Staaten.

11 Beurteilen Sie am Beispiel des Projekts „Donaubrücke" die EU-Hilfen für Rumänien.

Europäische Raumordnungskonzepte

17 Raumbilder in Europa

ergänzt und aktualisiert nach Roger Brunet: Les Villes européennes. Rapport pour la Délégation à l'Amènagement du Territoire at à l'Action Régionale (DATAR). La Documentation Francaise 5. Paris: Reclus 1989

Die „Blaue Banane"

1989 veröffentliche Roger Brunet, Mitglied der französischen Raumordnungsbehörde DATAR, eine Studie zur Darstellung der Aktivitätszentren in Europa, die in der Literatur unter dem Namen „**Blaue Banane**" Berühmtheit erlangte. Brunets Absicht war es, die französische Regierung auf Defizite in ihrer Regional- und **Raumordnungspolitik** aufmerksam zu machen, indem er bewusst die Wirtschaftszentren Île de France (Paris) und Lyon/Marseille aussparte. Die wirtschaftliche Bedeutung und Stärke des Streifens der Blauen Banane liegt nämlich sowohl im Sekundären als auch im Tertiären Sektor.

Das Modell entwickelte schnell Eigendynamik und beeinflusste entscheidend das Handeln politischer und wirtschaftlicher Entscheidungsträger.

18 Die „Blaue Banane", kein planerisches Leitbild

„Die ‚Blaue Banane' ist eine geographische Metapher für den europäischen Raum mit dem größten Wirtschaftspotenzial, der als gekrümmtes Agglomerationsband von London über die holländische Randstad sowie das Rhein-Ruhr- und Rhein-Main-Gebiet bis nach Mailand reicht. ...

Die als ‚Rückgrat' (Dorsale) bezeichnete Zone, in der die meisten europäischen Städte liegen, hat sich in Deutschland als ‚Blaue Banane' verselbstständigt, meist noch inhaltlich angereichert wie etwa als ‚Blaue Banane des Wohlstands' oder als ‚Blaue Banane des Wachstums'. Inzwischen ist die Banane eine der meistzitierten kartographischen Darstellungen unserer Tage. Sie taucht in vielen Versionen auf, sowohl in seriösen regionalwirtschaftlichen Untersuchungen als auch in spekulativen Medienbeiträgen oder Glossen, leider häufig falsch zitiert oder als planerisches Leitbild für die Zukunft Europas missinterpretiert."

Dr. Horst-Jürgen Wienen: Die stadtgeprägte Raumstruktur von Europa seit dem Beginn der 1990er Jahre im Umbruch. Blaue Banane oder Kreuzbanane mit südeuropäischem Sonnengürtel?; in: Stadtforschung und Statistik. Zeitschrift des Verbandes Deutscher Städtestatistiker, Heft 2/1994

Das „Pentagon" – zentraler Kernraum

Zurzeit gibt es in Europa nur eine einzige größere herausragende Region weltwirtschaftlicher Integration: das sogenannte „Pentagon". Damit ist das von den Städten London, Paris, Mailand, München und Hamburg begrenzte Fünfeck gemeint. Dieser Kernraum der EU besitzt eine ausgezeichnete Infrastruktur und bietet hochwertige Wirtschafts- und Dienstleistungsfunktionen. Dem „Pentagon" stehen extrem strukturschwache Regionen gegenüber, die besonders gefördert werden. Gleichzeitig sollen aber auch weltwirtschaftliche Integrationszonen entstehen, d. h. Städtenetze und Netze von Metropolregionen, die die Konkurrenzkraft der EU im globalen Wettbewerb stärken. Von maßgeblicher Bedeutung ist dabei der Ausbau der Verkehrs- und Kommunikationsnetze.

Material

Infoblatt Wirtschaftsräume in Europa - Die „Blaue Banane“
104105-5204

19 Szenarien: Europa im Jahr 2030 – mögliche Wege der wirtschaftlichen Entwicklung

Nach Bundesministerium für Verkehr, Bau und Stadtentwicklung (Hrsg.): Karten zur Europäischen Raumentwicklung, Berlin: Selbstverlag 2007, S. 28

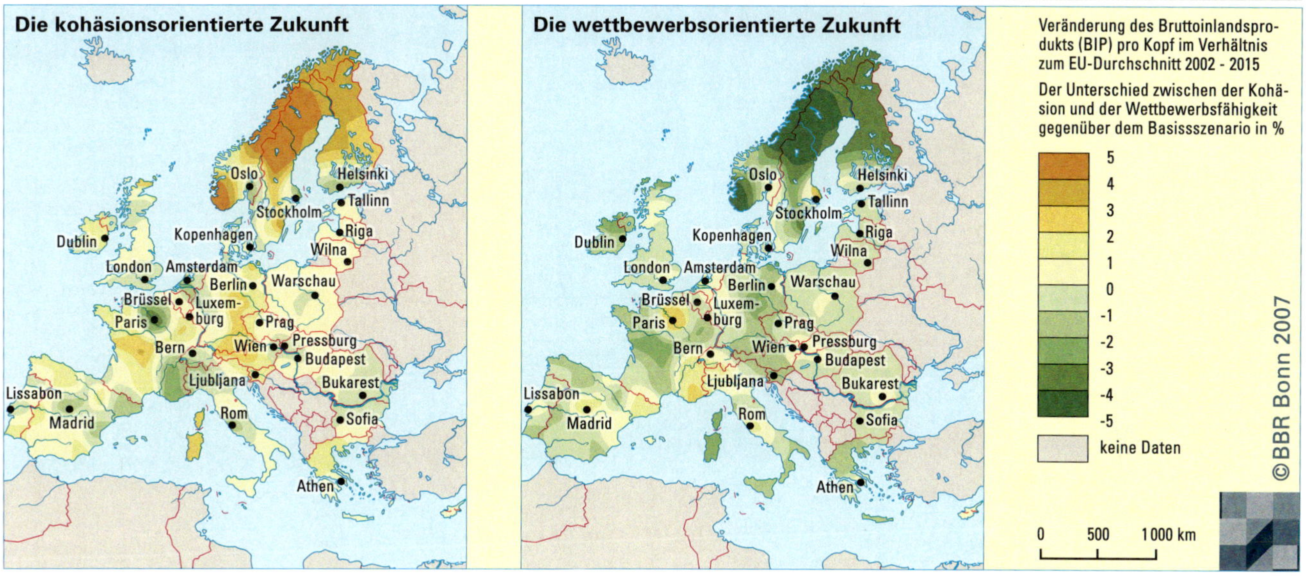

20 Europäisches Raumentwicklungskonzept (EUREK): Polyzentrische Entwicklung

„Der Weg Europas zu einer innovativen, wettbewerbsfähigen und nachhaltigen Region wird bestimmt sein durch ein ausbalanciertes Gefüge von Regionen und einem polyzentrischen Städtenetz sowie dem ausgeglichenen Verhältnis von urbanen und ländlichen Gebieten. ...

Verglichen mit früheren Bildern verändert sich die europäische Raumstruktur von einem monozentrischen hin zu einem stärker polyzentrisch geprägten Kontinent. In den Innovationspotenzialen Europas tritt das Pentagon allerdings wieder hervor.“

Bundesministerium für Verkehr, Bau und Stadtentwicklung (Hrsg.): Ebenda, S. 12

Das mögliche Europa von morgen

Modellrechnungen und Trend-Szenarien des ESPON-2006-Programms (European Spatial Planning Observation Network – ein von der Europäischen Kommission ins Leben gerufenes Forschungsnetzwerk zur Beobachtung der europäischen Raumentwicklung) zeigen unterschiedliche regionale Auswirkungen bei unterschiedlichen politischen Entwicklungsansätzen. Das kohäsionsorientierte Modell ist auf einen wirtschaftlichen, sozialen und territorialen Zusammenhalt ausgerichtet. Das wettbewerbsorientierte Szenario hingegen geht von grundlegenden Veränderungen aus, hin zu mehr Innovation, neuen Technologien und einer verbesserten Erreichbarkeit vor allem der Metropolen.

EUREK:

Rahmen der Raumordnung, über den die EU-Mitglieder raumordnerisch wirksam werden können.

Ziele:

- ausgewogenes, polyzentrisches Städtesystem
- gleichwertiger Zugang zu Infrastruktur und Wissen
- nachhaltige Entwicklung
- Schutz von Kultur und Naturerbe

12 Beschreiben Sie die Lage innerhalb Europas:
a) des zentralen Kernraums „Pentagon“
b) der „Blauen Banane“.

13 Erläutern Sie die Kriterien, nach denen die beiden Modelle abgegrenzt sind.

14 Erörtern Sie Vor- und Nachteile von mono- und polyzentrischer Entwicklung.

15 Diskutieren Sie die Szenarien (Karten 19).

TERRA **METHODE**

Ein Geographisches Informationssystem (GIS) ist ein Werkzeug, das geographische Objekte und Räume mit ihren Sachdaten verknüpft. Diese können analysiert und sowohl tabellarisch als auch in thematischen Karten dargestellt werden.
Im Internet steht z. B. unter www.klett-gis.de ein solches Web-GIS bereit.

1 Abfrageergebnis: EU-Staaten mit einen BIP unter 75 % des EU-Durchschnitts 2007

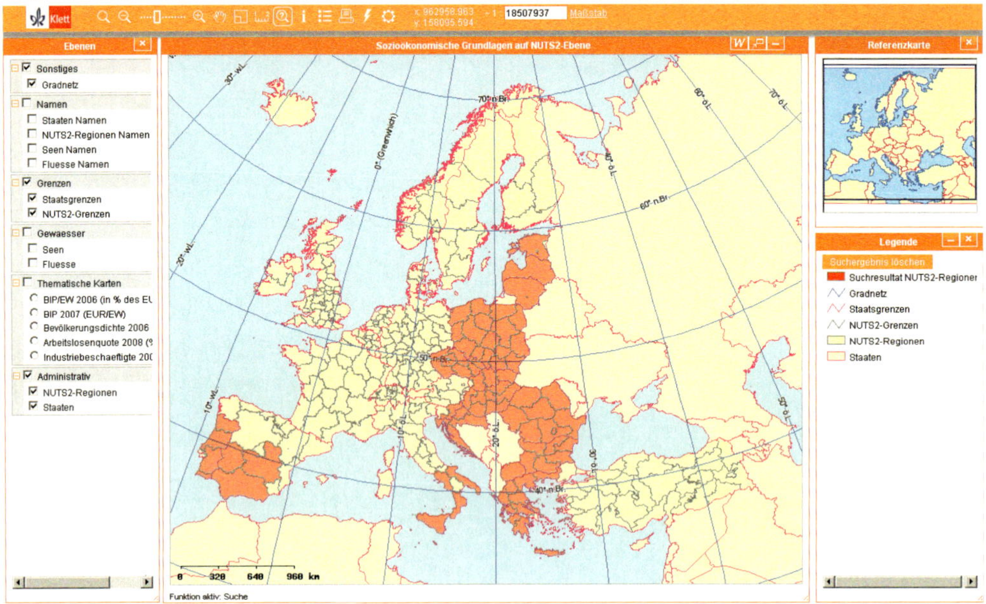

Mit Geographischen Informationssystemen (GIS) arbeiten
Beispiel: Räumliche Disparitäten in Europa auf NUTS-2-Ebene messen und darstellen

Um soziale und wirtschaftliche Entwicklungen in den europäischen Teilräumen (auf NUTS-2-Ebene) zu analysieren sowie zu vergleichen, ist eine umfassende Recherche von vielen Daten notwendig, die mit einem WebGIS zeitsparend und effektiv durchgeführt werden kann. Am Beispiel der NUTS-2-Regionen Campania (Mezzogiorno) und Inner London soll dies verdeutlicht werden.

2 Oberer Teil der Datentabelle zur NUTS-2-Region Campania

Infowerkzeug

NUTS2-Regionen

NUTS2-Code	ITF3
NUTS2-Name	Campania
Länder-Code	ITA
Fläche 2006 (km²)	13590
Fläche 2007 (km²)	13590
Fläche 2008 (km²)	-
Bevölkerung 2006	5790929
Bevölkerung 2007	5790187
Bevölkerung 2008	5811390

1. Schritt: Vorgefertigte Karten abrufen

- Öffnen des GIS-Projektes „Europa“ und Aufrufen der „Sozioökonomischen Grundlagen auf NUTS-2- Ebene“;
- Aktivieren des Ordners „Thematische Karten“;
- Markieren der gewünschten thematischen Karte;
- Aktivieren der Zeile „NUTS-2-Regionen“ in der Legende;
- Aktivieren des Buttons „Neuzeichnen“;
- Vergleichen der gewünschten NUTS-2-Regionen, z. B. Campania und Inner London.

2. Schritt: Informationen über eine Region gewinnen

Beispiel NUTS-2-Campania:

- Vergrößern des Kartenausschnitts mit dem Vergrößern-Button, bis die Region Campania dargestellt wird;

Lernen im Netz
Klett GIS
104105-5205

- Aktivieren der Zeile „NUTS-2-Regionen“ in der Legende;
- Aktivieren des Info-Werkzeugs;
- Suchen und Anklicken der NUTS-2-Region Campania mit dem Cursor. Daraufhin erscheint der gesamte gespeicherte Datensatz für Campania (Ausschnitt in M 2).

3. Schritt: Regionen vergleichen

Beispiel NUTS-2-Regionen Campania und Inner London:

- Aktivieren des Suche-Button;
- Eingeben der Ebene: NUTS-2-Regionen;
- Auswählen des Attributs NUTS-2-Name;
- Eingeben des ersten Wertes: Campania;
- Aktivieren von „Bedingung hinzufügen“;
- Aktivieren der Verbindungsrelation „oder“;
- Eingeben des 2. Wertes: Inner London (vgl. M 3);
- Suche starten;
- Ergebnistabelle auswerten (vgl. M 4);
- fakultativ: Tabelle in Excel exportieren und speichern, bzw. Regionen auf Karte anzeigen lassen.

4. Schritt: Regionen klassifizieren

Beispiel NUTS-2-Regionen mit einem BIP unter 75 % des EU-Durchschnitts ermitteln.

- Aktivieren des Suche-Buttons;
- Eingeben der Ebene: NUTS-2-Regionen;
- Auswählen des Attributs: BIP 2007 (€ je EW in % des EU-∅);
- Auswählen des Operators: < ;
- Eingeben des Wertes: 75 (vgl. M 5);
- Suche starten;
- Abfrageergebnis (vgl. M 6) auf Karte anzeigen lassen (vgl. M 1).

5. Schritt: Regionen klassifizieren nach mehreren Kriterien

- Vorgehen wie bei Schritt 4;
- Abfragen weiterer Attribute mit „Bedingung hinzufügen“ und Verbindungsrelation „und“;
- Eingeben der Operatoren und Werte; der Button „Wert eingeben“ hilft bei der Einteilung der Schwellenwerte.

3 Suchfenster nach aktiviertem Such-Button: Basisdaten zu den Regionen Campania und Inner London

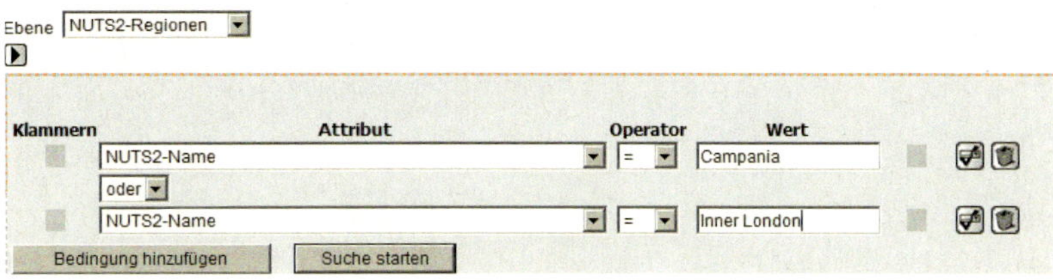

4 Teil der Ergebnistabelle zu den Basisdaten der Regionen Campania und Inner London

Tabelle exportieren | Suche verfeinern | Zurücksetzen

	NUTS2-Code	NUTS2-Name	Länder-Code	Fläche 2006 (km²)	Fläche 2007 (km²)	Fläche 2008 (km²)	Bevölkerung 2006	Bevölkerung 2007	Bevölkerung 2008
☐	ITF3	Campania	ITA	13590	13590		5790929	5790187	5811390
☐	UKI1	Inner London	GBR	319	319	319	2958600	2986600	3015000

☐ alle (an | ab)haken | auf Karte zeigen
Seite 1 / 1 1 30 Treffer / Seite 1 - 2 / 2 Treffern

5 Suchfenster nach aktiviertem Such-Button: NUTS-2-Regionen mit einem BIP unter 75 % des EU-Durchschnitts

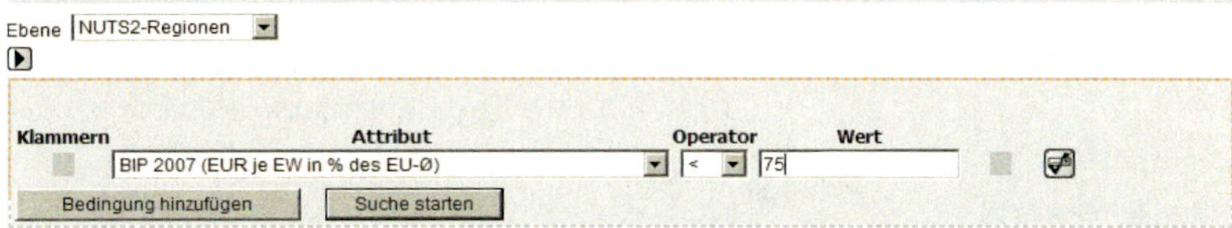

6 Klassifikation nach mehreren Kriterien

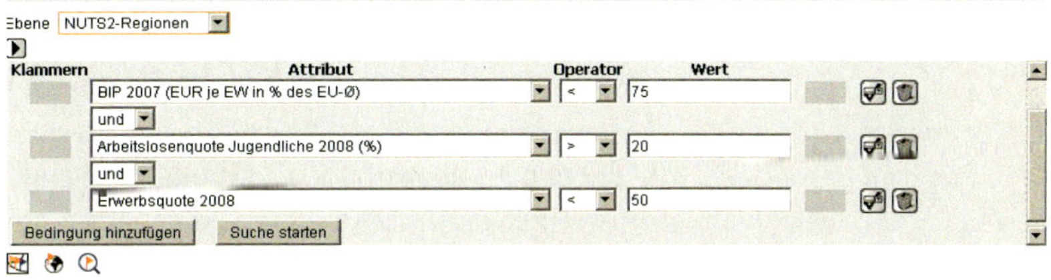

7 Teil der Ergebnistabelle der Klassifikation nach mehreren Kriterien

	NUTS2-Code	NUTS2-Name	Länder-Code	Fläche 2006 (km²)	Fläche 2007 (km²)	Fläche 2008 (km²)
☐	HU23	Dél-Dunántúl	HUN	14169	14169	14169
☐	HU31	Észak-Magyarország	HUN	13430	13431	13433
☐	HU32	Észak-Alföld	HUN	17729	17729	17729
☐	HU33	Dél-Alföld	HUN	18338	18338	18337
☐	ITF3	Campania	ITA	13590	13590	
☐	ITF4	Puglia	ITA	19358	19358	

1 Arbeiten Sie mithilfe der Schritte 1 und 2 Informationen zu einer selbstgewählten NUTS-2-Region heraus.

2 Vergleichen Sie – wie in den Schritten 3 und 4 angegeben – zwei Regionen ihrer Wahl.

5.3 Integration in Grenzräumen – die Euregio-Idee

1 Logos der fünf Euregios im Grenzgebiet zwischen Belgien, den Niederlanden und Nordrhein-Westfalen

Kompetenzen in diesem Kapitel erwerben:

- die historisch-geographischen Hintergründe der Euregio-Idee beschreiben;
- die Intentionen dieser Idee darstellen;
- anhand einer konkreten Euregio diese Intentionen erläutern;
- die besondere Rolle Deutschlands innerhalb der Euregio-Idee erklären;
- auf der Grundlage einer Internetrecherche ein Porträt einer Euregio erstellen.

Stellt man die Frage nach den Fortschritten bei der europäischen Integration, so fällt die Antwort schwer. Wie die bisherigen Kapitel zeigten, gibt es zahlreiche Fortschritte, die sich durch Stichworte beschreiben lassen: der freie Grenzverkehr durch das Schengener Abkommen, das Europäische Parlament als Vertretung der europäischen Völker, die Erweiterung der Gemeinschaft nach Osten und Südosten, der EURO als gemeinsame Währung in mittlerweile 22 Staaten. Dies sind wichtige Klammern im Bewusstsein der EU-Bürger. Andererseits ist auch Europa-Skepsis vorhanden, besonders in den alten Mitgliedstaaten, ausgelöst beispielsweise durch den EU-Bürokratismus oder durch die starke Osterweiterung der Jahre 2004 und 2007.

Neben den Integrationsbemühungen auf staatlicher Ebene sind besonders die an der regionalen Basis zu nennen. Mit der Einrichtung der ersten grenzüberschreitenden **Euregio** im Jahr 1958 („EUREGIO" im deutsch-niederländischen Grenzgebiet bei Gronau und Enschede) begann eine Erfolgsgeschichte. Heute gibt es weit über 150 dieser Zusammenschlüsse im EU-Raum.

2 Die Überwindung der Grenzen durch die Euregios

„Grenzen sind Narben in der Geschichte, die vor allem den Grenzregionen zahlreiche Nachteile bringen. In der Tat waren Grenzgebiete oft ein Spielball zwischen den Nationen. Dies gilt auch – oder gerade – für die fünf Partnerregionen in der Euregio Maas-Rhein [s. folgende Doppelseite], die gegen ihren Willen oftmals ihre staatlichen Zugehörigkeit wechselten. Historisch unverrückbare Fakten, die der wirtschaftlichen, sozialen und auch kulturellen Entwicklung kaum förderlich sein konnten.
Besonders die kriegerisch-mörderischen Auseinandersetzungen der ersten Hälfte des 20. Jahrhunderts in Europa haben bewirkt, dass sich Wirtschaft, Verkehr, Kultur und Besiedlung von den Zentren zu den politischen Grenzen hin abschwächten. Die Grenzlandschaften entwickelten sich von daher nicht selten zu strukturschwachen, unzureichend erschlossenen Gebieten. Ein Trend, der mitunter gar mit einem Identitätsverlust der Bevölkerung einherging.
Heute jedoch haben Grenzen in Europa ihre nationalstaatliche Sperrwirkung früherer Zeiten weitgehend verloren. Geblieben sind aber dennoch manche wirtschaftliche und soziale Unterschiede, die dank der Anfang der 1970er-Jahre angelaufenen verstärkten euregionalen Kooperation abgebaut werden können und sollen.
Durch die verbesserte Integration unter euregionalen Partnern können diese Arbeitsgemeinschaften an den Grenzen aus einer drohenden individuellen Isolation ausbrechen und gleichzeitig zu Brückenköpfen und Impulsgebern für eine beschleunigte Einigung Europas werden."

Stichting EUREGIO MAAS-RIJN: Geschichte, unter: www.euregio-mr.org/emr_site/site_de/emr/geschichte.php (Zugriff vom 20.04.2010)

Material
Infoblatt Euregios
104105-5302

Material
Infoblatt EU-Regionalpolitik
104105-5303

3 Die Euregios an den Grenzen der Bundesrepublik Deutschland

Die Umsetzung der Euregio-Idee begann im Westen Deutschlands. Das hing zum einen damit zusammen, dass sich hier die gemeinsamen Grenzen mit den damaligen EWG-Nachbarn Niederlande, Belgien, Luxemburg und Frankreich befanden, zum anderen damit, dass ganz bewusst die Überwindung der Feindschaft mit den ehemaligen Gegnern des Zweiten Weltkrieges gesucht wurde. Erst später kamen die Euregios im Süden Deutschlands hinzu und nach dem Fall des „Eisernen Vorhangs" seit Beginn der 1990er-Jahre schließlich die an der Ostgrenze.

1 Fassen Sie die wichtigsten Aussagen des Quellentextes 2 in Thesenform zusammen.

2 Erläutern Sie auf diesem Hintergrund die Aufgaben, welche die Euregios für das Zusammenwachsen Europas erfüllen können.

3 „Deutschland kommt bei der europäischen Integration schon aufgrund seiner Lage eine Schlüsselrolle zu." Beurteilen Sie diese Aussage mithilfe der Karte der Euregios.

4 **Euregio Maas-Rhein**

Nach Haack Weltatlas, Gotha: Klett-Perthes 2007, S. 107

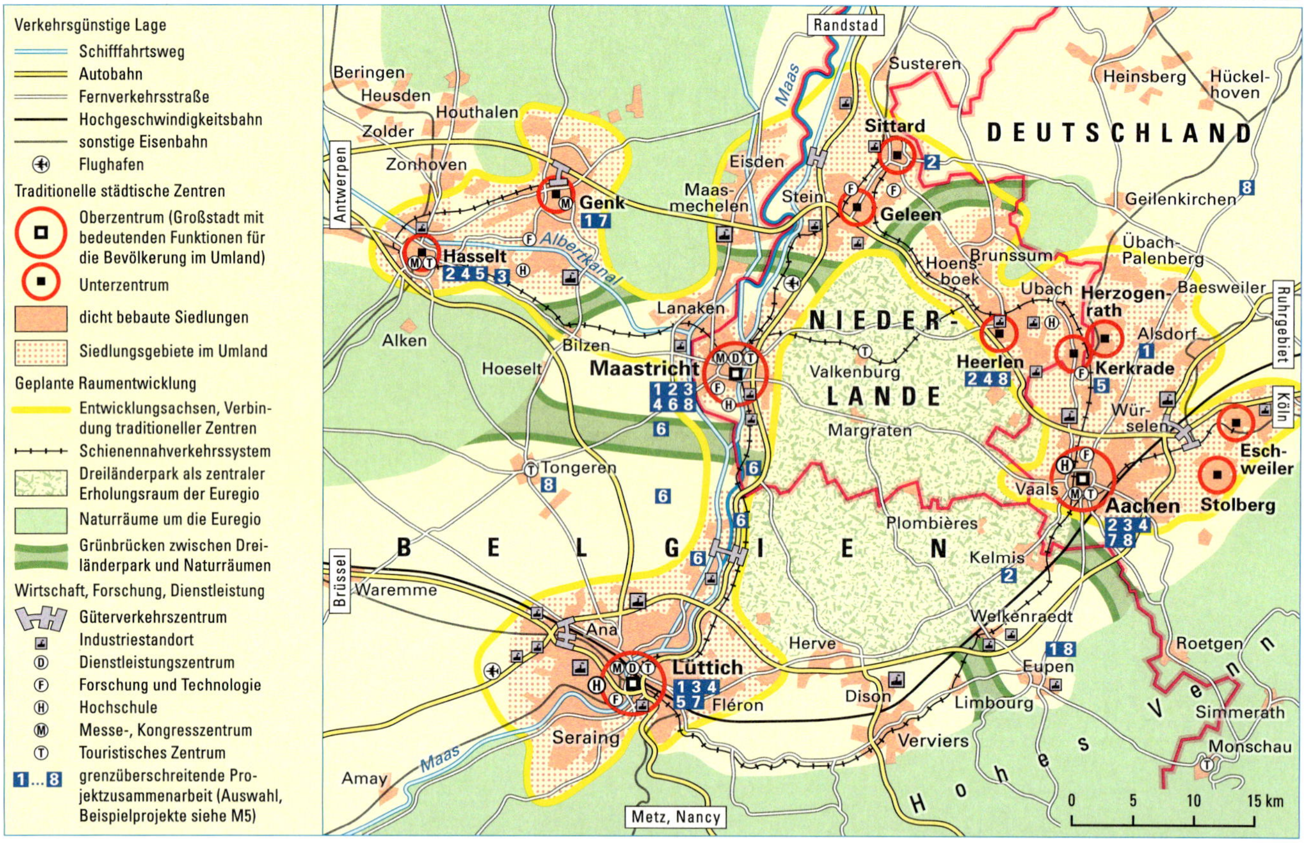

5 **Zusammenarbeit in der Euregio Maas-Rhein: Grenzüberschreitende Projekte 2000–2008 mit Beteiligung der Europäischen Union im Rahmen des INTERREG-III-Programms**

Nach Haack Weltatlas, Gotha: Klett-Perthes 2007, S. 107

Aufgabenbereiche	Beispielprojekte (Ort der Ausführung siehe Karte 4)
Infrastrukturausbau (7 Projekte) 7,7 Mio. € Gesamtkosten 3,5 Mio. € EU-Zuschüsse	1 GEMAAL: Umbau alter Industrieanlagen zur kulturellen Nutzung 2 ÖPNV-Sofortmaßnahmen: Planung neuer Bahnverbindungen für den Pendlerverkehr
Wirtschafts-, Wissenschafts- und Technologieförderung (22 Projekte) 33,0 Mio. € Gesamtkosten 16,5 Mio. € EU-Zuschüsse	3 ALMA GRID: Aufbau und Nutzung einer Datenbank für biotechnologische Forschungsarbeiten 4 Cœr(s) de ville: Koordinierte Ausgestaltung und Nutzung von Innenstädten als Orte der euregionalen Begegnung
Naturschutz und Landschaftspflege (12 Projekte) 22,9 Mio. € Gesamtkosten 11,5 Mio. € EU-Zuschüsse	5 EBGN – Jardins botaniques: Netzwerk botanischer Gärten 6 Sint Pietersberg: Zusammenführung und Rekonstruktion einer landschafts-historischen Kleinregion für eine touristische Nutzung
Arbeitsmarkt und Ausbildung (14 Projekte) 23,2 Mio. € Gesamtkosten 11,7 Mio. € EU-Zuschüsse	7 Campus Automobile: Aus- und Weiterbildung im Automobilsektor, Erforschung und Erprobung technischer Innovationen und neuer Materialien
Gesellschaftliche und soziale Integration (22 Projekte) 17,7 Mio. € Gesamtkosten 8,2 Mio. € EU-Zuschüsse	8 Politiesamenwerking: Aufbau eines trilateralen Zentrums polizeilicher Kooperation zur effizienteren Bekämpfung der grenzüberschreitenden Kriminalität

Material
Infoblatt Euregio Maas-Rhein
104105-5304

Surftipp
Euregio Maas-Rhein
104105-5305

6 Aachen-Heerlen: Firmengebäude im grenzüberschreitenden Gewerbepark Avantis

8 Gewerbepark AVANTIS im Modell

7 Charakteristika und Intentionen der Euregio Maas-Rhein

„Als grenzüberschreitender Raum im Dreiländereck der Niederlande, Belgiens und Deutschlands vereint die Euregio Maas-Rhein fünf Partnerregionen. Auf einer Fläche von 10745 km² zählt sie 3,7 Mio. Einwohner, davon rund 1,5 Millionen Arbeitnehmer, und es werden drei Sprachen gesprochen – Deutsch, Französisch und Niederländisch –, was aus der Region ein wahrhaftes Labor dessen macht, was einmal das Europa von morgen sein kann. Mit seinen Schwachstellen (darunter die unvermeidlichen Konflikte zwischen den spezifischen Interessen der einzelnen Regionen und dem Gemeingut der Euregio), aber insbesondere mit seinen unbestreitbaren Trümpfen.
An der Nahtstelle der großen wirtschaftlichen und industriellen Zentren des nordwestlichen Europas (Paris, Luxemburg, Brüssel, das deutsche Ruhrgebiet und die holländische Randstad) nimmt die Euregio Maas-Rhein eine äußerst günstige geographische Lage ein ...
Die großen Seehäfen Antwerpen und Rotterdam sind nicht weit und in unmittelbarer Nähe liegen [z. B.] die regionalen Flughäfen Airport Lüttich und Maastricht-Aachen Airport sowie die internationalen Flughäfen Düsseldorf, Köln, Amsterdam und Brüssel ... Trümpfe weist die Euregio Maas-Rhein auch in den Bereichen Ausbildung und Forschung auf. Fast 100 000 Studenten besuchen die fünf Universitäten ..., die zahlreichen Fachhochschulen, Forschungszentren und Universitätskliniken, die sich einander stark ergänzen."

Stadt Aachen: Wirtschaft in der Euregio Maas-Rhein, unter: www.aachen.de/DE/wirtschaft_technologie/euregio_europa/euregio_maas_rhein/index.html und Euregio Maas-Rhein, unter: www.aachen.de/DE/stadt_buerger/europa/euregio/index.html (Zugriff vom 20.04.2010)

4 Beschreiben Sie anhand der Karte 4 die Struktur der Euregio Maas-Rhein.

5 Analysieren Sie die Euregio auf typische Merkmale sowie auf Intentionen und Maßnahmen hin.

6 Erarbeiten Sie auf der Grundlage einer Internetrecherche ein Porträt einer weiteren Euregio. Als Grundlage für Ihre Auswahl kann die Karte auf S. 147 dienen.

TERRA **KLAUSURTRAINING**

Klausuren zählen zu den wichtigsten Leistungsnachweisen der gymnasialen Oberstufe. Sie unterscheiden sich in ihrem Aufbau und dem Anforderungsniveau kaum von den Abiturprüfungsaufgaben. Einzig die Länge und der zu bearbeitende stoffliche Umfang sind geringer. Es ist daher wichtig, das Schreiben von Klausuren zu trainieren.
Für die Bearbeitung dieses Klausurbeispiels ist es hilfreich, sich im hinteren Teil des Buches einen Überblick über die Anforderungsbereiche und Operatoren zu verschaffen.

10 Tipps zum Bearbeiten einer Klausur

1. Die Struktur der Antwort steckt meistens schon in der Aufgabenstellung.
   - Lesen Sie die Aufgabenstellung gründlich durch und überlegen Sie: Was wird gefordert? Welches Material kann welchen Aufgaben zugeordnet werden?
   - Markieren Sie Schlüsselbegriffe, die Ihnen die gestellten Anforderungen erschließen.

2. Beachten Sie die Operatoren.
   - Bei den Operatoren handelt es sich um Verben, die genau angeben, was von Ihnen verlangt wird.
   - Sie können den Anforderungsbereichen zugeordnet werden, die durch einen ansteigenden Schwierigkeitsgrad gekennzeichnet sind.

3. Klären Sie die Lage und die relevanten Raumkategorien.
   - Ordnen Sie das Klausurbeispiel räumlich ein. Gliedern Sie soweit möglich den Raum in Teilräume.

4. Strukturieren Sie die Ihnen zur Verfügung stehende Zeit.
   - Nehmen Sie sich ausreichend Zeit zum strukturierten Lesen der Aufgaben und Materialien.
   - Legen Sie einen groben Zeitplan fest und bedenken Sie, dass ausreichend Zeit für das abschließende Lesen zur Verfügung stehen muss.

5. Bearbeiten Sie sorgfältig die vorliegenden Materialien.
   - Sichten Sie das Material und ordnen Sie es den Teilaufgaben und -aspekten zu.
   - Markieren Sie dabei wichtige Inhalte, Fach- und Schlüsselbegriffe auf den Materialseiten.
   - Analysieren Sie die Materialien und fertigen Sie eine erste Lösungsskizze an.

6. Formulieren Sie einen griffigen Einstieg.
   - Es ist häufig sinnvoll mit einer geographischen Lageeinordnung zu beginnen.
   - Der weitere Einstieg sollte noch einmal kurz den thematischen Schwerpunkt aufgreifen.

7. Gliedern Sie Ihre Ausführungen und setzen Sie Akzente.
   - Achten Sie darauf, inhaltliche Schwerpunkte zu setzen.
   - Gliedern Sie Ihre Ausführungen nicht nur inhaltlich sondern auch formal.

8. Formulieren Sie ansprechend.
   - Formulieren Sie in Sätzen und beachten Sie die Fachsprache.
   - Verknüpfen Sie die einzelnen Inhaltsaspekte auch sprachlich.

9. Ziehen Sie am Ende der Klausur ein abschließende Fazit.
   - Fassen Sie noch einmal kurz die wesentlichen Aussagen zusammen und formulieren Sie, wenn notwendig, Ihre eigene Meinung.

10. Schauen Sie Ihre Klausur noch einmal im Gesamten durch.
    - Achten Sie hierbei vor allem auf die Lesbarkeit Ihres Textes, Rechtschreibung und Grammatik, sprachliche Exaktheit, Logik in Ihren Ausführungen und Vollständigkeit.

Klausurbeispiel

Thema

CENTROPE – Integration im Grenzraum zwischen alten und neuen EU-Mitgliedstaaten

Aufgaben

1 Beschreiben Sie die Entstehung der „Central European Region - CENTROPE“ unter besonderer Berücksichtigung ihrer Lage.

2 Erläutern Sie Standortvorteile und -nachteile der Euregio CENTROPE.

3 Bewerten Sie die Chancen und Perspektiven dieses grenzüberschreitenden Bündnisses.

Arbeitsmaterial

Atlaskarten Ihrer Wahl

M 1: CENTROPE – Lage und Teilregionen

M 2: Bevölkerung und Fläche der Euregio CENTROPE und ihrer Teilregionen

M 4: Entstehung und Intentionen von CENTROPE

M 5: Entwicklung des BIP/Kopf (KKS)

M 7: Arbeitslosigkeit in den Regionen 2006

M 8: CENTROPE als Investitionsstandort

M 9: Forschungs- und Bildungsstandorte

M 10: Verkehrsinfrastruktur

3 Logo der Euregio CENTROPE

centrope

CENTRAL EUROPEAN REGION

1 CENTROPE – Lage und Teilregionen

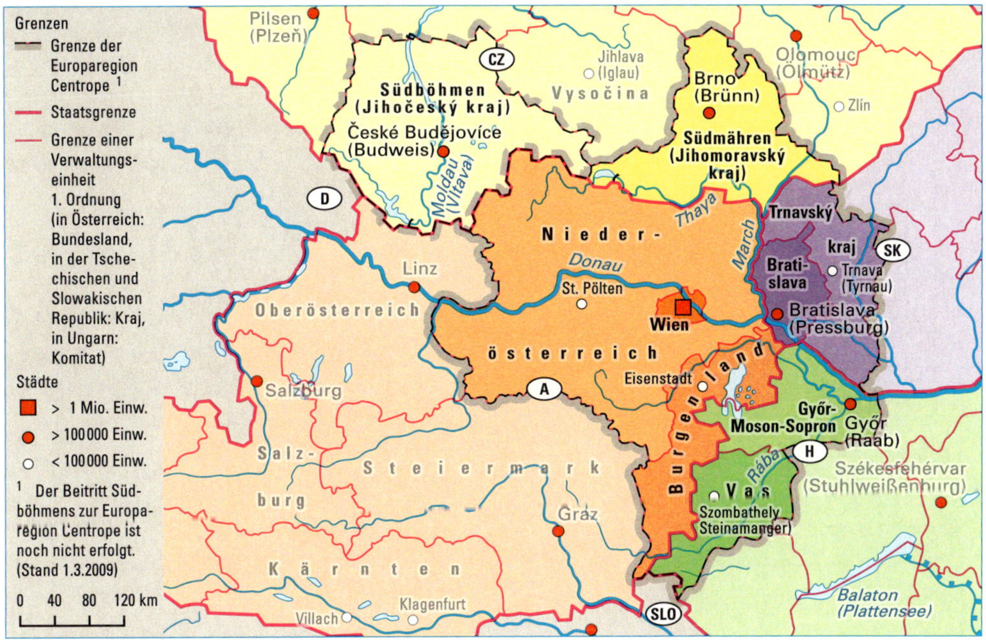

2 Bevölkerung und Fläche der Euregio CENTROPE und ihrer Teilregionen

Nach Projektsekretariat ARGE CENTROPE: Die Region, unter: http://centrope.info/static/files/baerdtneu/Basisdaten_zur_Region.pdf (Zugriff vom 04.05.2010)

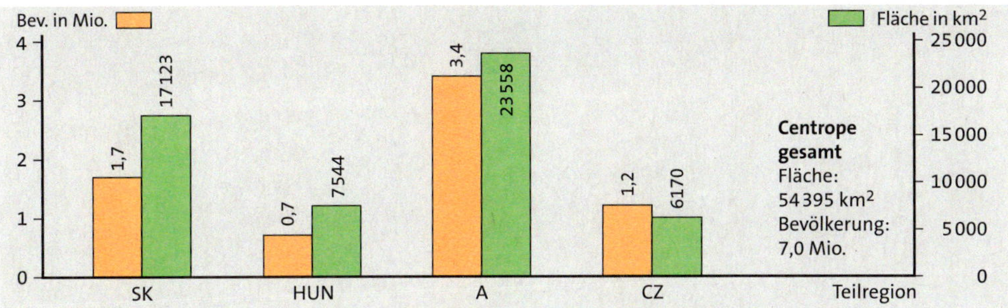

TERRA KLAUSURTRAINING

4 Entstehung und Intentionen von CENTROPE

Infolge der Teilung Europas nach 1945 wurden die kulturellen und wirtschaftlichen Beziehungen in den Grenzräumen zwischen Ost und West unterbrochen. Dies war auch hier an der Grenze zwischen Österreich einerseits und Tschechien, Slowakei und Ungarn andererseits der Fall. Ländliche Regionen verloren ihre Zentren und Zentren verloren wichtige Teile ihres Hinterlandes.

Tief greifende politische Veränderungen begannen dann mit dem Ende der europäischen Teilung 1990/91. Die Auflösung des Ostblocks und der Fall des Eisernen Vorhangs ermöglichten wieder grenzüberschreitende Kontakte zwischen den benachbarten Ländern und Regionen. Eine weitere Station der Integration erfolgte für diese Grenzräume dann mit der EU-Osterweiterung am 1. Mai 2004. Durch den Beitritt Tschechiens, der Slowakei und Ungarns und dem damit verbundenen Abbau weiterer Schranken (z.B. Zollfreiheit etc.) wuchs der Raum der heutigen CENTROPE noch enger zusammen.

Dem trug man schon vorher Rechnung: Im September 2003 fand die Gründung dieser Euregio statt mit dem Ziel, in den acht beteiligten Regionen aus vier Ländern eine wettbewerbsfähige Wirtschaftsregion zu schaffen, die den Lagevorteil im Zentrum Europas nutzt. Hierdurch und durch die Rückgewinnung früherer Verflechtungen soll die Lebensqualität der Menschen in der Euregio verbessert werden.

5 Entwicklung des BIP/Kopf (KKS)

Nach Projektsekretariat ARGE CENTROPE: Wirtschaft, unter: http://centrope.info/baerdtneu/topics/Region_Wirtschaft (Zugriff vom 04.05.2010), aktualisiert

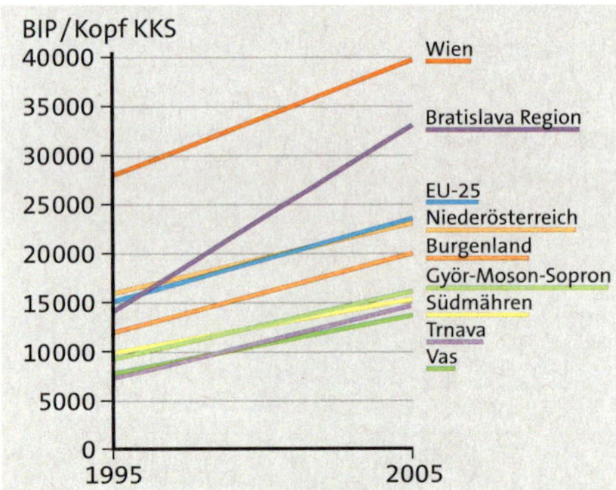

7 Arbeitslosigkeit in den Regionen 2006

Nach Eurostat 2008, unter: http://epp.eurostat.ec.europa.eu

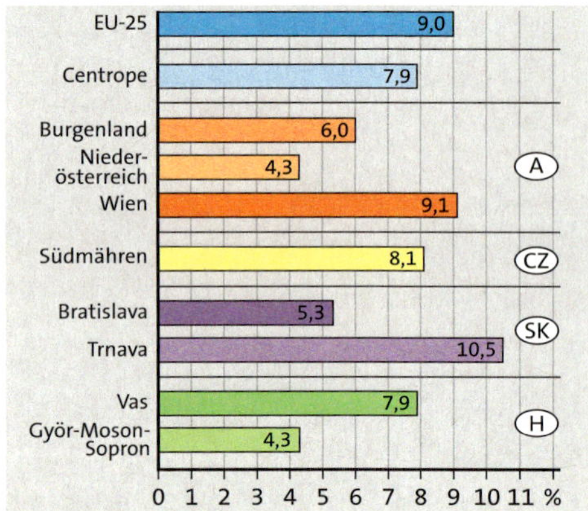

6 Autobahn Bratislava – Wien

8 CENTROPE als Investitionsstandort

„Bereits 2004 konnten aufgrund der durchgeführten Marketingaktivitäten, z. B. internationale Investorenseminare, Direct Mailings, Telemarketing, die ersten Betriebsansiedlungen internationaler Unternehmen in der Region CENTROPE abgeschlossen werden. Insbesondere die Zielmärkte Japan, USA, Italien, Taiwan und Großbritannien wurden in den letzten Jahren intensiv bearbeitet. Jüngstes Beispiel ist die Ansiedlung eines japanischen Elektronik-Unternehmens, das im Frühjahr 2007 in Wien sein Europa-Büro eröffnete. ...
Begleitet wurde die CENTROPE-Offensive in Japan von zahlreichen Berichten führender japanischer Medien über die mitteleuropäische Region. Von ausländischen Direktinvestitionen profitiert auch die lokale klein- und mittelständische Wirtschaft. ...
Die Erarbeitung eines gemeinsamen Standortvermarktungskonzepts und einer Entwicklungsstrategie stellt einen weiteren Schwerpunkt der Kooperation dar.
Gemeinsam mit dem internationalen Beratungsunternehmen Arthesia wurde die ‚CENTROPE Themenwelt' als Leitfaden entwickelt. Zusätzlich zu den harten Standortfaktoren der Region soll eine mit ausgewählten Themen besetzte ‚Story' Assoziationen über Lebensqualität, wirtschaftliche Dynamik und kulturelle Vielfalt der Region wecken. Die unter dem Überbegriff ‚Europe's Courtyard' gebildeten Leitthemen ermöglichen es, einer Vielzahl von Projekten aus den verschiedensten Bereichen eine gemeinsame Richtung zu geben und sich unter einer ‚Story' zu vereinen. Durch die weitere Kooperation innerhalb der Centrope-Region und gemeinsame Initiativen soll das Angebot für internationale Investoren erweitert werden und die wirtschaftliche Entwicklung zum Vorteil aller Partner-Regionen ausgebaut werden."

Wirtschaftsagentur Wien,
unter: www.wwff.gv.at/upload/medialibrary/Centrope_fdi_Pressetext.pdf (Zugriff vom 05.01.2009)

9 Forschungs- und Bildungsstandorte

Nach Industrieellenvereinigung Wien, unter: http://centrope.com/centropenew/topics/Economic_Education (Zugriff vom 05.01.2009)

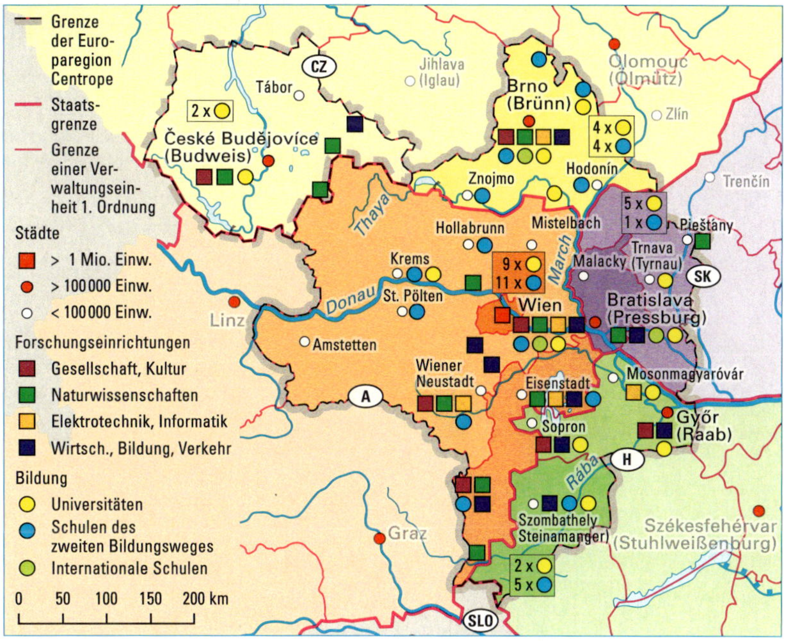

10 Verkehrsinfrastruktur

Nach Dr. Thomas Oliva und Dr. Fritz Wedorn: Karte: Verkehrsinfrastruktur: Europaregion Mitte, S. 7: Erstellt und herausgegeben von den Landesgruppen Wien, Niederösterreich und Burgenland der Industriellenvereinigung, Wien

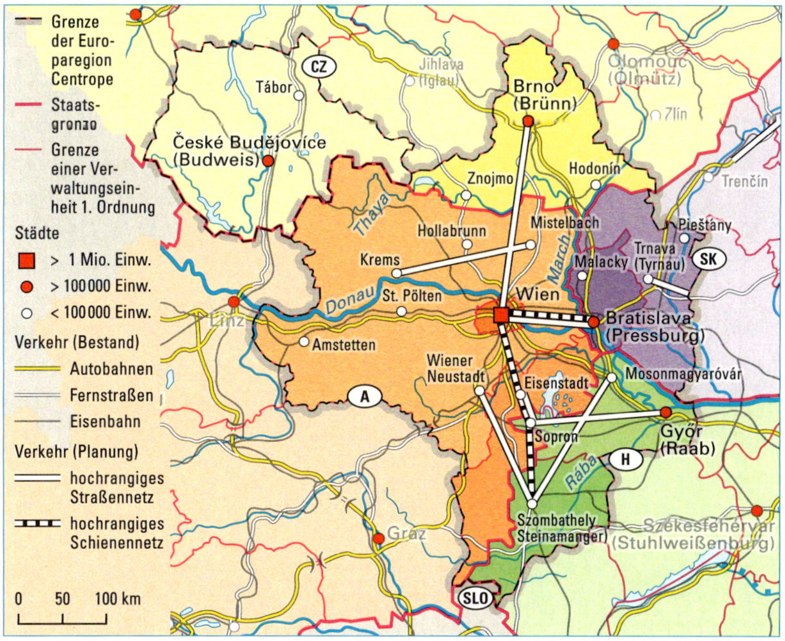

TERRA KLAUSURTRAINING

Punkte
Anteil der einzelnen Aufgaben an der Gesamtpunktzahl 100

I, II, III
Anforderungsbereiche gemäß der Zuordnung der Operatoren (siehe hinterer Buchdeckel)

Lösungshinweise

1 Beschreiben Sie die Entstehung der „Central European Region – CENTROPE" unter besonderer Berücksichtigung ihrer Lage.
→ 25 Punkte, Anforderungsbereich I

Die Region CENTROPE liegt in Mitteleuropa im Grenzgebiet der Staaten Österreich, Tschechien, Slowakei und Ungarn. In ihr befinden sich mit Wien (A) und Bratislava (SK) zwei Länder-Hauptstädte, die beide an der Donau liegen, dem wichtigsten Fluss der Region. Sie umfasst acht Teilregionen, von denen die drei österreichischen Wien, Niederösterreich und das Burgenland mit knapp 24 000 km² und ca. 3,4 Mio. Einwohnern etwa die Hälfte der Fläche und Bevölkerung stellen. Hinzu kommen Südmähren (CZ), die Regionen Bratislava und Trnava (SK) sowie Vas und Györ (H). Insgesamt hat CENTROPE mit 54 400 km² Fläche und sieben Mio. Einwohnern eine erhebliche Größe.
Die Lage hat eine besondere Bedeutung für die Entstehung. Da die Region nach dem Zweiten Weltkrieg durch eine unüberwindliche Grenze („Eiserner Vorhang") getrennt wurde, gingen frühere, über Jahrhunderte gewachsene Lagebeziehungen verloren, was den einzelnen Teilregionen schadete – auch weil sie durch die Teilung Europas in eine Marginallage gerieten. Insofern waren die Vorgänge nach 1990/91 für den Raum von zentraler Bedeutung: Der Eiserne Vorhang fiel, und 2004 traten die drei „östlichen" Staaten der EU bei. Dieser absehbare Vorgang führte bereits rund ein halbes Jahr vorher im September 2003 zur Gründung der Euregio CENTROPE. In der wieder zurück gewonnen europäischen Mittelpunktslage sah man einen Vorteil, um in zukünftiger Zusammenarbeit die Integration der acht Teilregionen zu fördern, aber auch um international wirtschaftlich wettbewerbsfähiger zu werden und insgesamt die Lebensqualität für den Einzelnen zu verbessern.

2 Erläutern Sie Standortvorteile und -nachteile der Euregio CENTROPE.
→ 45 Punkte, Anforderungsbereich II, z. T. III

Standortvorteile:
Zu den Vorteilen gehört die zentrale Lage der Euregio, die sich in ihrem Namen CENTROPE widerspiegelt. Aus einer Marginallage am Eisernen Vorhang wurde eine Lage im Schnittpunkt zwischen „alter", starker EU und den neuen aufstrebenden Mitgliedstaaten Mittelosteuropas. Ein zweites Merkmal schließt sich dem an, nämlich die Größe des grenzüberschreitenden Bündnisses: Mit über 50 000 km² und sieben Mio. Menschen besitzt man ein erhebliches Flächen- und Humanpotenzial – deutlich größer als die meisten anderen Euregios.
Gerade die Einwohnerzahl ist dabei als eigener Standortvorteil zu werten. Sieben Mio. Menschen bilden einen bedeutenden eigenen „Binnen"-Markt, bieten aber auch ein erhebliches Arbeitskräftepotenzial.
Die zahlreichen hochrangigen Bildungseinrichtungen wie Universitäten und internationale Schulen mit Schwerpunkten in den Hauptorten der Teilregionen sorgen zudem dafür, dass zahlreiche dieser Arbeitskräfte über eine hohe Qualifikation verfügen. Andere Beschäftigte, besonders in den östlichen Teilregionen, werden eventuell durch ein etwas niedrigeres Lohnniveau attraktiv sein.
Ergänzt werden die Bildungseinrichtungen durch solche der Forschung. Rund 30 dieser Einrichtungen sorgen beispielsweise für eine starke Basis im F + E - Sektor. Dies betrifft vor allem moderne, zukunftsträchtige Bereiche wie Naturwissenschaften, Elektrotechnik und Informatik als mögliche Ausgangspunkte z. B. für industrielle Anwendungen. Hinzu kommen aber auch tertiäre Forschungsbereiche wie Wirtschaft und Verkehr.
Zwei Aspekte runden die Standortvorteile ab: Die Verkehrserschließung ist schon jetzt gut, vor allem im Bereich der Autobahnen. Hier sind die einzelnen Teilregionen alle miteinander verbunden, wenn auch selbstverständlich die Verbindungen in erster Linie zwischen den jeweiligen Hauptorten bestehen.

Der zweite Aspekt betrifft diese Hauptorte. Es gehört zu den Stärken der Region, dass sie über eigene bedeutende Zentren verfügt und in der Nähe zu weiteren Ballungsräumen liegt. Mit Wien besitzt man eine wichtige europäische Metropole mit rund zwei Mio. Einwohnern und hoher tertiärer Bedeutung (z. B. Hauptstadtfunktion, UNO-City, Tourismus, Kultur), und mit Bratislava befindet sich eine weitere Hauptstadt (SK) in der Region. Die Entfernungen zu süddeutschen Metropolen wie München oder zu Hauptstädten wie Prag oder Budapest ist nicht groß.
Insgesamt ergibt sich also eine große Vielfalt an Standortvorteilen als Basis für eine weitere Raumentwicklung.

Standortnachteile:
Zu den gravierendsten Problemen des Raums gehört die lange Zeit der strikten politischen Trennung, das heißt, dass die kulturellen und wirtschaftlichen Beziehungen nach einem halben Jahrhundert der Teilung erst wieder aufgebaut werden müssen.
Ein ebenso großes Problem stellen die deutlichen regionalen Disparitäten innerhalb der CENTROPE dar. Diese erheblichen Entwicklungsunterschiede, in erster Linie eine Folge der genannten Teilung, werden sowohl beim BIP/Kopf als auch bei der Arbeitslosigkeit offensichtlich. Beim BIP/Kopf dominieren erwartungsgemäß die Hauptstädte Wien und Bratislava mit 40 000 KKS bzw. ca. 34 000 KKS. Dagegen liegen die anderen Regionen bis auf Niederösterreich deutlich unter dem EU-Durchschnitt. Ein uneinheitliches Bild zeigt dagegen die Arbeitslosigkeit, die im Jahr 2006 zwar nur in Wien um 0,1 % und in Trnava um 1,5 % über dem EU-Durchschnitt lag, die aber in den einzelnen Teilräumen stark differiert. Es gibt also insgesamt ein erhebliches Wohlstandgefälle.
Schließlich wird die Standortproblematik durch einen weiteren Nachteil verstärkt. Es ist die Sprachenvielfalt, die eine Entwicklungsbarriere darstellen kann.

3 Bewerten Sie die Chancen und Perspektiven dieses grenzüberschreitenden Bündnisses.
→ 30 Punkte, Anforderungsbereich III

Trotz der genannten Probleme bzw. Nachteile besitzt die Region gute Zukunftsperspektiven. Diese gründen auf vier zentrale Bereiche:
- Man verfügt über ein Arbeitskräftepotenzial, das in den östlichen Teilregionen zumindest jetzt noch Lohnkostenvorteile bietet, das aber insgesamt eine gute bis hohe Qualifikationen aufweist.
- Man besitzt mit den Hauptstädten Bratislava und vor allem Wien zwei bedeutende Zentren mit z. T. europaweiter Ausstrahlung.
- Die Region verfügt auf engem Raum über zahlreiche und vielfältige Forschungs- und Bildungsstandorte.
- Das Verkehrsnetz ist in Teilen zumindest schon gut ausgebaut.

Hinzu kommen zwei Aspekte, die in den Materialien 8 und 9 thematisiert werden:
Die Verkehrsinfrastruktur soll noch weiter verbessert werden. Geplant sind „hochrangige Straßen- und Schienennetze", das könnten z. B. sechsspurige Autobahnen sowie ICE-Strecken sein, die einerseits den Raum selbst erschließen, andererseits aber auch schnelle Verbindungen zu anderen europäischen Räumen herstellen.
Auf der Basis solcher Vorteile und Maßnahmen entsteht der zweite Aspekt (Text 8): Durch gemeinsame Projekte und Auftritte macht man die Euregio CENTROPE bekannt und wirbt für ausländische Investitionen – eine Maßnahme, die, wie im Text ausgeführt wird, bereits Erfolg hatte (USA, Japan ...) und weiter verstärkt wird. Voraussetzung des Erfolgs wird jedoch sein, die Konkurrenz der Teilregionen untereinander gegenüber den gemeinsamen Interessen zurückzustellen.

Diese Doppelseite bietet Ihnen die Möglichkeit der Selbsteinschätzung: Beherrsche ich das erforderliche Fachvokabular – verfüge ich tatsächlich über die mit der Bearbeitung dieses Kapitels angestrebten Sach-, Methoden- und Handlungskompetenzen? Überprüfen Sie sich selbst.

Wichtige Fachbegriffe

Aktivraum
Blaue Banane
Disparitäten
Entwicklungsachse
Euregio
EUREK
Kohäsionspolitik
Marginalisierung
monozentrische Raumentwicklung
nachhaltige Entwicklung
NUTS
ÖPNV
Passivraum
polyzentrische Raumentwicklung
Raumordnung
Raumordnungspolitik
Raumplanung
Strukturfonds
Strukturpolitik

Die Definitionen dieser Begriffe finden Sie im Glossar (S. 180–185).

Wissen vernetzen

1 Raum- und Wirtschaftsplanung in der Europäischen Union

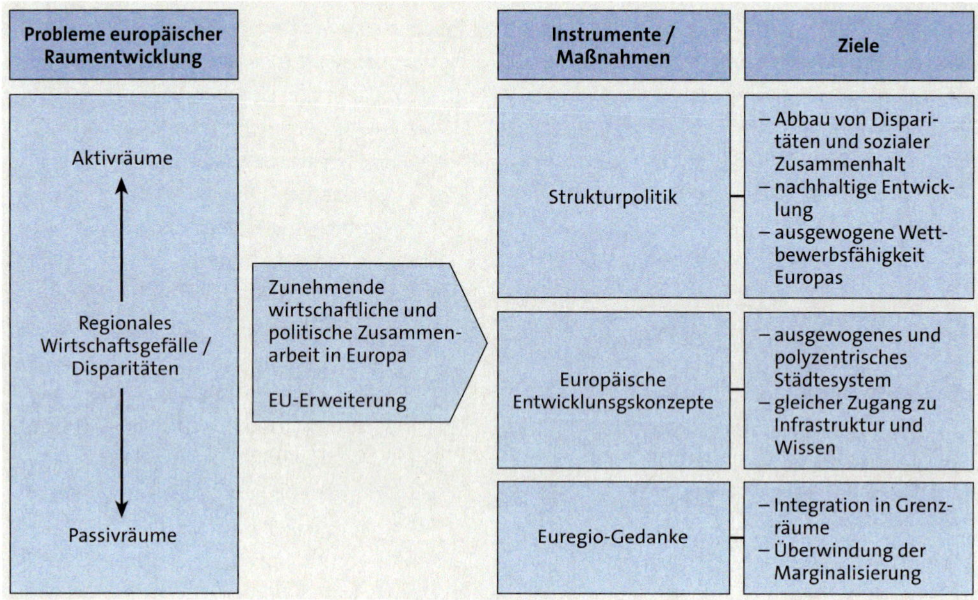

Die wirtschaftlichen und sozialen Unterschiede zwischen den Ländern der EU sind erheblich. Prosperierenden Aktivräumen stehen strukturschwache Passivräume gegenüber. Deutlich wird das Wohlstandsgefälle etwa durch regionale Einkommensunterschiede, Beschäftigungsprobleme und unterschiedliche Leistungsniveaus der jeweiligen Volkswirtschaften. Aber nicht nur zwischen den Mitgliedsstaaten der EU herrschen Disparitäten, auch innerhalb der einzelnen Länder treten sie oft deutlich hervor. Die Ursachen dafür sind vielschichtig: Gründe wie die periphere Lage, ein niedriges Qualifikationsniveau der Bevölkerung, unzureichende infrastrukturelle Ausstattung oder ungünstige strukturelle Ausrichtungen der regionalen Wirtschaft spielen zusammen. Besondere Problemgebiete sind oft Regionen, die einst wohlhabend waren und nun immense wirtschaftliche Probleme haben. Dies sind vor allem Gebiete mit Industrien, die in Europa vom Niedergang gekennzeichnet sind: Kohlenbergbau, Textilindustrie, z.T. auch Stahlindustrie und Schiffbau.

Mit dem Beitritt der strukturschwachen Transformationsstaaten wurden die Disparitäten innerhalb der Gesamt-EU noch offensichtlicher.
Die EU versucht, mit vielschichtigen Instrumenten und zielgerichteten Maßnahmen regionale und strukturelle Defizite zu minimieren und gleichwertige Lebensverhältnisse für die Bevölkerung zu schaffen. Strukturpolitik, Raumentwicklungskonzepte und grenzübergreifende Zusammenarbeit wollen dazu die Weichen stellen, bzw. haben zum Teil schon deutliche Erfolge erzielt.
Allerdings darf auch nicht übersehen werden, dass durch den Einsatz der Subventionen einige Branchen teilweise dem Wettbewerb entzogen werden. Häufig werden Maßnahmen, die einen wirtschaftlichen Niedergang oder soziale Härten nur abfedern sollten, zu dauerhaften Beihilfen. Dies geht zu Lasten von zukunftsträchtigeren Branchen, denen das Geld indirekt entzogen wird.

Material
Bogen zur Selbsteinschätzung
104105-5401

Kompetenzen überprüfen

Überprüfen Sie Ihre bei der Bearbeitung des Kapitels erworbenen Kompetenzen.
Nehmen Sie dabei die untenstehende Selbsteinschätzung Ihres Kompetenzstandes unter Verwendung der folgenden Klassifikation vor:
1 = stimmt
2 = stimmt überwiegend
3 = stimmt teilweise
4 = stimmt nicht

Eine Checkliste mit der Möglichkeit zum Kennzeichnen Ihres Kompetenzstandes steht Ihnen im Internetauftritt dieses Schulbuches unter dem Online-Link 104105-5401 zur Verfügung.
Führen Sie die Selbsteinschätzung zunächst allein durch. Vergleichen Sie dann die Ergebnisse im (Zweier-)Team. Arbeiten Sie schließlich Möglichkeiten und Methoden heraus, festgestellte Lücken zu schließen und Defizite zu beseitigen.
Wenn Sie Hilfe benötigen, wenden Sie sich an Ihre betreuende Lehrerin oder Ihren Lehrer.

Sachkompetenz – Ich kann ...
- Kennzeichen räumlicher Disparitäten nennen;
- Ursachen, Ausmaß und Folgen räumlicher Disparitäten darstellen;
- mit Grafik 1 Instrumente bzw. Maßnahmen darstellen, mit denen die EU mit ihrer Raum- und Wirtschaftsplanung regionale Disparitäten auszugleichen versucht;
- die Ziele der Raum- und Wirtschaftsplanung der EU erläutern;
- anhand des Euregio-Gedankens die Überwindung der Marginalisierung erklären;
- anhand einer Euregio die Intentionen dieses Gedankens konkretisierend erläutern;
- die besondere Rolle Deutschlands innerhalb der Euregio-Idee erklären.

Methodenkompetenz – Ich kann ...
- ausgewählte geographische Arbeitsmaterialien (Texte, Grafiken, Statistiken, Fotos) im Hinblick auf regionale Disparitäten auswerten;
- ein GIS sinnvoll nutzen, um zu einer Thematik weitere Informationen zu generieren bzw. um diese in Kartenform darzustellen;
- mithilfe einer Internetrecherche ein Porträt einer Euregio erstellen;
- eine Klausur sachgerecht und fachsprachlich sicher bearbeiten.

Urteilskompetenz – Ich kann ...
- Disparitäten innerhalb der EU und in ihren Mitgliedstaaten bewerten und eine notwendige Förderung beurteilen;
- Maßnahmen der Raum- und Wirtschaftsplanung erörtern und bewerten;
- die Bedeutung regionaler grenzüberschreitender Zusammenarbeit sowohl für die Raumplanung in der EU als auch für den europäischen Integrationsprozess bewerten.

Handlungskompetenz – Ich kann ...
- mithilfe eines GIS Datentabellen und Karten erstellen und Disparitäten zwischen den Mitgliedstaaten der EU und innerhalb der einzelnen Mitgliedstaaten herausarbeiten und präsentieren;
- ein Strukturprojekt der EU analysieren und auf seine Wirksamkeit hin überprüfen;
- meinen Heimatraum in einen EU-weiten Zusammenhang einordnen und eine eventuell nötige Förderung öffentlich vertreten.

6 Europäische Zusammenarbeit – Europa und die Welt

Europa hat, wie auch das Einstiegskapitel zeigt, lange großen Einfluss auf die Welt gehabt. Den Anfang nahm dies zur Zeit des Römischen Imperiums, und auch später waren es einzelne Staaten und ihre Interessen, die Europa in seinem Verhältnis zur übrigen Welt leiteten. Spätestens mit dem Beginn des Kolonialzeitalters wurden die Interessen jedoch bei aller Konkurrenz ähnlich: Machtpolitische und wirtschaftliche Gesichtspunkte prägten die Europäisierung der Erde.
Im 20. Jahrhundert kamen in Europas Verhältnis zur Welt neue Aspekte hinzu. In der ersten Hälfte war der Kontinent Ausgangspunkt zweier schrecklicher Weltkriege, die nicht nur Europa selbst grundlegend veränderten, sondern letztlich auch das Ende der politisch-wirtschaftlichen Vormachtstellung der „Alten Welt" einleiteten.
Die zweite Hälfte des gleichen Jahrhunderts brachte schließlich einen anderen tief greifenden friedlichen Wandel. Die Gründung der heutigen EU in den 1950er-Jahren sowie die politischen Neustrukturierungen nach dem Ende der Sowjetunion in den 1990er-Jahren bildeten die Grundlage eines Integrationsprozesses, der die Staaten Europas näher zusammen rücken ließ und der auch das Verhältnis Europas zur übrigen Welt neu bestimmte.

- In welchen Stationen vollzog sich die europäische Integration bis heute?
- Was waren bzw. sind ihre Grundlagen, Antriebskräfte und Instrumente?
- Wie gestaltet sich die Rolle Europas der übrigen Welt gegenüber, vor allem im Prozess der Globalisierung?
- Wie stellen sich, beispielsweise im weltweiten Netz der großen Metropolen, Verflechtungen Europas mit der Welt dar?

1

2

3

1 **Kongokonferenz in Berlin 1884:** Vertreter europäischer Kolonialmächte verhandeln die Aufteilung ihrer Einflusssphären auf dem afrikanischen Kontinent

2 **Altmarkt von Warszawa (Warschau):** Zerstörungen des 2. Weltkrieges

3 **Rom 1957:** Unterzeichnung der Römischen Verträge zur Gründung der EWG

4 **Vienna International Centre:** Sitz der Vereinten Nationen in Wien, in den 1970er-Jahren erbaut

5 **Aufnahme Tschechiens in die EU 2004**

6 **EU – ASEAN-Treffen im März 2007 in Nürnberg**

4

5

6

6.1 Stationen der europäischen Integration

1 EU – wie der legendäre Turm zu Babel?

Kompetenzen in diesem Kapitel erwerben:

- historische Hintergründe der europäischen Integrationsbemühungen beschreiben;
- einzelne Stationen des Integrationsprozesses bis hin zur heutigen EU nennen;
- Grundlagen dieses Prozesses erläutern;
- wichtige Aspekte des Vertrags von Lissabon darstellen;
- Karikaturen auf ihre Aussagen hin analysieren und deuten.

Kann es überhaupt gelingen, dass Europa als Idee der Vielfalt der Länder und seiner Bewohner gerecht wird? Gelingt es, die Nationen so zu integrieren, dass bei den Menschen das Gefühl entsteht, nicht nur zufällig auf diesem Kontinent geboren zu sein, sondern sich auch mit ihm identifizieren zu können? Oder bleiben Europa und die EU letzten Endes doch Konstruktionen, deren Vielfalt so unbeherrschbar bleibt wie der Turm zu Babel seinen Erbauern?
Betrachtet man die Entwicklung seit 1945, so muss man – trotz mancher Europaskepsis – feststellen, dass im Vergleich zum nationalstaatlichen Denken in der ersten Hälfte des vorigen Jahrhunderts die zweite Hälfte große Fortschritte in der Integration unseres Kontinents gebracht hat.

Nach dem Ende des Zweiten Weltkriegs lagen große Teile Europas in Trümmern, und der Graben zwischen Siegern und Besiegten war tief. Wurde dieser durch die Gründung der beiden deutschen Staaten (1949) auch ein Stück weit überwunden, so entstand gleichzeitig ein zweiter neu, nämlich der zwischen Ost und West. Diese beiden Blöcke standen sich im sogenannten Kalten Krieg unversöhnlich gegenüber, dominiert und zum Teil fremdbestimmt von den Supermächten USA und Sowjetunion.
Dennoch entwickelten sich erste Schritte einer Integration schon zu Beginn der 1950er-Jahre, allerdings getrennt durch den „Eisernen Vorhang“: Im westlichen Europa entstanden ebenso wie im östlichen wirtschaftliche und politisch-militärische Bündnisse zwischen bis dahin verfeindeten Staaten – **EWG** und NATO einerseits, **RGW** und Warschauer Pakt andererseits. So starr und festgefügt dieses System erschien, so hatte die Trennung doch, wie wir heute wissen, keinen dauerhaften Bestand. Perestroika und Glasnost, Mauerfall und deutsche Wiedervereinigung, Zerfall der Sowjetunion und des Ostblocks sowie die Transformation der ehemaligen kommunistischen Staaten brachten die Integration Europas seit dem Beginn der 1990er-Jahre weiter voran – wenn es auch manchem Europäer schwer fiel und fällt, dem Tempo der Integration zu folgen. Oder wie Italiens damaliger Staatspräsident Ciampi im Mai 2005 anlässlich der Karlspreisverleihung in Aachen sagte: „Wir haben Europa gebaut, jetzt müssen wir die Europäer schaffen.“
Zum Sinnbild der europäischen Integration ist in den letzten Jahrzehnten die **Europäische Union** geworden, die mittlerweile 27 Staaten umfasst. Ihr Ursprung und ihre Weiterentwicklung lagen lange Jahre in Mittel- und Westeuropa, doch die EU-Osterweiterung der Jahre 2004 und 2007 dokumentiert die kontinentale, altes Blockdenken überwindende Dimension, die die europäische Integration mittlerweile entwickelt, bis hin zur endgültigen Ratifizierung des Vertrags von Lissabon im Jahr 2009.

2 Europäische Integration

1 Interpretieren Sie die Karikatur „EU – wie der legendäre Turm zu Babel?"

2 Im Autorentext kommen Begriffe vor, die die zweite Hälfte des vorigen Jahrhunderts bis 1990 kennzeichnen (Kalter Krieg, Eiserner Vorhang, EWG, NATO, RGW, Warschauer Pakt, Perestroika, Glasnost). Definieren Sie diese Begriffe mithilfe von Geschichtsbüchern, Lexika oder dem Internet.

3 Erläutern Sie anhand der Karte 2 wichtige Stationen der europäischen Integration.

3 Die drei Säulen der europäischen Integration

Europäische Gemeinschaften (EG) („Erste Säule")
- Zollunion und Binnenmarkt
- Agrarpolitik
- Strukturpolitik
- Handelspolitik
- Wirtschafts- und Währungsunion
- Unionsbürgerschaft
- Bildung und Kultur
- Transeuropäische Netze
- Verbraucherschutz
- Gesundheitswesen
- Forschung und Umwelt
- Sozialpolitik
- Beschäftigungspolitik
- Entwicklungszusammenarbeit
- Visapolitik
- Asylpolitik
- Außengrenzen
- Einwanderungspolitik
- Justizielle Zusammenarbeit in Zivilsachen

Entscheidungsebene: Gemeinschaftspolitik

Gemeinsame Außen- und Sicherheitspolitik („Zweite Säule")
- Friedenserhaltung
- Menschenrechte
- Demokratie
- Hilfe für Drittstaaten
- Gestützt auf die WEU*: die Sicherheit der Union betreffende Fragen
- Abrüstung
- Wirtschaftliche Aspekte der Rüstung
- Langfristig: Europäische Sicherheitsordnung

Entscheidungsebene: Regierungszusammenarbeit

Zusammenarbeit in der Innen- und Justizpolitik („Dritte Säule")
- Kampf gegen Drogenhandel
- Bekämpfung des organisierten Verbrechens
- Bekämpfung des Terrorismus
- Justizielle Zusammenarbeit in Strafsachen

Entscheidungsebene: Regierungszusammenarbeit

Die Europäische Union (EU)

*WEU: Die Westeuropäische Union ist das einzige rein europäische Verteidigungsbündnis und zugleich als „europäischer Pfeiler" mit der NATO verbunden

4 Die „Vier Freiheiten" im Binnenmarkt der EU

Zahlenbilder. Aachen: Bergmoser + Höller Verlag, Nr. 715320

Freier Personenverkehr
- Wegfall der Kontrollen an den Binnengrenzen
- Harmonisierung der Asyl- und Zuwanderungspolitik
- Freizügigkeit für Arbeitnehmer, Niederlassungs- und Aufenthaltsrecht für EU-Bürger

Freier Dienstleistungsverkehr
- Niederlassungsrecht; Offenheit für grenzüberschreitende Dienstleistungen
- Liberalisierung der Bank- und Versicherungsdienstleistungen
- Öffnung der Transport-, Post-, Telekommunikations-, Energiemärkte

Freier Warenverkehr
- Wegfall der Grenzkontrollen
- Keine Zölle oder mengenmäßige Beschränkungen
- Harmonisierung oder gegenseitige Anerkennung von Normen und Vorschriften
- Steuerharmonisierung

Freier Kapitalverkehr
- Freizügigkeit für den Zahlungsverkehr und den Kapitalverkehr (Investitionen und Anlagen)
- Integration der Finanzmärkte
- Liberalisierung des Wertpapierverkehrs

Integrationsentwürfe

Zu einem wesentlichen Kernstück der Integration innerhalb der EU ist ihr **Binnenmarkt** geworden, der die sogenannten „Vier Freiheiten" (s. Schema 4) garantiert. Auf dieser Grundlage ist es zum Beispiel jedem Deutschen erlaubt, in Italien ein Auto zu kaufen, auf einer griechischen Insel ein Touristikbüro zu eröffnen, im benachbarten Frankreich eine Arbeitsstelle anzunehmen und sein Geld bei einer Bank in Österreich anzulegen. Jeder EU-Bürger kann sich in allen Staaten der Union frei bewegen bzw. aufhalten. Er muss überall wie ein Inländer behandelt werden und kann sich niederlassen, wo er will.

Was für den einzelnen Bürger als Rechtsgrundlage geschaffen wurde, gilt auch für die Unternehmen. Sie benötigen eine garantierte Rechtssicherheit und verlässliche Rahmenbedingungen, wenn sie ihre Erfolgschancen richtig einschätzen und auf Grundlage dieser Analysen investieren wollen. Bis heute sind deshalb in der EU etwa 1600 Regelungen erlassen worden, um Handelshemmnisse abzuschaffen, eine Öffnung der nationalen Märkte zu erreichen und den Binnenmarkt zu vollenden. Die ökonomische Entwicklung des gesamten EU-Raumes ist dadurch äußerst positiv beeinflusst worden.

Die im Jahr 2006 vereinbarte und 2009 von den Einzelstaaten umgesetzte „Dienstleistungsrichtlinie" zeigt, wie schwer die Vereinbarung einheitlicher Regelungen sein kann. Es ging um die Frage, welche Vorschriften gelten sollen, wenn ein Dienstleister seine Leistung grenzüberschreitend anbieten will, also z. B. in Polen als Fliesenlegermeister niedergelassen ist, dort relativ niedrige Arbeitskosten zu tragen hat und demzufolge mit günstigen Angeboten auf dem deutschen Markt auftreten kann. Die Richtlinie soll auf der einen Seite bürokratische Hemmnisse abbauen und Freizügigkeit gewähren, sie soll aber auf der anderen Seite auch verhindern, dass Anbieter aufgrund ungleicher Rahmenbedingungen Marktvorteile erzielen. Daher gelten jetzt für den Dienstleister aus dem Ausland die Bestimmungen des Landes, in dem die Dienste angeboten werden.

Surftipp
Vertrag von Lissabon
104105-6101

5 Der Vertrag von Lissabon

Um Europa zukunftsfähig zu machen, sieht der Vertrag Folgendes vor:
„1. Ein demokratischeres und transparenteres Europa, in dem das Europäische Parlament und die nationalen Parlamente eine größere Rolle spielen, und in dem die Bürger mehr Möglichkeiten haben, sich Gehör zu verschaffen, und ein klareres Bild davon haben, wer auf welcher Ebene wofür zuständig ist.
2. Ein effizienteres Europa mit vereinfachten Arbeitsmethoden und Abstimmungsregeln, schlanken und modernen Institutionen, angepasst an 27 Mitgliedstaaten und mit erhöhter Handlungsfähigkeit in den Schwerpunktbereichen der heutigen EU.
3. Ein Europa der Rechte und Werte, der Freiheit, Solidarität und Sicherheit, das die Werte der Europäischen Union fördert, die Charta der Grundrechte in das europäische Primärrecht einbindet, neue Instrumente der Solidarität vorsieht und die europäischen Bürger besser schützt.
4. Europa als Global Player: Dies wird durch eine Zusammenfassung aller außenpolitischen Instrumente der EU sowohl bei der Entwicklung neuer Strategien als auch bei der Entscheidungsfindung erreicht. Durch den Vertrag von Lissabon kann Europa in den Beziehungen zu seinen internationalen Partnern eine klare Position einnehmen."

Europäische Union: Vertrag von Lissabon, unter: http://europa.eu/lisbon_treaty/glance/index_de.htm (Zugriff vom 27.04.2010)

6 „Europa-Gewinner"

Wie die Dienstleistungsrichtlinie zeigt, ist die konkrete Umsetzung von Integrationsentwürfen oft ein schwieriges Unterfangen. So haben zwar zahlreiche EU-Erlasse und Vorschriften einen positiven Effekt – ein Beispiel, das jeden einzelnen betrifft, sind etwa die europaweit einheitlichen Crash-Test-Standards bei Automobilen – doch sind gerade Vorschriften oft Wasser auf die Mühlen der Europa- bzw. EU-Skeptiker. Sie werfen vor allem der Kommission in Brüssel einen überbordenden Bürokratismus vor, der die Bürger abschreckt. In der Tat gibt es alleine 25 Einrichtungen der Union in 16 verschiedenen europäischen Städten. Darunter sind wenig bekannte wie das „Europäische Zentrum für Berufsförderung" in Thessaloniki oder das „Harmonisierungsamt für den Binnenmarkt" in Alicante, aber auch so zentrale Institutionen wie das „Europäische Parlament" in Brüssel und Straßburg oder der „Europäische Gerichtshof" in Luxemburg.

Der Bürokratismus, der mögliche Verlust nationalen Einflusses, die hohe Zahl neuer, oft noch strukturschwacher Mitglieder, die wirtschaftlichen und finanziellen Probleme mancher Mitgliedstaaten, auch einiger der älteren – all dies sind Gründe für das, was man als „Euro-Skeptizismus" bezeichnet.

Dennoch stehen die Vorteile einer Union in Europa ohne Zweifel im Vordergrund – für die Staaten ebenso wie für jeden Einzelnen.

Die Grundlage dafür, die Integration weiter voranzutreiben, ist der Vertrag von Lissabon. Nach langen Querelen, Ablehnungen einer gemeinsamen Verfassung z.B. durch Franzosen und Niederländer oder Vorbehalten von östlichen Mitgliedstaaten konnte er am 1. Dezember 2009 in Kraft treten.

4 Nehmen Sie zu Argumenten der Europa-Skeptiker Stellung (Text, Karikatur).

5 Erörtern Sie die Bedeutung der EU:
a) für Sie selbst und
b) für die EU-Mitgliedstaaten.

6.2 Europa im Prozess der Globalisierung

1 Hafen von Antwerpen, Belgien

Nach Rotterdam und zusammen mit Hamburg ist Antwerpen einer der größten Häfen Europas. Er bildet eine der wichtigen Drehscheiben für den globalen Handel.

Kompetenzen in diesem Kapitel erwerben:
- Dimensionen und Ursachen des Globalisierungsprozesses beschreiben;
- die EU mit anderen regionalen Wirtschaftsbündnissen vergleichen;
- die Perspektiven des Standorts Europa beurteilen;
- auf der Basis von Internetrecherchen Porträts erstellen (hier: zu einem europäischen Großhafen oder zu einem regionalen Wirtschaftsbündnis).

Globalisierung – Dimensionen und Ursachen

Globalisierung wird oft als Prozess der Entstehung eines „Weltbinnenmarktes" beschrieben, doch ist sie mehr als nur eine globale Ökonomie. Die Prozesse und Dimensionen reichen weiter und bewirken tief greifende Veränderungen bestehender gesellschaftlicher, kultureller, politischer und ökologischer Strukturen, und wir alle sind betroffen (siehe Übersicht 2). Weltweite wirtschaftliche Prozesse sind im Prinzip nichts Neues, da der Austausch von Gütern schon immer einen wichtigen Bestandteil in den Beziehungen zwischen den Staaten darstellte. Neu an der Globalisierung sind jedoch die Dynamik, Intensität und Reichweite, in der grenzüberschreitende Aktivitäten ablaufen.

Die wirtschaftliche Globalisierung, die immer noch den Kern des Prozesses ausmacht, findet auf mehreren Ebenen bzw. Märkten statt:
- auf den Gütermärkten, im Welthandel mit Waren und zunehmend auch mit Dienstleistungen,
- auf dem Produktionsmarkt, im Aufbau kostengünstiger Produktionsstätten in anderen Ländern durch Direktinvestitionen,
- auf den Finanzmärkten, in der Liberalisierung des Kapitalverkehrs und mit den gewaltigen Kapitalströmen, deren Fließen durch die Fortschritte in der Kommunikationstechnologie erleichtert wird.

Der Globalisierungsprozess wird heute vor allem durch drei Ursachen gefördert. Dies sind erstens ökonomische Ursachen, allen voran die Liberalisierung des Welthandels, zweitens verkehrstechnische wie die Zunahme des Containerverkehrs, die Senkung der Transportkosten und die Entstehung weltumspannender Kommunikationsnetze, und drittens schließlich politische Ursachen wie der Zusammenbruch des Sozialismus und seines abgeschotteten Wirtschaftssystems oder der ökonomisch-politische Aufstieg ehemaliger Schwellenländer.

2 Dimensionen der Globalisierung

Nach Gerhard Fuchs: "Global denken lernen" ... In: Martina Flath/Gerhard Fuchs (Hrsg.): Globalisierung. Beispiele und Perspektiven für den Geographieunterricht. Gotha: Klett-Perthes 1998, S. 69, verändert

KOMMUNIKATION	ÖKONOMIE	GESELLSCHAFT	UMWELT
„Vernetzte Welt"	„Weltbinnenmarkt"	„Welt als globales Dorf"	„Welt als Risikogemeinschaft"
Innovationen der Telekommunikation (informationstechnische globale Vernetzung) Logistik	Liberalisierung des Handels Mobilität der Produkte, des Kapitals und der Produktionsstandorte sinkende Transportkosten regionale Arbeitsmarktentwicklungen	Souveränitätsverlust für Nationalstaaten Probleme/Chancen regionaler Identität Homogenisierung des Lebensstils? („Weltgesellschaft"?) „Verlust" räumlicher Distanz	globale Umweltgefährdungen Ressourcenverschwendung

Surftipp
Standort Europa
104105-6201

3 Inter- und intraregionaler Warenhandel 2006 (Mrd. US-$) Datenbasis: WTO

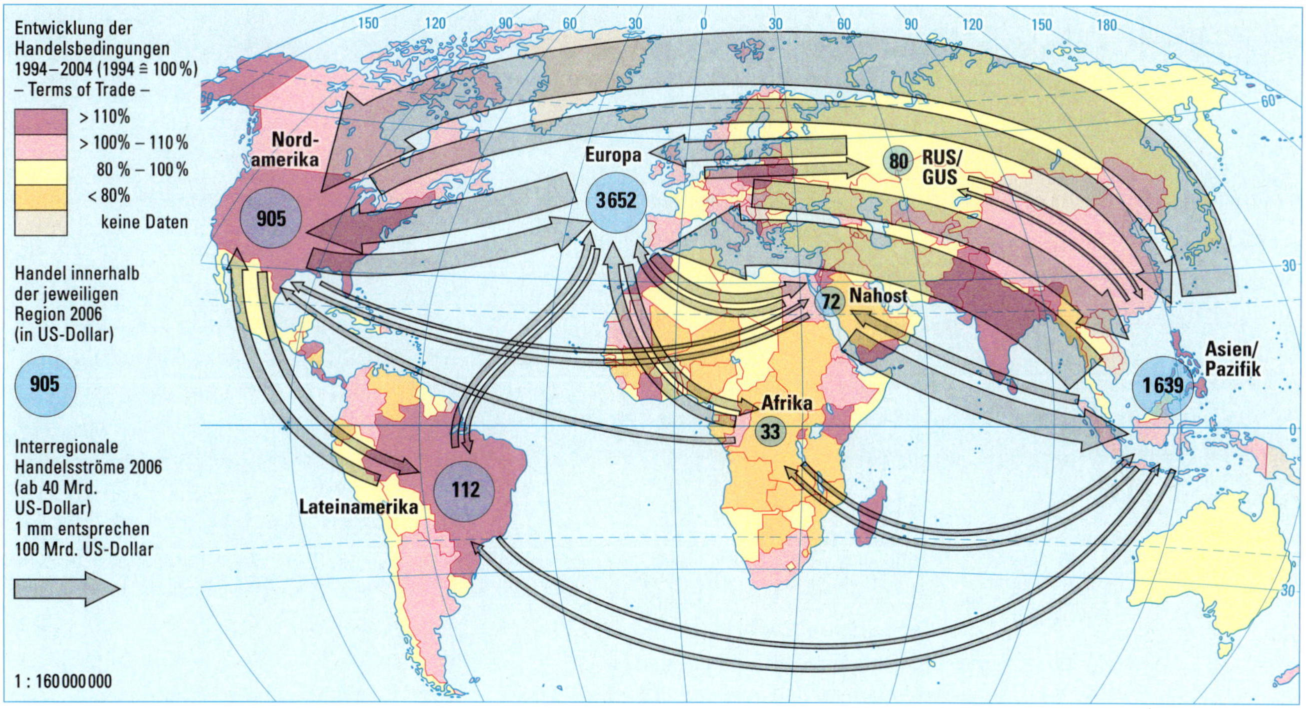

4 Entwicklung des Weltexportvolumens nach Regionen

Nach OECD u. WTO 2009, unter: http://stat.wto.org

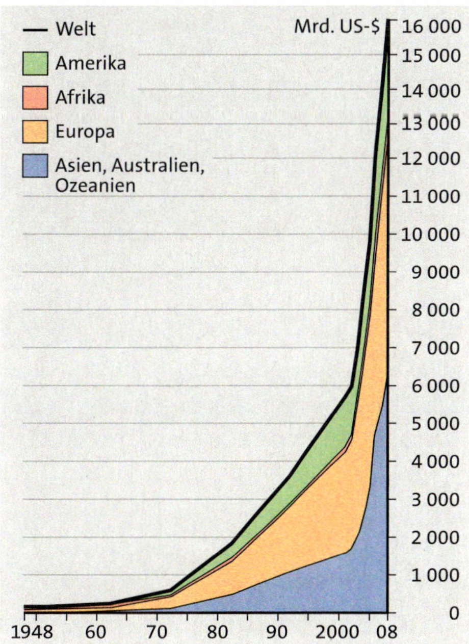

Wie in kaum einem anderen Bereich spiegelt sich der Globalisierungsprozess im Welthandel wider. Er dokumentiert in besonderer Weise die Verflechtungen einzelner Regionen oder Länder sowie ihre Abhängigkeiten.

Eine große Rolle spielen seit den 1950er-Jahren die internationalen Abkommen zur Liberalisierung und Organisation des Welthandels. Als 1995 das bis dahin gültige Zoll- und Handelsabkommen GATT durch die WTO (World Trade Organization) abgelöst wurde, geschah dies mit dem Ziel, den neuen Herausforderungen gerecht zu werden. Das heißt, die 45 Industrieländer und über 100 Schwellen- und Entwicklungsländer streben eine gerechtere Weltwirtschaftsordnung an als die Karte 3 sie erkennen lässt. Die Dominanz der sogenannten **Triade** mit dem führenden Raum Europa wird nämlich für eine Neuordnung des Welthandels vor allem von den Entwicklungs- und Schwellenländern als entscheidendes Hemmnis angesehen.

5 Ausländische Direktinvestitionen – die Spitzenreiter 2007 (in Mrd. US-$)

Nach UNCTAD, Foreign Direct Investment database, Aug. 2009

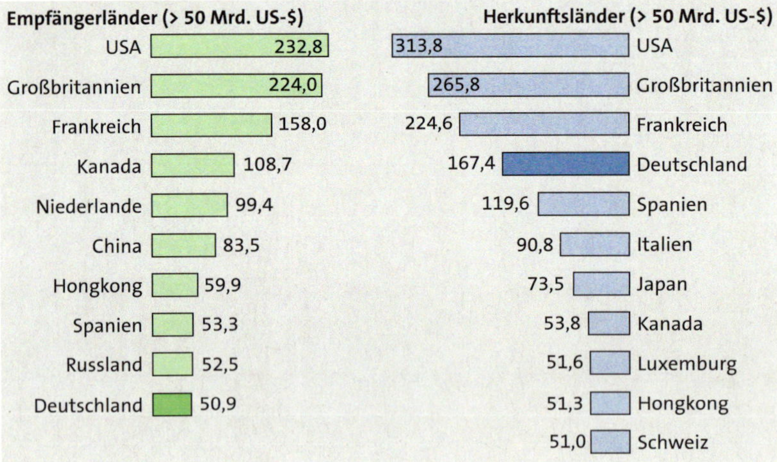

Ein zweiter wichtiger Bereich des wirtschaftlichen Globalisierungsprozesses sind die **ausländischen Direktinvestitionen**. Einerseits treffen sie eine Aussage darüber, in welchen Ländern Faktoren vorhanden sind, um weltweit Investitionen zu tätigen (z.B. Kapital, starke Unternehmen, organisierte Finanzstrukturen etc.); andererseits wird auch deutlich, welche Staaten von besonderem Interesse für ausländische Investoren sind. Auch hier spielt Europa eine führende Rolle.

Europa und die EU

Es ist ausgegesprochen schwer, Europa innerhalb des Globalisierungsprozesses eine eindeutige Rolle zuzuweisen. Der Grund dafür liegt auf der Hand und wurde in den vorhergehenden Kapiteln schon mehrfach thematisiert: Europa ist ein höchst heterogenes Gebilde. So sind die wirtschaftlichen **Disparitäten** groß und reichen von Ländern wie Mazedonien und Albanien, die einen enormen Entwicklungsbedarf haben, bis hin zu hoch entwickelten Staaten wie Deutschland, Frankreich oder Großbritannien, die zwar zu den Industrieländern zählen, viel eher aber schon Innovationsländer heißen sollten.

Es ist daher sinnvoller, speziell die Rolle der EU im Globalisierungsprozess zu betrachten.

6 Zur Stellung der EU in der globalisierten Weltwirtschaft

„Die Europäische Union ist in den fünf Jahrzehnten ihres Bestehens in politischer und wirtschaftlicher Hinsicht zu einer globalen Macht aufgestiegen. Mit ihren hohen Anteilen an den Weltein- und -ausfuhren ist sie nicht nur stärker als jeder andere Wirtschaftsblock mit der Weltökonomie verflochten, sie stellt mit ihren ‚Vier Freiheiten' [s. Kap. 6.1, Abb. 4] weltweit auch die weitreichendste Integration nationaler Volkswirtschaften dar ...

Die beeindruckenden Angaben zur Stellung der EU in einer globalisierten Weltwirtschaft [siehe folgende Seiten] müssen nach einer kritischen Analyse in mehrfacher Hinsicht relativiert werden. So ist zunächst einmal zu beachten, dass das integrierte Europa aus Ländern besteht, die im Hinblick auf die Wirtschaftsstruktur und Wirtschaftskraft sehr große Unterschiede aufweisen. Dies gilt in besonderem Maße nach den Osterweiterungen.

Die derart heterogen strukturierte EU steht also nicht nur vor der gewaltigen Aufgabe, unter großen politischen und finanziellen Anstrengungen die räumlichen Disparitäten im Innern zu überwinden, sie muss sich nach außen auch mit einer immer stärker werdenden Konkurrenz auseinandersetzen. Diese kommt zunehmend aus dem asiatischen Raum ...

Die asiatische Konkurrenz profitiert dabei längst nicht mehr nur von dem starken Lohngefälle gegenüber Europa. Sie bietet inzwischen in wichtigen Zukunftsbranchen wie der Informationstechnologie oder Kommunikationstechnik weltmarktfähige Produkte an. So hat z.B. der ‚Tiger' Südkorea seit dem Jahr 2000 einen gewaltigen Satz gemacht – vom Hersteller billiger Haushalts- und Elektronikwaren zum Produzenten von Hightech-Angeboten in den Bereichen Computer, Mobilfunk, Nano- und Biotechnologie ... Die Konkurrenz ist hellwach!"

Arno Kreus, Norbert von der Ruhren (Hrsg.): Fundamente. Geographie Oberstufe. Stuttgart: Ernst Klett Verlag 2008, S. 392/393

7 Position der EU im Welthandel – Handel der wichtigsten Wirtschaftsbündnisse sowie Chinas und Japans 2006

Nach WTO Country profiles 2006, Trade Statistics 2006, in Barbara Hahn: Europäische Union und andere regionale Integrationen im Vergleich. In: Geographische Rundschau, 59. Jg., H. 3. Braunschweig

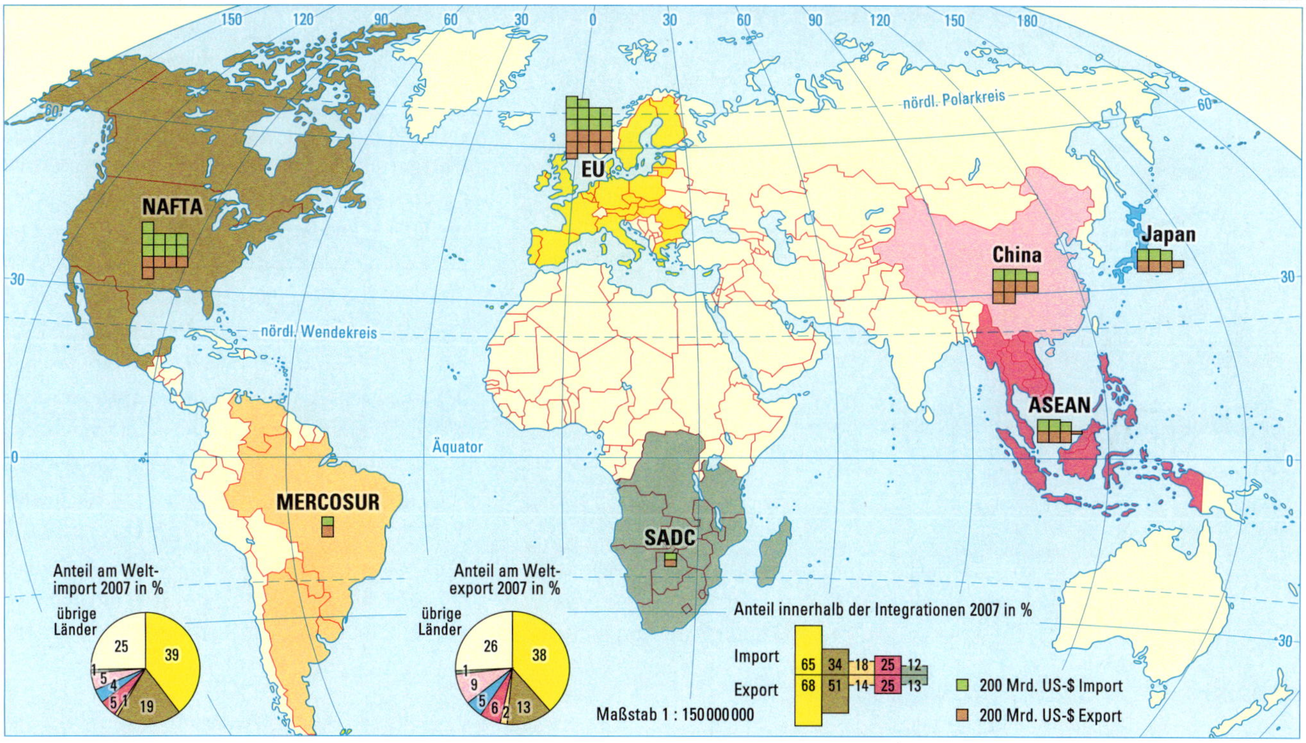

8 Konkurrenten der EU auf dem Weltmarkt (2008)

Nach Central Intelligence Agency: The World Factbook, unter: www.cia.gov/library/publications/the-world-factbook (Zugriff vom 26. 04. 2009)

NAFTA: Ursprung war ein Freihandelsabkommen zwischen den USA und Kanada aus dem Jahr 1989; 1994 trat dann unter weiterer Teilnahme von Mexico das North American Free Trade Agreement in Kraft. Zwischen den drei Mitgliedstaaten wurden die Zölle vermindert und Einfuhrhemmnisse abgebaut. Das Bündnis ist heute die zweitgrößte Freihandelszone der Welt hinter der EU.
Wichtige Kennzahlen der NAFTA (alle Werte nach CIA World Factbook, Schätzung für 2008):

	Bevölkerung (in Mio.)	BIP (in Mrd. US-$)	BIP/Kopf (in US-$)	Exporte (in Mrd. US-$)
USA	307,1	14 330	47 000	1 377
Kanada	33,5	1 564	39 300	462
Mexico	111,2	1 143	14 200	294

MERCOSUR: 1991 wurde dieser Gemeinsame Südamerikanische Markt (Mercado Comun del Cono Sur) gegründet, arbeitet aber erst seit 1995. Seit dem 1. 1. 2000 bilden die Mitgliedstaaten eine Zollunion mit dem Ziel, Handelshemmnisse und Zölle abzubauen. Er ist auch als Gegengewicht zur NAFTA gedacht. MERCOSUR hat die vier Gründungsmitglieder Argentinien, Brasilien, Paraguay und Uruguay. Hinzu kommt eigentlich seit 2006/2007 Venezuela; der Vollzug der Mitgliedschaft steht aufgrund der politischen Umbrüche dort (Stichwort: radikalsozialistischer Präsident Chavez) jedoch noch aus.
Wichtige Kennzahlen des MERCOSUR (Quelle und Jahr wie oben):

	Bevölkerung (in Mio.)	BIP (in Mrd. US-$)	BIP/Kopf (in US-$)	Exporte (in Mrd. US-$)
Argentinien	40,9	339	14 200	73
Brasilien	198,7	1 990	10 100	200
Paraguay	7,0	29	4 200	7
Uruguay	3,5	43	12 200	6

9 **Sony Center am Potsdamer Platz in Berlin: Europazentrale des japanischen Konzerns**

Standort Europa

Auf die EU passt ein Begriff, der ansonsten eher im Zusammenhang mit weltumspannenden Konzernen gebraucht wird: Sie ist ein **Global Player**. Die weltwirtschaftliche Bedeutung der EU wird durch verschiedene Fakten deutlich. Dazu gehören z. B. ihre hohen Anteile am Welthandel und den ausländischen Direktinvestitionen, die Tatsache, dass die Hälfte der G8-Staaten EU-Mitglieder sind oder auch, dass von den 30 umsatzstärksten Unternehmen der Welt 17 ihren Standort in einem EU-Land hatten (2009). Dennoch gerät, wie auch schon Text 6 ausführt, der Global Player EU unter Druck. Die Konkurrenz aus den USA und Kanada, besonders aber auch aus den aufstrebenden Wirtschaftsmächten Ost- und Südostasiens haben die Diskussion um den „Standort Europa" entfacht. Im Mittelpunkt stehen dabei Fragen zum Lohngefüge und zu den Produktionskosten, aber auch zur Innovationsfähigkeit und zum technologischen Fortschritt – Letzteres betrifft vor allem die Hightech-Industrien.

10 **Diskussion um den Standort Europa – 1**

„Berlin – Der weltgrößte Chemiekonzern BASF baut trotz milliardenschwerer Investitionen in Asien den Standort Europa weiter aus. BASF kündigte an, bis 2015 eine Milliarde Euro pro Jahr in Europa zu investieren, ohne Details zu nennen. ‚In dieser Region arbeitet die Mehrheit der BASF-Mitarbeiter, und auch in der Zukunft planen wir – Wirtschaftlichkeit vorausgesetzt – rund eine Milliarde Euro jährlich an Investitionen', sagte Eggert Voscherau, der stellvertretende BASF-Vorstandsvorsitzende, am Donnerstag in Ludwigshafen. Zudem will das Unternehmen in Europa mit plus 3,5 bis vier Prozent doppelt so schnell wachsen wie der Markt. Der Umsatz in Osteuropa soll sich bis 2010 auf zwei Milliarden Euro verdoppeln. Der Chemiekonzern hatte erst in der vergangenen Woche zusammen mit seinem chinesischen Joint-Venture-Partner Sinopec einen riesigen neuen Chemiestandort in China eröffnet und angekündigt, dort bis 2010 zehn Prozent des Chemieumsatzes erzielen zu wollen. In den nächsten Jahren soll eine weitere Milliarde Euro in China investiert werden. Auch in Europa hat BASF im ersten Halbjahr nach eigenen Angaben fast eine halbe Milliarde Euro für Sachanlagen aufgewendet – und damit rund zehn Prozent mehr als im Vorjahreszeitraum. Gleichzeitig versucht der Konzern, die Kosten deutlich zu senken. Nach früheren BASF-Angaben werden allein am Stammsitz in Ludwigshafen jährlich 480 Millionen Euro eingespart. Europaweit sind es 730 Millionen Euro pro Jahr.

Auch in Zukunft will BASF in Europa auf die Kosten drücken. Vize-Chef Voscherau hat hierfür ein Potenzial von 250 Millionen Euro ausgemacht. Alle Standorte würden auf ihre Effizienz überprüft, kündigte er an. Auch Standortschließungen seien nicht ausgeschlossen."

Der Tagesspiegel, 07.10.2005 unter: www.tagesspiegel.de/wirtschaft/basf-bekennt-sich-zum-standort-europa/64808.html (Zugriff vom 01.04.2010)

11 Diskussion um den Standort Europa – 2

„Brüssel/Dresden – Die Europäische Union müsse Innovationen eventuell stärker fördern und dafür die Beihilferegeln lockern, signalisiert Verheugen [ehemaliger EU-Kommissar]. Die Brüsseler Kommission werde den EU-Rechtsrahmen für die Forschungsförderung nächstes Jahr daraufhin überprüfen. Dabei gehe es um die Höhe der Forschungsbeihilfen und um die Schwellenwerte für die Anmeldung der Beihilfen in Brüssel. Vielleicht müssten die Forschungssubventionen auch ‚näher an die Vermarktung neuer Produkte und Dienstleistungen' heranrücken, heißt es in Verheugens Papier.

Hintergrund ist die Befürchtung, dass die USA, Japan, China und Indien deutlich höhere Subventionen an ihre forschende Industrie zahlen als in Europa erlaubt. ‚In einigen Drittländern profitieren Schlüsseltechnologien möglicherweise von einer deutlich höheren staatlichen Unterstützung als in der EU', heißt es in dem Papier. Die EU müsse stärker bei der Welthandelsorganisation WTO gegen solche wettbewerbsverzerrenden Subventionen vorgehen.

Verheugen greift damit Klagen der deutschen Industrie auf. In Sachsen, wo sich Europas Top-Standort der Mikroelektronik (‚Silicon Saxony') befindet, ärgert man sich schon länger über die strikten EU-Obergrenzen für die staatliche Förderung der Chip-Industrie. Die sächsischen Chip-Hersteller hätten innerhalb Europas keine Konkurrenten mehr, daher könnten die Beihilfen in der EU auch zu keiner Wettbewerbsverzerrung führen. Die EU würde sich daher mit ihren Beihilfe-Limits nur selber schaden. ‚Wenn wir die Chipindustrie halten wollen, müssen wir Unternehmen so fördern können, wie es in anderen Teilen der Welt möglich ist', erklärte ein Beamter der sächsischen Staatsregierung in Dresden.

Kommissar Verheugen klassifiziert die Mikroelektronik inklusive Chip-Produktion als eine jener Schlüsseltechnologien, die für die Zukunft des Industriestandorts Europa von entscheidender Bedeutung sind. Doch gerade hier schneidet die EU im weltweiten Wettbewerb schlecht ab. ‚Europas Anteil am Halbleiter-Markt ist seit 2000 von 21 Prozent auf 16 Prozent gesunken', heißt es in Verheugens Papier. Am globalen Investitionsvolumen im Mikroelektronik-Sektor habe die Europäische Union nur einen Anteil von zehn Prozent. 48 Prozent der Investitionen würden in Asien getätigt.

Auch in anderen Bereichen tue sich die europäische Industrie zunehmend schwer, konstatieren die Fachleute der Brüsseler Kommission. So würden die Europäer im Bereich Nanotechnologie zwar gute Forschungsergebnisse erzielen, bei der Produktvermarktung aber von den USA abgehängt. Asiatische Länder dominierten eine andere wichtige Schlüsseltechnologie, die Photonik-Branche. In der industriellen Biotechnologie und bei den zukunftsweisenden Materialien habe die europäische Industrie ihre führende Position bisher dagegen verteidigen können, meint die EU-Kommission.

Dies könne die schlechte Position der Europäer im weltweiten Wettkampf der Technologiestandorte aber insgesamt nicht wettmachen. Der High-Tech-Anteil an der gesamten Industrie sei in Japan um 33 Prozent und in den USA sogar um 50 Prozent höher als in Europa, konstatiert die Kommission ..."

Ruth Berschens, Dirk Müller-Thederan in: Handelsblatt vom 13.09.2009, unter: www.handelsblatt.com/politik/international/verheugen-sorgt-sich-um-standort-europa;2456242;0

1 Beschreiben Sie die Dimensionen und Ursachen des Globalisierungsprozesses.

2 Häfen sind in besonderer Weise Drehscheiben für den Welthandel. Erarbeiten Sie auf der Grundlage einer Internetrecherche ein Porträt eines großen europäischen Hafens.

3 Charakterisieren Sie anhand der Karte 3 wichtige Merkmale des Welthandels.

4 Stellen Sie anhand des Diagramms 5 die Kapitalströme bei den ausländischen Direktinvestitionen dar.

5 Erörtern Sie die Zukunftsperspektiven des Standorts „Europa".

6.3 Agglomerationen in ihrer globalen Verflechtung

1 Die City, Herzstück des „Global Power House London"

Kompetenzen in diesem Kapitel erwerben:
- die Bedeutung und die globalen Verflechtungen der europäischen Global Citys erläutern;
- Londons Aufstieg und heutige Rolle als bedeutendste Global City Europas analysieren.

In Europa gibt es zahlreiche Agglomerationsräume, die z.T. seit Jahrhunderten, teilweise aber auch erst seit einigen Jahrzehnten eine immer stärkere globale Verflechtung aufweisen. Beziehungsnetze zwischen Städten existierten bereits im Mittelalter, wobei meist der wirtschaftliche Austausch gegenüber dem politischen im Vordergrund stand. Die Städte, die hierbei aus europäischer Sicht eine Rolle spielten, waren allerdings andere als heute.

2 Städtenetze im 13. Jahrhundert

Nach Rainer Wehrhahn: Global Cities und Global-City-Regions, in: Geographie und Schule, H. 165, 02/2007, S. 4

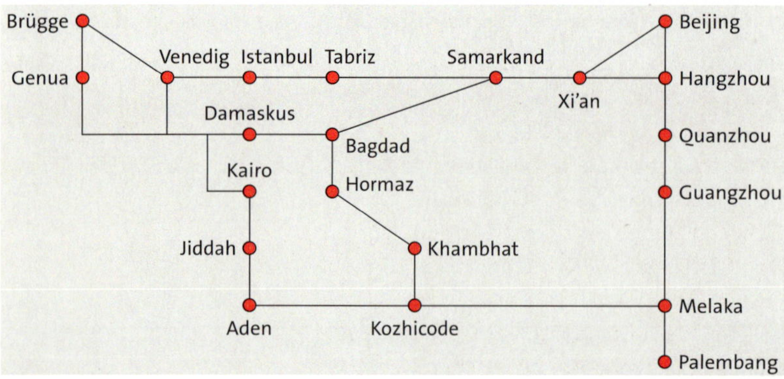

Geht man von den heutigen bedeutenden **Agglomerationen** aus, so zählen zu den Stadträumen mit traditioneller weltweiter Ausstrahlung z.B. London oder die Küstenregion Amsterdam/Rotterdam, die aufgrund der kolonialen Vergangenheit schon seit ca. 1600 in weltumspannende Handels- und Wirtschaftsnetze integriert waren. Jünger dagegen sind solche Verflechtungen bei Agglomerationen wie beispielsweise Berlin oder Moskau.

Von der Bevölkerungsgröße her sind sogenannte Megastädte in Europa eher die Ausnahme. Als wirkliche Megastadt (über 10 Mio. Einwohner) kann man nur Istanbul und Moskau bezeichnen, bei London und Paris trifft der Begriff noch auf die Stadtregion zu, also Greater London bzw. die Île de France.

Trotz der im Weltvergleich eher bescheidenen demografischen Größe besitzt ein erheblicher Teil der europäischen Städte dennoch den Status einer **Global City** (siehe Karte 4). Was die wichtigen europäischen Agglomerationsräume anbetrifft, steht also die funktionale Bedeutung im Mittelpunkt, vor allem in den Bereichen Handel und Finanzen, Kommunikation und Information, Verkehr, Transport und **Logistik**, Politik und Administration.

3 Europas größte Städte (ohne Agglomerationsraum; Einwohner in Mio. 2008)

Nach Fischer Weltalmanach 2010. Frankfurt/M.: Fischer 2009, S. 143–506

Istanbul	10,8
Moskau	10,5
London	8,3
St. Petersburg	4,6
Berlin	3,4
Athen	3,4
Madrid	3,2
Kiew	2,7
Rom	2,7
Paris	2,2

4 Europäische Agglomerationen im System der Global Citys

Nach Haack Weltatlas. Gotha: Klett-Perthes 2007, S. 235

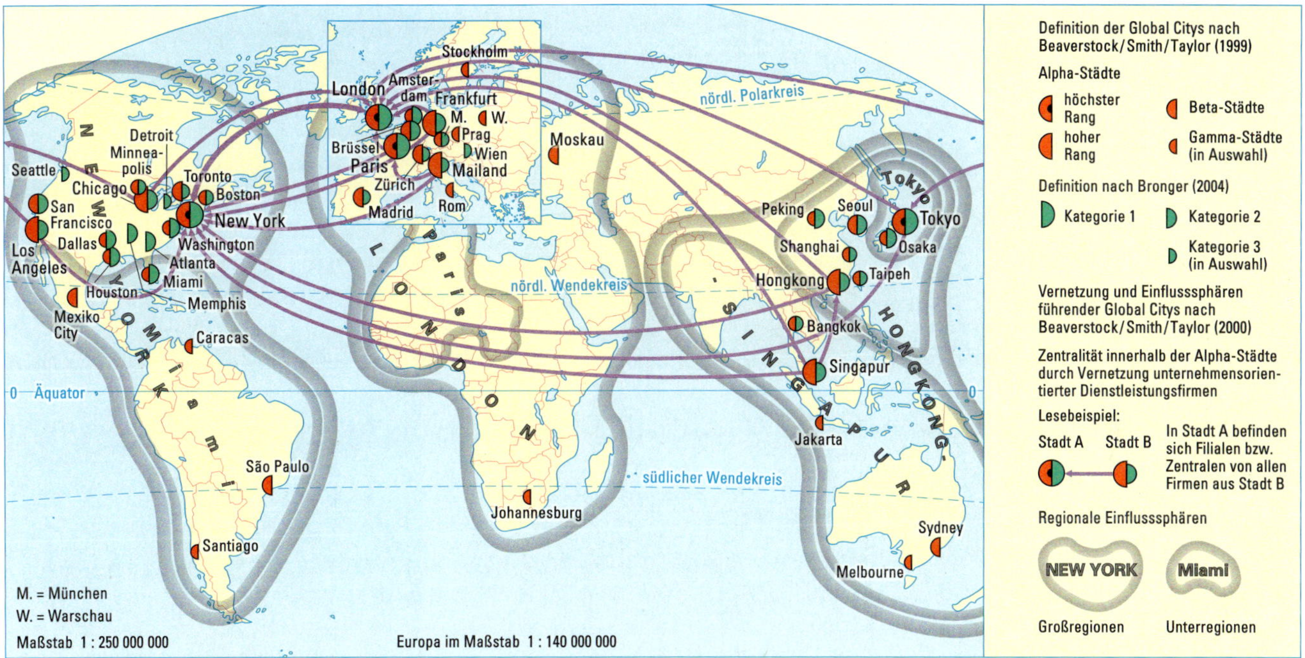

Definition nach Beaverstock/Smith/Taylor (1999)

Rang	Beispiel	B	R	W	J	Σ
Alpha-Städte (höchster Rang)	London	■■■	■■■	■■■	■■■	12
	Tokyo	■■■	■■■	■■■	■■■	12
Alpha-Städte (hoher Rang)	Frankfurt	■■	■■■	■■	■■■	10
	Singapur	■■■	■■	■■	■■■	10
Beta-Städte	Sydney	■■	■■■	■■	■■	9
	Mexiko	■■	■■	■■	■■	8
Gamma-Städte	Jakarta	■	■■	■	■■	6
	Peking	■■	-	■	■■	5

Punktzahl, gemessen an der globalen Bedeutung
- ■■■ = 3 (herausrag.)
- ■■ = 2 (wichtig)
- ■ = 1 (weniger bedeutsam)

Indikatoren: Anzahl v. Banken und unternehmensorient. Dienste
- B Bankwesen
- R Rechnungswesen
- W Werbung
- J Jurist. Dienste
- Σ Summe d. Punkte

Definition nach Bronger (2004)

Kategorie	Beispiel	A1	A2	B	C	D1	D2	E	F	Σ
1 ≙ Global Citys (ab 300 Punkte)	New York	> 50	> 75	> 75	Spitzenreiter	> 75	Spitzenreiter	> 25	Spitzenreiter	691
	Tokyo	Spitzenreiter	Spitzenreiter	Spitzenreiter	> 10	> 50	> 75	Spitzenreiter	> 50	625
	Paris	> 50	> 50	> 50	< 10	> 50	> 50	> 10	> 50	353
	London	> 25	> 25	> 50	> 10	Spitzenreiter	> 50	> 10	-	345
2 ≙ mit teilweise globalen Kommandofunktionen (bis 300 Punkte)	Frankfurt	< 10	< 10	> 25	> 10	> 25	> 50	-	> 50	211
	Peking	> 10	> 10	> 50	-	> 10	> 10	-	-	125
3 ≙ mit spezialisierten Kommandofunktionen (bis 100 Punkte)	Shanghai	-	-	< 10	-	> 10	> 25	> 50	-	97
	Genf	-	-	< 10	-	< 10	-	< 10	> 50	59

Indikatoren: Anzahl der Banken und unternehmensorientierten Dienste
- A1 Anzahl der Unternehmen (Hauptsitz)
- A2 Umsatz der Unternehmen
- B Anzahl der Banken
- C Umsatz der Börsen
- D1 Flugpassagieraufkommen
- D2 Luftfrachtaufkommen
- E Umschlag der Häfen
- F Internat. Institutionen
- Σ Summe der Punkte

Punktzahl, jeweils gemessen am Spitzenreiter
- Spitzenreiter (= 100 Punkte)
- > 75 Punkte
- > 50 Punkte
- > 25 Punkte
- > 10 Punkte
- < 10 Punkte
- \- sehr gering / nicht existent

Megastädte – Global Citys

Beim globalen **Urbanisierungsprozess** sind zwei unterschiedliche Tendenzen zu beobachten, die auch in der Karte (indirekt) deutlich werden. Einerseits erfolgte eine Herausbildung von **Metropolen** und seit einigen Jahrzehnten von Megastädten, andererseits beobachtet man die Entwicklung städtischer Räume zu Global Citys. Eine Deckungsgleichheit beider Prozesse ist, wie bereits auf Seite 170 angedeutet, relativ selten. Tokyo liefert ein solches Beispiel: In den 1930er-Jahren begann das überproportionale Bevölkerungswachstum der Stadt bis zur heute größten Stadtregion der Erde (Bucht von Tokyo), die sich dann seit dem japanischen Wirtschaftswunder der 1970er-Jahre auch zu einer Schaltstelle der Weltwirtschaft (= Global City) entwickelte. Doch ist Tokyo eher eine Ausnahme. Megastädte sind, bedingt durch von nationalen **Pullfaktoren** und **Pushfaktoren** ausgelöste Metropolisierungsprozesse, heute eher ein Phänomen der sogenannten Dritten Welt. Gerade diese Städte, als Beispiel sei die ca. 17 Mio.-Einwohner-Metropole Kairo genannt, erfüllen aber nicht die funktionalen Kriterien einer Global City. Hier – zwischen demografischer und funktionaler Größe und Bedeutung – sind also große regionale Ungleichgewichte entstanden.

5 Die Londoner Docklands, in den 1880er-Jahren noch ein bedeutender Hafen, heute das zweite wichtige Bürozentrum nach der City of London

London – eine europäische Global City mit weltweiten Verflechtungen

6 Londons Aufstieg zur Global City

„London ist bereits seit rund 300 Jahren ein bedeutendes internationales Finanz- und Businesszentrum. Die Funktion hat es seit dem 18. Jahrhundert von Amsterdam ... übernommen. Wichtig waren für Großbritannien auch die Industrielle Revolution mit steigendem Rohstoffbedarf und Überschussproduktion sowie die Entwicklung und rasche Einführung moderner Verkehrsmittel (Eisenbahn, Dampfschiff). Die britische Hauptstadt profitierte auch stark von der Ausweitung des British Empire im 19. Jahrhundert und zu Beginn des 20. Jahrhunderts. Damit verbunden war die Herausbildung eines weltweiten Systems von Außenhandelsbeziehungen.

Die erste Hauptepoche weltwirtschaftlicher Entwicklung (1848 bis 1880) basierte auf der weiteren Industrialisierung mit zunehmender internationaler Arbeitsteilung. Diese stand in Verbindung mit der Seeschifffahrt, die eine Intensivierung des Welthandels sowohl unter den industriellen Zentren als auch zwischen den überseeischen Rohstoffländern ermöglichte. Wichtig war auch das allgemeine starke wirtschaftliche und demografische Wachstum in Europa. Letzteres führte zu umfangreichen Auswanderungen in überseeische Kolonialgebiete und verursachte wiederum zugleich eine erhebliche Expansion der Weltwirtschaft. Eine entscheidende Voraussetzung für die Entfaltung der Weltwirtschaft war auch der Übergang zum Freihandel, für den das liberal geprägte Großbritannien ... eine wesentliche Rolle spielte. Bereits 1694 hatte zudem die in der City of London gegründete Bank of England praktisch die Rolle einer Weltzentralbank übernommen. Das britische Pfund diente als internationale Leitwährung. London wurde zum Mittelpunkt des internationalen Bank- und Versicherungswesens ..., das in direkter Verbindung mit dem bedeutenden Welthandel stand. Jedoch entstanden im Zentrum Londons nicht nur bedeutende Bank-, Finanz- und Versicherungseinrichtungen (z. B. ... die London Stock Exchange 1801), sondern auch zahlreiche Institutionen (z. B. große international tätige Schifffahrts-Büroeinrichtungen), die wichtige Kontakt-, Informations- und Managementfunktionen für die Entwicklung der kolonialen Peripherien bzw. Ökonomien ausübten ...

Bereits seit der ersten Hälfte des 18. Jahrhunderts, als das britische Imperium Wirklichkeit geworden war, hatte auch der Londoner Hafen davon profitiert, dass er der ‚Lebensnerv' dieser Außenbeziehungen war .... Einige Dockbezeichnungen (z. B. East oder West India Docks) wiesen auf die Weltverflechtungen hin. ..."

Heinz Heineberg: Die Global City London. In: Geographie und Schule, Heft 165, 2/2007, S. 11

Material
Karte der Metropolen London und Paris
104105-6301

Material
Infoblatt London
104105-6301

7 Greater London

Nach Haack Weltatlas. Gotha: Klett-Perthes 2007, S. 122

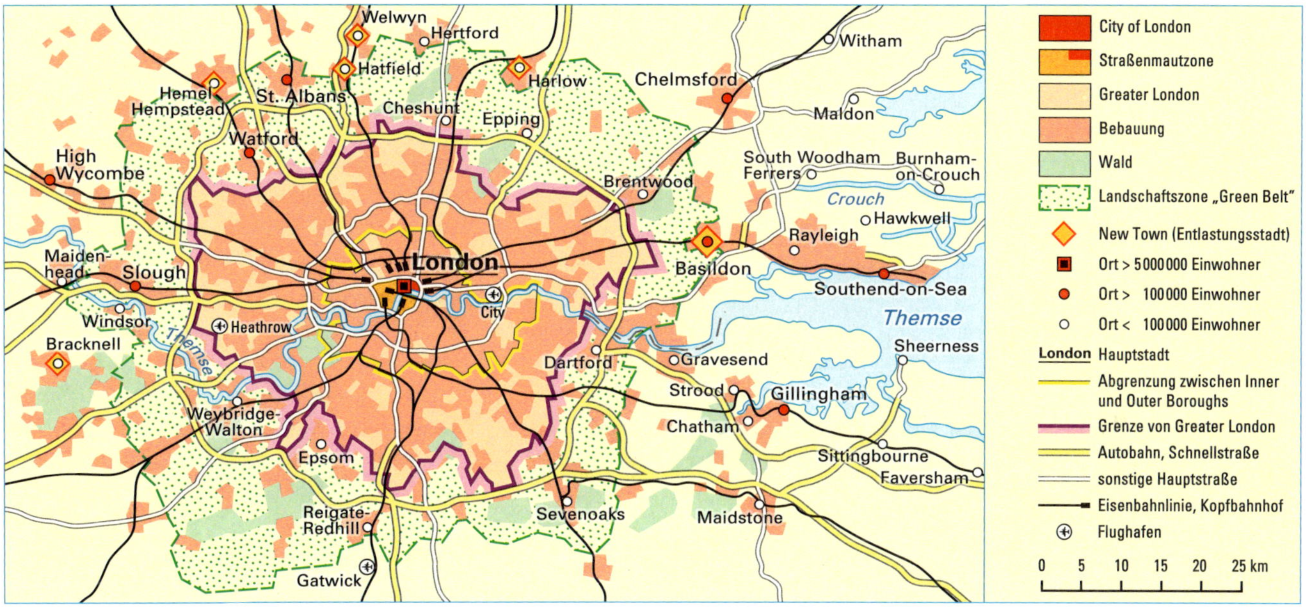

8 London als globales Finanzzentrum – Indikatoren für seine Bedeutung

Auslandsdevisenumsatz
753 Mrd. US-$ täglich = 31 % globaler Anteil
Globaler Auslands-Aktienmarkt
= 43 % globaler Anteil; London Stock Exchange eine der drei bedeutendsten Börsen der Welt
Geldanlagen
Insgesamt 2 966 Mrd. Pfund in GB, der größte Teil davon in London
Investmentbanking
50 % aller entsprechender Aktivitäten in Europa
Finanzarbeitsplätze
72 000 = 22 % aller Arbeitsplätze in der City of London = Europas führendes Finanzzentrum
Rentenversicherungs-Vermögensverwaltung
1 464 Mrd. Pfund = drittgrößtes Rentenversicherungsvolumen der Welt
Auslandsbanken
264 ausländische Bankenniederlassungen
An der London Stock Exchange notierte ausländische Firmen
554 Unternehmen im Börsenhandel
500 größte Vermögensgesellschaften der Welt
davon 75 % mit Büroniederlassung in London

Nach ebenda, S. 13

9 Transnational Concerns (TNCs) in London

* Der Rang ergibt sich aus einer Kombination von Umsatz, Nettogewinn, Aktiva und Marktwert

Name (Platz in Fortune Global 500) *	Tätigkeitsbereich	Umsatz in Mrd. US-Dollar
BP (4.)	Öl- Energiewirtschaft	291
HSBC (20.)	Finanzsektor	147
Aviva (69.)	Versicherung	81
Barclays (70.)	Finanzsektor	80
Lloyds TSB (54.)	Finanzsektor	59
GlaxoSmithKline (79.)	Pharma	45
Anglo American (147.)	Bergbau	25
Astra Zeneca (148.)	Pharma	29
Prudential plc (94.)	Finanzsektor	66
Standard Chartered Bank (135.)	Finanzsektor	21

1 Charakterisieren Sie die anhand von S. 170 sowie der Karte 4 die Einbindung europäischer Metropolen in das weltweite Netz der Global Cities.

2 „Global Power House London" – Erläutern Sie den Aufstieg und die heutige Rolle Londons zu einer der bedeutendsten Metropolen der Welt.

6 TERRA **KOMPETENT**

Diese Doppelseite bietet Ihnen die Möglichkeit der Selbsteinschätzung: Beherrsche ich das erforderliche Fachvokabular – verfüge ich tatsächlich über die mit der Bearbeitung dieses Kapitels angestrebten Sach-, Methoden- und Handlungskompetenzen? Überprüfen Sie sich selbst.

Wichtige Fachbegriffe
Agglomeration
Ausländische Direktinvestition (ADI)
Binnenmarkt
Europäische Union
Europäische Wirtschaftsgemeinschaft (EWG)
Freihandelszone
Global City
Global Player
Globalisierung
MERCOSUR
Metropole
Metropolisierung
NAFTA
Römische Verträge
Schengener Abkommen
Transnational Concerns (TNC)
Triade
Urbanisierung

Die Definitionen dieser Begriffe finden Sie im Glossar (S. 180–185).

Wissen vernetzen

Wie die Überschrift zeigt, beschäftigt sich der Inhalt dieses Kapitels mit zwei unterschiedlichen Aspekten, die jedoch miteinander verknüpft sind.
Europas Verhältnis zur Welt war lange Zeit von Dominanz geprägt. Seit dem Zeitalter der Entdeckungen und Eroberungen, beginnend am Ausgang des 15. Jahrhunderts, wurde die Welt von Europa aus erschlossen und kolonisiert. Lange Zeit war sie abhängig von diesem einen Kontinent, und es fand ihre Europäisierung statt. Einen tief greifenden Wandel in diesem Verhältnis brachte das 20. Jahrhundert. Als Ausgangspunkt zweier Weltkriege, mit dem Ende des Kolonialzeitalters und mit dem Entstehen der beiden „Supermächte“ USA und Sowjetunion endete die Dominanz der sogenannten „Alten Welt“.
Nach dem Zweiten Weltkrieg wuchs bei den europäischen Staaten die Einsicht, dass man trotz aller Unterschiedlichkeit einen gemeinsamen Weg suchen musste, um eine friedliche Zukunft zu garantieren. Es begann eine Zeit, die mit dem Schlagwort „europäische Integration“ charakterisiert werden kann und die ihre sichtbarsten Ergebnisse in der heute 27 Staaten umfassenden EU sowie in der Überwindung der Trennung zwischen Ostblock und Westen hat. Für die Welt bedeutete das ein anderes Europa: An die Stelle von Dominanz und Beherrschen trat ein Europa, dass bei aller Heterogenität doch eines gemeinsam hat, nämlich eine auf Frieden hin ausgerichtete Haltung gegenüber den anderen Regionen der Welt. Und an die Stelle ehemaliger kolonialer Verflechtungen traten vermehrt solche, wie sie sich z. B. in der Einbindung der europäischen Metropolen in das weltweite Netz der Global Citys zeigen.
Zwar ist der Bau des „Hauses Europa“ noch keineswegs abgeschlossen. Auch in Zukunft bedarf es Anstrengungen, „Europäer zu schaffen“, wie es der frühere italienische Staatspräsident Ciampi sagte. Eine Möglichkeit hierfür ist die Basis Europas, sind wir einzelnen Europäer. Wenn z. B. Schülerinnen oder Schüler an einem europäischen Austauschprojekt teilnehmen, ist das ein Mosaikstein für eine weitere Integration.

1 Mindmap Europäische Zusammenarbeit – Europa und die Welt

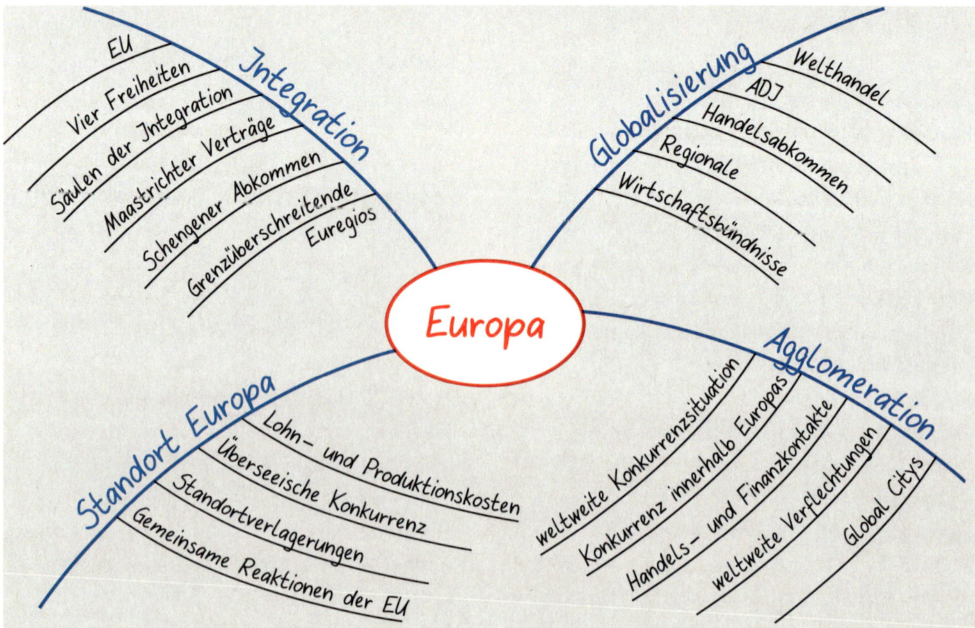

Material
Bogen zur Selbsteinschätzung
104105-6401

Kompetenzen überprüfen

Überprüfen Sie Ihre bei der Bearbeitung des Kapitels erworbenen Kompetenzen.
Nehmen Sie dabei die untenstehende Selbsteinschätzung Ihres Kompetenzstandes unter Verwendung der folgenden Klassifikation vor:
1 = stimmt
2 = stimmt überwiegend
3 = stimmt teilweise
4 = stimmt nicht

Eine Checkliste mit der Möglichkeit zum Kennzeichnen Ihres Kompetenzstandes steht Ihnen im Internetauftritt dieses Schulbuches unter dem Online-Link 104105-6401 zur Verfügung. Führen Sie die Selbsteinschätzung zunächst allein durch. Vergleichen Sie dann die Ergebnisse im (Zweier-)Team. Arbeiten Sie schließlich Möglichkeiten und Methoden heraus, festgestellte Lücken zu schließen und Defizite zu beseitigen. Wenn Sie Hilfe benötigen, wenden Sie sich an Ihre betreuende Lehrerin oder Ihren Lehrer.

Sachkompetenz – Ich kann ...
- die historischen Hintergründe, auf denen der europäische Integrationsprozess einsetzte, beschreiben;
- einzelne wichtige Stationen dieses Prozesses benennen;
- die drei Säulen der Integration sowie die „Vier Freiheiten“ als Basis des Integrationsprozesses erläutern;
- die grundlegenden Fakten des Vertrags von Lissabon darstellen;
- den Globalisierungsprozess charakterisieren
- den Welthandel und die ausländischen Direktinvestitionen (ADI) in ihrer Bedeutung für diesen Prozess darstellen;
- die EU im Globalisierungsprozess mit anderen Wirtschaftsbündnissen vergleichen;
- beurteilen, welche Perspektiven und Risiken der „Standort Europa“ in diesem Prozess hat;
- die Einbindung Europas bzw. seiner wichtigsten Metropolen in das weltweite Verflechtungsnetz der Global Citys erläutern;
- am Beispiel Londons den Aufstieg und die heutige Rolle einer europäischen Global City analysieren.

Methodenkompetenz – Ich kann ...
- Karikaturen interpretieren, die sich mit Problembereichen der EU beschäftigen;
- Karten auf ihre wichtigsten Aussageinhalte hin – z. B. zur europäischen Integration oder zum System der Global Citys – analysieren;
- Texte auf ihre Aussagen zum „Standort Europa“ hin vergleichend analysieren;
- mithilfe einer Internetrecherche themenrelevante Informationen erarbeiten, z. B. zu einem wichtigen Wirtschaftsbündnis.

Urteilskompetenz – Ich kann ...
- den Integrationsfortschritt in Europa beurteilen;
- Für und Wider der europäischen Integrationsbemühungen erörtern;
- die Bedeutung der EU für mich selbst und meine Zukunft beurteilen;
- die Zukunftsperspektiven des „Standorts Europa“ bewerten.

Handlungskompetenz – Ich kann ...
- mich aufgrund der gewonnenen Einsichten persönlich im europäischen Integrationsprozess engagieren, z. B. im Rahmen einer Partei oder einer europanahen Organisation;
- europaskeptische Personen in meinem Umfeld von Familie, Schule oder Freundes- und Bekanntenkreis von der Notwendigkeit der europäischen Integration überzeugen.

7 Arbeitsanhang

Dieser Anhang gibt Ihnen wertvolle Hilfen für die Arbeit im Fach Geographie. Er gibt zu den Kapiteln Literaturhinweise und hilft Ihnen damit, einen Einstieg für vertiefende Studien und Arbeiten zu finden. Weiterhin enthält der Anhang ein Glossar mit Definitionen aller Grundbegriffe sowie ein zugehöriges Register und schließlich die Übersicht der Operatoren und Anforderungsbereiche im hinteren Buchdeckel.

P.S. Ich liebe Dich
McDERMID
America

7 Literatur

Aufgeführt sind nur grundlegende Werke. Über spezielle Literatur und Zeitschriftenaufsätze geben die Quellenangaben zu den Materialien im Buch Auskunft.

Ganzschriften

Bowle, John: Geschichte Europas. Von der Vorgeschichte bis ins 20. Jahrhundert. München: Piper 1993

Brameier, Ulrich (Hrsg.): Europa. Materialien-Handbuch Geographie, Band 7. Köln: Aulis 2002

Brunn, Gerhard: Die Europäische Einigung. Von 1945 bis heute. Stuttgart: Reclam 2002

Elvert, Jürgen: Die Europäische Integration. Darmstadt: Wissenschaftliche Buchgesellschaft 2006

Herz, Dietmar und Christian Jetzlsperger: Die Europäische Union. München: Beck 2008

Klohn, Werner und Hans Wilhelm Windhorst: Die Landwirtschaft in Europa. Vechtaer Materialien zum Geographieunterricht, Heft 7. Vechta 2001

Pfetsch, Frank R.: Die Europäische Union. Eine Einführung. Stuttgart: Fink (UTB) 2005

Ullrich, Volker und Felix Rudolff (Hrsg.): Der Fischer Weltalmanach aktuell. Die EU-Erweiterung. Frankfurt: Fischer Taschenbuch Verlag 2004

Weidenfeld, Werner (Hrsg.): Europa-Handbuch. Bonn: Bundeszentrale für politische Bildung 2002

Weidenfeld, Werner und Wolfgang Wessels (Hrsg.): Europa von A–Z, Taschenbuch der europäischen Integration. Bonn: Bundeszentrale für politische Bildung 2002

Weidenfeld, Werner und Wolfgang Wessels (Hrsg.): Jahrbuch der Europäischen Integration. Bonn: Bundeszentrale für politische Bildung, seit 1980 fortlaufend

Ländermonographien

Breuer, Toni: Iberische Halbinsel. Darmstadt: Wissenschaftliche Buchgesellschaft 2008

Haversath, Johann-Bernhard: Griechenland. Perthes Länderprofile. Stuttgart und Gotha: Klett-Perthes 2004

Gläßer, Ewald, Rolf Lindemann, Jörg-F. Venzke: Nordeuropa. Darmstadt: Wissenschaftliche Buchgesellschaft 2003

Heineberg, Heinz: Großbritannien. Perthes Länderprofile. Stuttgart und Gotha: Klett-Perthes 1997

Jülg, Felix: Österreich. Perthes Länderprofile. Stuttgart und Gotha: Klett-Perthes 2001

Lichtenberger, Elisabeth: Österreich. Darmstadt: Wissenschaftliche Buchgesellschaft 2002

Lichtenberger, Elisabeth: Europa. Geographie, Geschichte, Wirtschaft, Politik. Darmstadt: Wissenschaftlichen Buchgesellschaft 2005

Pletsch, Alfred: Frankreich. Darmstadt: Wissenschaftliche Buchgesellschaft 2003

Rother, Klaus und Franz Tichy: Italien. Darmstadt: Wissenschaftliche Buchgesellschaft 2008

Stadelbauer, Jörg: Die Nachfolgerstaaten der Sowjetunion. Darmstadt: Wissenschaftliche Buchgesellschaft 1996

Wagner, Horst-Günter: Mittelmeerraum. Darmstadt: Wissenschaftliche Buchgesellschaft 2001

Wehling, Hans-Werner: Großbritannien. Darmstadt: Wissenschaftliche Buchgesellschaft 2007

Wieger, Axel: Beneluxstaaten. Darmstadt: Wissenschaftliche Buchgesellschaft 2008

Zeitschriften

Der Bürger im Staat, Heft 1/2004: Die Osterweiterung der EU. Stuttgart: Landeszentrale für politische Bildung Baden-Württemberg

Geographie und Schule, Heft 136 (Apr. 2002): Transformation ehemals sozialistischer Städte. Köln: Aulis

Geographie und Schule, Heft 144 (Aug. 2003): Europa der Regionen. Köln: Aulis

Geographie und Schule, Heft 153 (Febr. 2005): Die erweiterte Europäische Union. Köln: Aulis

Geographische Rundschau, Heft 10/1999: Europäische Metropolen. Braunschweig: Westermann

Geographische Rundschau, Heft 5/2004: Regionen der EU. Braunschweig: Westermann

Geographische Rundschau, Heft 3/2007: Europäische Union. Braunschweig: Westermann

Informationen zur politischen Bildung Nr. 279 (Nov. 2006): Europäische Union. Bonn: Bundeszentrale für politische Bildung

Informationen zur politischen Bildung – aktuell Nr. 12: Erweiterung der Europäischen Union. Bonn: Bundeszentrale für politische Bildung 2002

Politik & Unterricht, Heft 1–2/2004: Europa wählt – Europa wird größer. Stuttgart: Landeszentrale für politische Bildung Baden-Württemberg

Praxis Geographie, Heft 5/2004: EU-Erweiterung. Braunschweig: Westermann

Internetadressen
Stand: August 2010

www.aid.de
Agrarinformationsdienst

www.cor.europa.eu
Mitteilungen des Ausschusses der Regionen

www.dainet.de
Deutsches Agrar-Informationsnetz

www.dihk.de/inhalt/themen/international_neu/regionen
Detaillierte Informationen der IHK zu ausgewählten Ländern und Regionen in der Welt, u.a. zu den EU-Beitrittsländern

www.eds-destatis.de
Europäischer Datenservice des Statistischen Bundesamtes Deutschland

www.eea.europa.eu/de/
Europäische Umweltagentur

www.eiop.or.at/euroint
Artikel und Links über das Zusammenwachsen Europas

http://europa.eu/index_de.htm
Offizielle Webseite der EU

http://epp.eurostat.ec.europa.eu/portal/page/portal/eurostat/home
Datenbank der EU

www.g-o.de
Wissensmagazin zu Geographie und Naturwissenschaften

7

Wichtige Begriffe

A

Agenda 21: Teildokument der „Deklaration von Rio“ (Welt-Umweltkonferenz in Rio de Janeiro 1992); sie beschreibt Maßnahmen für das 21. Jh. zur Umsetzung der dort getroffenen Umweltvereinbarungen.

Agglomeration: Prozess/Zustand der räumlichen Konzentration von Bevölkerung, Arbeitsplätzen und technischer Infrastruktur.

Agglomerationsvorteil: Kostenvorteil durch gemeinsamen Bezug und Absatz, gemeinsame Werbung, durch Kontakte und spezialisiertes regionales Arbeitskräfteangebot infolge räumlich konzentrierter Lage an einem Standort.

Agrarpolitik: Gesamtheit der Bemühungen und Maßnahmen eines Staates, einer Staatengemeinschaft oder einer berufsständigen Organisation (z. B. Deutscher Bauernverband) zur Gestaltung der wirtschaftlichen, sozialen und rechtlichen Verhältnisse in der Land- und Forstwirtschaft.

Agrarreform: Staatliche Maßnahmen zur Veränderung der Agrarstruktur mit dem Ziel, den Lebensstandard der Landbevölkerung zu heben und die Produktion bzw. Produktivität der Landwirtschaft zu steigern; zu unterscheiden sind Maßnahmen einer Bodenbesitzreform und einer Bodenbewirtschaftungsreform. → Bodenreform.

Agrobusiness (Agribusiness): Bezeichnung für eine agrarindustrielle Produktionsform, die neben der Landwirtschaft alle mit ihr verbundenen Wirtschaftsbereiche zusammenfasst; zu ihnen gehören die Zulieferindustrien (Düngemittel, Landmaschinen etc.), die Absatzwirtschaft für landwirtschaftliche Produkte (Genossenschaften etc.) sowie viele Be- und Verarbeitungsbetriebe im Ernährungsbereich.

AKP-Staaten: Afrikanische, karibische und pazifische Vertragsstaaten der EU; sie erhalten einen Präferenzzugang zum EU-Markt sowie bevorzugt technische und finanzielle Hilfen.

Aktivraum: Teilraum, z. B. eines Staates, dessen wirtschaftliche Leistung und Lebensstandard der Bevölkerung deutlich über dem Durchschnitt des Gesamtraumes liegt; Gegensatz: → Passivraum.

Altersstruktur: Altersmäßige Zusammensetzung der Bevölkerung eines Raumes, z. B. eines Landes oder einer Gemeinde.

Altindustriegebiet: Raum früher Industrialisierung, besonders auf der Basis von Steinkohle und Eisenerz; Kennzeichen sind neben der frühen Industrialisierung die industrielle Monostruktur, (z. B. Montanindustrie), hohe strukturelle Arbeitslosigkeit, Abwanderungstendenzen und sinkende Pro-Kopf-Einkommen.

Ausländische Direktinvestitionen (ADI): Kapitalanlage im Ausland durch Erwerb von Eigentumsrechten, z. B. an Immobilien, Niederlassungen, Geschäftsanteilen, Unternehmen.

B

Ballungsgebiet: Ein großes Gebiet, das durch die räumliche Ballung von Menschen, Gebäuden und Infrastruktureinrichtungen gekennzeichnet ist; da der Begriff vielfach mit negativen Wertinhalten (Luftverschmutzung u. a. m.) belastet ist, wurde er in der Raumordnung der Bundesrepublik durch den Begriff → Verdichtungsraum ersetzt.

Bauleitplan: Von der Gemeinde aufgestellte Richtlinie (in Form von kartografischen Plänen und schriftlichen Erläuterungen) für die städtebauliche Entwicklung des Gemeindegebietes; es wird unterschieden zwischen vorbereitenden Bauleitplänen (→ Flächennutzungsplan) und verbindlichen Bauleitplänen (→ Bebauungsplan).

Bebauungsplan: Teil des → Bauleitplans. Er regelt verbindlich die Art und das Maß der baulichen Nutzung einzelner Teilflächen der Gemeinde, deswegen auch „verbindlicher Bauleitplan“ genannt.

Binnenmarkt: Gesamtheit des nicht grenzüberschreitenden, also innerhalb eines Staates/einer Staatengemeinschaft ablaufenden Güter- und Dienstleistungsverkehrs.

Binnenwanderung: Räumliche Bevölkerungsbewegungen innerhalb eines Staates.

Blaue Banane: 1989 von der französischen Raumordnungsbehörde DATAR entwickeltes Bild zur Darstellung der → Aktivräume in Europa.

Bodenreform: Wesentlicher Teil einer → Agrarreform; im engeren Sinne versteht man unter Bodenreform zumeist die Neuorganisation der Besitzverhältnisse in der Landwirtschaft, wie z. B. 1945 in der DDR die Zerschlagung und Aufteilung des Großgrundbesitzes.

Bruttoinlandsprodukt (BIP): Summe aller von In- und Ausländern innerhalb einer Volkswirtschaft produzierten Güter und erbrachten Dienstleistungen während eines bestimmten Zeitraumes (meist einem Jahr).

Bruttonationaleinkommen (BNE), früher: Bruttosozialprodukt (BSP): Summe aller innerhalb einer Volkswirtschaft produzierten Güter und erbrachten Dienstleistungen während eines bestimmten Zeitraumes (meist einem Jahr), einschließlich der Einkommen, die aus dem Ausland bezogen werden, aber ohne die Einkommen, die an Ausländer gehen.

C

City: Der zentral gelegene Teilraum einer größeren Stadt mit einer Konzentration von Dienstleistungseinrichtungen, die hochrangigen kommerziellen und kulturellen Zwecken dienen.

COMECON: (Council for mutual Economic Assistance, Rat für gegenseitige Wirtschaftshilfe): Ehemalige

Organisation zur wirtschaftlichen Integration der ost- und mitteleuropäischen Staaten; als Gegenstück zur → EWG geschaffenes Wirtschaftsbündnis.

D

demografische Alterung: Zunahme der älteren Bevölkerung eines Landes zuungunsten der jüngeren und mittleren Bevölkerungsgruppen.

Dezentralisierung: Abbau der wirtschaftlichen und bevölkerungsmäßigen Konzentration auf einen oder nur wenige Standorte durch eine weitgehende Streuung der Standorte.

Dienstleistungen: Immaterielle Güter bzw. wirtschaftliche Leistungen, bei denen Produktion und Verbrauch zeitlich zusammenfallen und daher nicht lagerfähig oder transportierbar sind (z. B. Leistungen von Ärzten, Banken, Lehrern).

Direktinvestition: → Ausländische Direktinvestitionen

Disparitäten: Ungleichheiten zwischen Ländern bzw. Regionen, die sich vornehmlich in unterschiedlicher Wirtschaftskraft und unterschiedlichen Lebensbedingungen äußern.

E

EFTA: 1960 in Europa als Gegengewicht zur → EWG gegründete → Freihandelszone; ihre Mitglieder sind heute weitgehend der → EU beigetreten (Dänemark, Großbritannien, Portugal, Österreich, Schweden, Finnland) oder mit dieser im → EWR (Europäischer Wirtschaftsraum) verbunden (Norwegen, Island, Liechtenstein).

Eiszeit: Umgangssprachlicher Begriff für die → Kaltzeiten des → Pleistozäns, in denen niedrige Temperaturen zu einem Vordringen der Inlandseismassen in höheren Breiten und der Gletscher in den Hochgebirgen geführt haben. Verursacht wurden die Klimaveränderungen durch Schwankungen der Erdumlaufbahn und der damit verbundenen Veränderungen der Intensität der Sonnenstrahlung.

Emigration: Freiwillige oder erzwungene Auswanderung aus dem Heimatland.

Entwicklungsachse: Ein Instrument der → Raumordnung, das durch eine Bündelung von Verkehrs- und Versorgungslinien sowie durch eine Konzentration von Siedlungen entlang bestimmter Leitlinien (z. B. Verkehrstrassen) gekennzeichnet ist; zusammen mit den → Zentralen Orten bildet das Konzept der Entwicklungsachsen das raumordnerische Instrument des „punkt-axialen-Systems".

Erwerbsperson: Zusammenfassende Bezeichnung für → Erwerbstätige und registrierte Arbeitslose.

Erwerbstätige: Personen, die eine auf Erwerb gerichtete Tätigkeit ausüben; dazu zählen Selbstständige, abhängige Erwerbstätige und mithelfende Familienangehörige.

Eurasien: Geographischer Begriff für Europa und Asien als ein zusammengefasster Kontinent; in diesem Begriff kommt zum Ausdruck, dass die beiden Kontinente geologisch eine zusammenhängende Landmasse bilden.

Euratom: Europäische Atomgemeinschaft, gegründet 1957; heute Teil der → Europäischen Union.

Euregio: Abkürzung für „europäische Grenzregion"; Grenzgebiet, in dem grenzüberschreitend gearbeitet wird, z. B. in der Wirtschaft, Raumplanung oder in Umweltbereichen.

EUREK (Europäisches Raumentwicklungskonzept): Grundkonzept, das den Rahmen für die Raumordnung auf EU-Ebene darstellt; Ziel: Schaffung einer räumlich angemessenen und nachhaltigen Raumentwicklung in der EU.

Europäische Gemeinschaften (EG): Die am Anfang des europäischen Integrationsprozesses bestehenden drei Zusammenschlüsse: Europäische Gemeinschaft für Kohle und Stahl (EGKS), → Europäische Wirtschaftsgemeinschaft (EWG) und Europäische Atomgemeinschaft (→ Euratom).

Europäische Union (EU): Verbund der europäischen Staaten, der durch die → Maastrichter Verträge 1992 gegründet wurde.

Europäische Wirtschaftsgemeinschaft (EWG): Der 1958 durch die sogenannten → Römischen Verträge in Kraft getretene Zusammenschluss von sechs europäischen Staaten (Belgien, BR Deutschland, Frankreich, Italien, Luxemburg, Niederlande); Ziel: Errichtung eines gemeinsamen Marktes und schrittweise Annäherung der nationalen Wirtschaftspolitiken.

Europäischer Wirtschaftsraum (EWR): Seit 1994 bestehender Wirtschaftsraum, der die Länder der → EU und → EFTA umfasst.

Europäisierung: Verbreitung europäischer Denk- und Wirtschaftsweisen auf nichteuropäischen Kontinenten.

F

Flächennutzungsplan: Teil des → Bauleitplans einer Gemeinde; er legt fest, wie die Gemeindefläche nach den voraussehbaren Bedürfnissen genutzt werden soll.

Freihandelszone: Ein durch Zusammenschluss mehrerer Länder geschaffener Wirtschaftsraum, in dem der Außenhandel der Länder untereinander nicht eingeschränkt ist.

Freizügigkeit: Juristischer Begriff, der das Recht auf freie Wahl des Wohn- und Arbeitsortes kennzeichnet; er spielt eine wichtige Rolle in der EU seit 1992.

Fruchtbarkeitsziffer: Kennziffer aus der Bevölkerungsgeographie; sie gibt das zahlenmäßige Verhältnis von Lebendgeborenen zu der Zahl der Frauen im gebärfähigen Alter pro Jahr an.

7

Wichtige Begriffe

G

Gemeinsame Agrarpolitik (GAP): Der einzige Politikbereich, der ausschließlich in die Zuständigkeit der EU fällt und vollständig von der EU finanziert wird. Sie zielt darauf ab, den Verbrauchern angemessene Preise und den Landwirten ein gerechtes Einkommen zu garantieren.
Geofaktor: Gegebenheit, die das Aussehen einer Landschaft bestimmt, z. B. Relief, Vegetation, aber auch vom Menschen bestimmte Tatsachen, wie Siedlungen, Verkehrswege.
geothermische Tiefenstufe: Zunahme der Tiefe in Meter, bei der die Temperatur in Richtung Erdmittelpunkt um etwa 1 °C pro 30 m ansteigt; in Gebieten mit besonders günstigen Voraussetzungen werden in 3 km Tiefe sogar 200 bis 300 °C erreicht, so dass hier aus heißem Wasserdampf Strom erzeugt werden kann.
Glaziale Serie: Die regelhaft ausgeprägte Abfolge von vier durch das Inlandeis oder von Gletschern geformten Teillandschaften: Grundmoräne, Endmoräne, Sander, Urstromtal.
Global City: Eine → Weltstadt mit besonders starker Integration in die Weltwirtschaft; Kriterien, die eine Global City kennzeichnen: hohe Einwohnerzahl, internationales Finanzzentrum, Standort von Hauptquartieren oder Regionalzentren multinationaler Unternehmen, Sitz großer internationaler Institutionen, Knotenpunkt internationaler Transportnetze.
Globalisierung: Seit Ende des 20. Jahrhunderts besonders dynamisch ablaufender Prozess, in dem Produktion, Handel mit Gütern und Dienstleistungen, Kapital, Kommunikation und Technologie über nationale Grenzen hinweg zu einem ‚Weltbinnenmarkt' zusammenwachsen.
Global Player: Wirtschaftsunternehmen mit Standorten in mehreren Ländern, auch Multinationaler Konzern oder Multi genannt.

I

Industrial Estate: → Industriepark
Immigration: Zuzug von Menschen aus einem fremden Staatsgebiet, um sich in dem neuen Land niederzulassen.
Industriepark: Größere zusammenhängende Flächen, die von staatlichen und/oder privaten Trägern für Gewerbeansiedlungen erschlossen und mit Infrastruktureinrichtungen versehen werden.
Informeller Sektor: Jener Zweig/Sektor der Wirtschaft, der weder von der Steuer erfasst noch von anderen gesetzlichen Vorschriften geregelt wird; als „Schattenwirtschaft" kommt der informelle Sektor besonders häufig in den Entwicklungsländern vor (z. B. Schuhputzer, Kinderarbeit in der Teppichindustrie).
Infrastruktur: Gesamtheit der Einrichtungen eines Raumes, die die Grundlage für die wirtschaftlichen Tätigkeiten in diesem Raum darstellen, z. B. Verkehrseinrichtungen, Einrichtungen des Bildungswesens, Ver- und Entsorgungseinrichtungen.
Intermodaler Verkehr: Vernetzung verschiedener Verkehrssysteme, z. B. Verknüpfung eines Flughafens mit den Bodenverkehrssystemen Schiene und Straße.
INTERREG: Förderprogramm der EU zur Unterstützung von grenzüberschreitenden Projekten.

J

Joint Venture: Zusammenschluss von selbstständigen Unternehmen zum Zweck der Durchführung gemeinsamer Projekte, die von einem Unternehmen allein in der Regel nicht realisiert werden können.
Just-in-time: Industrielle Produktion, bei der die Zulieferung von Waren und Halbfertigprodukten erst exakt zum Zeitpunkt des Bedarfs erfolgt, so dass Lagerkosten entfallen.

K

Kaltzeit: Vielfach gleichbedeutend mit → Eiszeit benutzt; im weiteren Sinne alle jene Zeitabschnitte der Erde, in denen ein kaltes Klima herrschte.
Klimawandel: Sammelbergriff für die Veränderung des Klimas auf der Erde bzw. einem größeren Teilgebiet.
Klimazone: Großräumiges Gebiet, in dem die Merkmale des Klimas (z. B. Niederschlagsverteilung, Jahresmitteltemperaturen) gleichartig sind.
Kohäsionspolitik: Gesamtheit aller Maßnahmen zur Stärkung des wirtschaftlichen und sozialen Zusammenhalts der EU-Staaten.
Kombinierter Ladungsverkehr (KLV): Verkehrskonzept, bei dem dasselbe Transportgefäß, z. B. ein Container, innerhalb der Transportkette von unterschiedlichen Verkehrsträgern, z. B. Bahn und LKW, befördert wird; Ziel ist die Erhöhung der Auslastung sowie die optimale Ausnutzung der bestehenden Verkehrsnetze.
Kontinent: Bezeichnung für eine geschlossene Festlandmasse, die durch Wasser oder andere natürliche Gegebenheiten völlig oder fast völlig abgegrenzt ist; geologisch umfasst ein Kontinent auch das ihm zugehörige Schelfgebiet.
Kulturlandschaft: Eine durch die Aktivitäten des Menschen deutlich geprägte → Landschaft (z. B. Industrielandschaft).

L

Landflucht: Wanderungsbewegung größeren Ausmaßes aus dem ländlichen Raum in Städte, ausgelöst in der Regel durch unzureichende Lebensbedingungen auf dem Land.

Landschaft: Ein bestimmter Teil der Erdoberfläche, der nach seinem äußeren Erscheinungsbild und durch das Zusammenwirken der → Geofaktoren eine charakteristische Prägung besitzt und ihn von benachbarten Räumen unterscheidet.
Logistik: Transport und Lagerung von Wirtschaftsgütern sowie Planung und Steuerung der Warenströme.

M

Maastrichter Verträge: In der niederländischen Stadt Maastricht 1992 geschlossene Verträge der (damals) 12 Mitgliedstaaten der → EG; die Maastrichter Verträge schaffen die Voraussetzungen für die Verwirklichung der Wirtschafts- und Währungsunion, bereiten die gemeinsame Außen- und Sicherheitspolitik vor und legen neue Formen der Zusammenarbeit auf dem Gebiet der Justiz- und Innenpolitik fest; mit den Maastrichter Verträgen wurde praktisch die → Europäische Union (EU) errichtet.
Mall: Shopping-Center am Rand von Großstädten „auf der grünen Wiese" mit Waren- und Kaufhäusern, einem großen Parkraumangebot und vielfach auch Vergnügungs- bzw. Freizeiteinrichtungen; besonders ausgeprägt in den USA.
Marginalsiedlung: Hüttensiedlung am Rande von Städten und innerstädtische Slums in Ländern der Dritten Welt.
Marginalisierung: Abdrängung von Bevölkerungsgruppen an den Rand der Gesellschaft, die dort vielfach am Rande des Existenzminimums leben.
Marktordnung: Maßnahmen, um Angebot, Nachfrage und Preisentwicklung zu steuern und Wettbewerb zu gewährleisten; in der Agrarmarktordnung der EU gab es zahlreiche Maßnahmen, um regulierend in die Märkte einzugreifen.
Marktwirtschaft: Wirtschaftsform, die auf dem ungehinderten Güteraustausch und der freien Konkurrenz der Preisbildung beruht; Gegensatz: → Planwirtschaft.
MERCOSUR: Bezeichnung für den Gemeinsamen Südamerikanischen Markt, in dem die Mitgliedsstaaten eine Zollunion bilden.
Metropole: Hauptstadt eines Landes oder Millionenstadt mit herausragenden politischen, wirtschaftlichen, kulturellen und gesellschaftlichen Funktionen.
Metropolisierung: Verstädterungsprozess, besonders in den Entwicklungsländern, der auf eine einzige Stadt, meist die Hauptstadt, ausgerichtet ist, sodass diese zur das ganze Land beherrschenden Metropole wird.
Migration (Wanderung): Nach der amtlichen deutschen Statistik jeder Wechsel des Wohnsitzes, bei dem die Gemeindegrenze überschritten wird; im weiteren Sinne Wanderbewegungen größerer Bevölkerungsgruppen, ausgelöst z. B. durch Krieg und existenzielle Not.
Minderheit (Minorität): Bevölkerungsgruppe, die sich von der Mehrheit der Bevölkerung eines Staates durch bestimmte Merkmale (z. B. Rasse, Sprache, Religion) unterscheidet und deswegen oft diskriminiert wird.
Mobilität: Die Fähigkeit und Bereitschaft des Menschen zu Veränderungen, insbesondere des Wohnstandortes; man unterscheidet zwischen räumlicher Mobilität (→ Binnenwanderung, → Emigration, → Immigration) und sozialer Mobilität (sozialer Auf- und Abstieg).
MOE-Länder: Sammelbezeichnung der mittelost- und osteuropäischen Staaten zwischen der Ostgrenze der EU vor der Osterweiterung im Jahre 2004 und der Westgrenze der ehemaligen Sowjetunion – einschließlich Estland, Lettland, Litauen und der Nachfolgestaaten des ehemaligen Jugoslawien.
monozentrische Raumentwicklung: Raumstrukturelle Entwicklung, bei der eine einzelne Stadt das überragende Zentrum bildet, z. B. die Regionen Paris, London, Berlin; Gegensatz: → polyzentrische Raumentwicklung.

N

nachhaltige Entwicklung: Übersetzung des englischen Begriffs „sustainable development"; er bezeichnet ein Verhalten/Wirtschaften, das den Bedürfnissen der jetzigen Generation entspricht, ohne die Möglichkeiten künftiger Generationen zu gefährden.
nachhaltige Rohstoffe (auch nachwachsende Rohstoffe): Rohstoffe, die aus der land- und forstwirtschaftlichen Produktion stammen und nicht für die Ernährung von Mensch und Tier verwendet werden.
NAFTA (North American Free Trade Agreement): Freihandelsabkommen zwischen den USA, Kanada und Mexiko.
Nationaleinkommen: → Bruttonationaleinkommen
Naturlandschaft: eine ausschließlich durch natürliche Faktoren bestimmte → Landschaft (vgl. → Kulturlandschaft).
New Town: Stadt, die im 19. und besonders im 20. Jh. nach modernen funktionalen Gesichtspunkten geplant und – meist auf der „grünen Wiese" – erbaut wurden; → Villes Nouvelles.
NUTS (Nomenclature des unités territoriales statistiques): Räumliche Gliederung Europas durch das Statistische Amt der Europäischen Union (EUROSTAT); neben der Ebene der Mitgliedstaaten werden drei weitere Gebietseinheiten unterschieden: NUTS-1-Ebene: entspricht in Deutschland etwa den größeren Bundesländern, NUTS-2-Ebene: umfasst in Deutschland die Regierungsbezirke und kleinere Bundesländer, NUTS-3-Ebene: bezieht sich in Deutschland auf Landkreise und kreisfreie Städte.

7 Wichtige Begriffe

O

OECD (Organization for Economic Co-operation and Development): Zusammenschluss von Industriestaaten und teilindustrialisierten Ländern zur Verbesserung der Koordination der wirtschaftlichen Zusammenarbeit und zur Unterstützung von Entwicklungsländern.

Ökosystem: Eine Funktionseinheit, die sich aus biotischen (lebenden) und abiotischen (unbelebten) Faktoren zusammensetzt; diese Faktoren stehen in Wechselwirkung zueinander und bilden ein Wirkungsgefüge (z. B. Wälder, Flüsse, aber auch Städte).

OPEC (Organization of Petroleum Exporting Countries): Zusammenschluss von Erdöl exportierenden Länder; sie wurde 1960 mit dem Ziel gegründet, sich gegen Preisverfall und Verminderung ihrer Einnahmen aus den Erdölexporten abzusichern.

ÖPNV (Öffentlicher Personennahverkehr): Personenverkehr mit öffentlichen Verkehrsmitteln.

P

Passivraum: Teilraum, z. B. eines Staates, dessen Wirtschaftskraft und Lebensstandard der Bevölkerung deutlich unter dem Durchschnitt des Gesamtraumes liegt; Gegensatz: → Aktivraum.

Pendler: Person, die regelmäßig eine größere Entfernung zurücklegt, um zum Arbeits- oder Ausbildungsplatz zu gelangen, da dieser nicht in der Wohngemeinde liegt.

Peripherie: Raum in einer Randlage (Gegensatz: zentrale Lage); wirtschaftsgeographisch: von randlicher Bedeutung, (Gegensatz: → Zentralität); im wirtschaftsgeographischen Sinne muss ein peripherer Raum also nicht unbedingt randlich liegen.

Planwirtschaft, sozialistische (Zentralverwaltungswirtschaft): Wirtschaftsordnung der ehemals sozialistischen Länder, in der der Staat bzw. dessen Planungsorgane die wirtschaftlichen Aktivitäten regeln.

Plattentektonik: Theorie, welche die den Krustenbau der Erde und die Entwicklung der → Kontinente zu erklären versucht.

Pleistozän: Eiszeitalter, Teil des Quartärs mit starker, viermaliger Vereisung auf der Nordhalbkugel; nachgewiesen sind mit Sicherheit vier → Kaltzeiten und drei → Warmzeiten.

polyzentrische Raumentwicklung: Raumstrukturelle Entwicklung, bei der es nicht nur eine einzelne überragende Stadt gibt, sondern mehrere gleichrangige Großstädte, z. B. Rhein-Ruhr-Gebiet; Gegensatz: → monozentrische Raumentwicklung.

Pull-Faktoren: Gründe, die für die Bevölkerung oder Wirtschaft anziehend wirken und damit eine Wanderbewegung auslösen; im engeren Sinne die Anziehungskraft der großen Städte in den Entwicklungsländern auf die Bevölkerung in den ländlichen Räumen.

Push-Faktoren: Gründe, die die Bevölkerung oder die Wirtschaft zum Abwandern bewegt, vor allem die unzureichenden Lebensumstände und Einkommensmöglichkeiten in den ländlichen Räumen der Entwicklungsländer.

R

Rat für gegenseitige Wirtschaftshilfe (RGW): → COMECON

Raumordnung: Die in einem Raum (Staatsgebiet) angestrebte räumliche Ordnung von Siedlungen, Wirtschafts- und Infrastruktureinrichtungen und anderen Raumfaktoren.

Raumordnungspolitik: Gesamtheit der staatlichen Maßnahmen zur planmäßigen Gestaltung eines Raumes; Ziel der Raumordnungspolitik ist es, ein Miteinander der im Raum wirkenden wirtschaftlichen und gesellschaftlichen Kräfte zu ermöglichen und das Leben der Menschen – auch künftiger Generationen – zu sichern.

Raumplanung: Sammelbezeichnung für alle planerischen Maßnahmen zur Raumentwicklung auf den verschiedenen Ebenen (Land, Region, Gemeinde).

Reichweite: Begriff aus der Sozialgeographie, mit dem der Einzugsbereich eines → Zentralen Ortes umrissen wird.

Ressource: Die natürlichen Produktionsmittel für die Wirtschaft, also Rohstoffe, Wasser, Energie etc.

Römische Verträge: Kurzbezeichnung für den EWG- und den Euratom-Vertrag sowie deren Zusatzprotokolle, benannt nach dem Ort der Unterzeichnung: Rom 1957.

S

Sanfter Tourismus: Tourismusform, die negative Formen und Folgen des Massentourismus zu korrigieren versucht.

Schengener Abkommen: Abkommen zwischen den Benelux-Staaten, Frankreich und Deutschland vom 14. Juni 1985 über den Wegfall von Binnengrenzen und der Personenkontrollen; das Schengener Abkommen ist heute fast vollständig durch andere Rechtsakte ersetzt oder überlagert.

Segregation: Prozess der räumlichen Trennung und Abgrenzung unterschiedlicher gesellschaftlicher Gruppen, Ethnien, Religionsgemeinschaften etc., z. B. innerhalb einer Stadt.

Sozialistische Stadt: Bezeichnung für einen Stadttyp in den ehemals sozialistischen Ländern, der hinsichtlich seiner Physiognomie, Struktur und Funktion die wirtschaftlichen, sozialen und ideologischen Grundzüge des Sozialismus widerspiegelt; wichtige Elemente: zentraler Platz und Magistralen für politische Kundgebungen und militärische Aufmärsche.

Standortfaktor: Örtlicher Kostenvorteil für die (industrielle) Produktion; mitentscheidend für die Errichtung/Erhaltung von wirtschaftlichen Einrichtungen.
Strukturfonds: Finanzmittel der EU, die dazu dienen, die regionalen und strukturellen Ungleichgewichte in der → Europäischen Union zu überwinden.
Strukturpolitik: Im weitesten Sinne alle Maßnahmen zur Strukturverbesserung besonders wirtschaftlich und sozial benachteiligter Gebiete, z.B. um regionale → Disparitäten in der EU abzubauen.
Suburbanisierung: Flächenhaftes Wachstum der Städte am Stadtrand, vor allem durch Abwanderung der Wohnbevölkerung aus dem inneren Stadtgebiet, häufig über die Stadtgrenzen hinaus ins nahe Umland.

T

Tertiärer Sektor (Dienstleistungssektor): Er umfasst alle Berufsgruppen, die Dienstleistungen erbringen, z.B. Handel, Verkehr, Verwaltung, Bildungswesen sowie die freien Berufe, Ärzte, Rechtsanwälte etc.
Tertiärisierung: Veränderung von Arbeitsplätzen des Sekundären Sektors durch wachsende Dienstleistungsaufgaben; Ersatz von Arbeitsplätzen des Primären und Sekundären Sektors durch solche des Tertiären Sektors.
Thermohaline Zirkulation: Wassermassenaustausch in den Ozeanen durch Unterschiede der Temperatur und des Salzgehaltes.
Transeuropäische Netze (TEN): Länderübergreifende Fernnetze in Europa in den Bereichen Verkehr (Straße, Bahn, Schifffahrt, Luftverkehr), Telekommunikation und Energieversorgungsinfrastruktur.
Transformationsländer: Länder im Übergang von der sozialistischen → Planwirtschaft zur Marktwirtschaft.
Transitverkehr: Verkehr zwischen zwei Ländern, wobei ein Drittland durchquert wird; so gilt z.B. die Schweiz als ein Transitland für den Alpentransitverkehr.
Transnationaler Konzern (TNC): → Global Player
Triade: Bezeichnung für die drei großen Wirtschaftsblöcke Nordamerika, Europa und Ost-/Südostasien.

U

Umland (Stadt-Umland): Bezeichnung für einen (unscharf) abgegrenzten Raum außerhalb einer Stadt oder eines Zentralen Ortes, der enge Verflechtungen mit dem Zentrum aufweist .
Urbanisierung: Häufig synonym verwendeter Begriff zu → Verstädterung; in engerem Sinne meint Urbanisierung die Ausbreitung städtischer Lebens- und Bauformen in ehemals ländlichen Gebieten.

V

Verdichtungsraum: Raum mit einer Konzentration von Bevölkerung, Arbeitsstätten, Infrastruktureinrichtungen etc.
Verstädterung: 1. Wachstum der Städte eines Landes hinsichtlich ihrer Einwohnerzahl und/oder Fläche, 2. Vermehrung der städtischen Siedlungen eines Landes, 3. Wachsen des Anteils der Menschen, die in Städten leben, an der Gesamtbevölkerung eines Landes.
Verstädterungsgrad: Maßzahl zur Darstellung des Ausmaßes der Verstädterung eines Landes; sie gibt den prozentualen Anteil der Stadtbevölkerung an der Gesamtbevölkerung an.
Villes Nouvelles: Neue geplante Städte in Frankreich, besonders im Umland von Paris, die zur Entlastung der Hauptverdichtungsräume gebaut wurden und mit eigenen Arbeitsplätzen, kulturellen Einrichtungen etc. ein Höchstmaß an Eigenständigkeit erlangen sollen; → New Town.
Volkseinkommen: Summe aller von Inländern im Laufe eines Jahres aus dem In- und Ausland bezogenen Erwerbs- und Vermögenseinkommen (Löhne, Gehälter, Zinsen, Mieten, Pachten); auch Nettosozialprodukt zu Faktorenkosten oder Nettoinländereinkommen genannt.

W

Warmzeit (Zwischeneiszeit, Interglazial): Deutsche Bezeichnung für die Interglazialzeit, d.h. die Epoche zwischen zwei → Kaltzeiten mit einer wesentlichen Erwärmung, die zum Schmelzen von Gletschern und der Inlandseismassen und zu einem Anstieg des Meeresspiegels führte.
Weltstadt: Eine Stadt mit einer großen Einwohnerzahl (meist über eine Mio.) und überragender internationaler Bedeutung; vielfach Vorstufe einer → Global City.
Wertschöpfung: Summe der in einem Unternehmen während einer bestimmten Zeit (meist einem Jahr) durch eigene Tätigkeit geschaffenen wirtschaftlichen Werte.

Z

Zentraler Ort: Eine Stadt mit überregionaler Bedeutung, in der Dienstleistungen und Güter über den Eigenbedarf ihrer Bewohner hinaus angeboten werden; in der → Raumordnung und Landesplanung unterscheidet man entsprechend der jeweiligen Bedeutung des Zentralen Ortes zwischen Unterzentren, Mittelzentren und Oberzentren.
Zentralität: Bedeutung einer Stadt für ihr Umland; der Grad der Zentralität ergibt sich aus dem Grad des Bedeutungsüberschusses einer Stadt, d.h. aus der Quantität und Qualität von Diensten und Gütern, die für einen Einzugsbereich, der über die Stadt hinausgeht, angeboten werden.
Zentralverwaltungswirtschaft: → Planwirtschaft

7 Sachregister

Alle **fett** gedruckten Begriffe sind als wichtige Begriffe hier im Anhang erläutert.

7 Nachweise

Cover ddp images GmbH (Jan Kofod Winther), Hamburg

2.2 Picture-Alliance (Bernd Wüstneck), Frankfurt; **2.3** NASA, Washington, D.C.; **2.4** AKG, Berlin; **3.5** Getty Images (Davis McCardle), München; **3.6** Picture-Alliance, Frankfurt; **3.7** Klett-Archiv (Rainer Enkelmann, Filderstadt), Stuttgart; **6.1** BPK, Berlin; **6.2** Corbis (Gianni Dagli Orti), Düsseldorf; **7.4** AKG, Berlin; **7.5** AKG, Berlin; **7.6** AKG, Berlin; **8.7** Picture-Alliance (Bildagentur Huber), Frankfurt; **8.8** laif (Bernd Jonkmanns), Köln; **9.1** Corbis (Kaehler), Düsseldorf; **10.2** Fotolia LLC (Dmitry Nikolaev), New York; **10.3** laif (Hamilton/REA), Köln; **11.5** Still Pictures (Sprague), Berlin; **11.6** Klett-Archiv (Norbert von der Ruhren, Aachen), Stuttgart; **13.9a** laif (Butzmann), Köln; **13.9b** Klett-Archiv (Guiskard Eck, Braunschweig), Stuttgart; **15.13** CCC, www.c5.net (Skott), Pfaffenhofen a. d. Ilm; **15.14** CCC, www.c5.net (Gerhard Mester), Pfaffenhofen a.d. Ilm; **16.1** Sakurai, Heiko, Köln; **18.1** Picture-Alliance (Bernd Wüstneck), Frankfurt; **20.1** Süddeutsche Zeitung Photo (Scherl), München; **22.7** Picture-Alliance (dpa), Frankfurt; **22.9** Picture-Alliance (Berliner Kurier), Frankfurt; **25.5** Bergmoser + Höller Verlag, Aachen; **26.2** Getty Images (Sean Gallup/Bongarts), München; **27.7** Ullstein Bild GmbH (Schroth), Berlin; **28.1** Picture Press, Hamburg; **34.1** NASA, Washington, D.C.; **37.3** Okapia (Pum), Frankfurt; **38.1.o.l.** Klett-Archiv (Dr. Ronald C. Blakey, Northern Arizona University Flagstaff), Stuttgart; **38.1.o.r.** Klett-Archiv (Dr. Ronald C. Blakey, Northern Arizona University Flagstaff), Stuttgart; **38.1.u.r.** Klett-Archiv (Dr. Ronald C. Blakey, Northern Arizona University Flagstaff), Stuttgart; **38.1.u.l.** Klett-Archiv (Dr. Ronald C. Blakey, Northern Arizona University Flagstaff), Stuttgart; **40.4** Bild: DLR; **41.5** Klett-Archiv, Stuttgart; **42.9** Klett-Archiv (Hess, Buckow), Stuttgart; **42.11** Lindemann, Dr. Rolf, Altenberge; **43.12** Klett-Archiv (Wilfried Korby), Stuttgart; **44.1** Corel Corporation Deutschland, Unterschleissheim; **44.2** Corbis (Almasy), Düsseldorf; **47.6** IFM-GEOMAR (Claus Böning und Arne Biastoch), Kiel; **48.1** Die Bildstelle (Zuma Press), Hamburg; **49.4** Nach Olaf Bubenzer/ Ulrich Radke: Natürliche Klimaänderungen im Laufe der Erdgeschichte. In: Wilfried Endlicher und Friedrich Wilhelm Gerstengarbe (Hrsg.): Der Klimawandel, Einblicke, Rückblicke und Ausblicke. Potsdam: o.V. 2007, S. 24; **50.5** Zentralanstalt für Meteorologie und Geodynamik (Hans Tollner, Reinhard Böhm), Wien; **50.7** Sammlung Gesellschaft für ökologische Forschung (Baumeister), München; **54.1** AKG, Berlin; **56.1** Ullstein Bild GmbH (Haeckel), Berlin; **57.4** Situationsbericht des Deutschen Bauernverbandes; **59.9** J. H. Darchinger (Frank Darchinger), Bonn; **59.10** AMI, Berlin; **60.11** Klett-Archiv (Wilfried Korby), Stuttgart; **62.15** Nach: Deutscher Bauernverband (Hrsg.): Situationsbericht 2008, zit. nach: Werner Klohn, Hans-Wilhelm Windhorst: Die Landwitschaft in der EU. VMG, H. 12. Vechta: 2009, S. 44; **64.18** Corbis (Sygma/ Geraud), Düsseldorf; **65.22** Nach www.uni-muenster.de/HausDerNiederlande/zentrum/Projekte/Schulprojekt/Lernen/Nachbar/40/10.html; **65.24** Argus (Raupach), Hamburg; **65.26** Nach www.uni-muenster.de/HausDerNiederlande/zentrum/Projekte/Schulprojekt/Lernen/Nachbar/40/10.html; **68.34** Klett-Archiv (Meike Rahner, Bochum), Stuttgart; **69.36** Situationsbericht des Deutschen Bauernverbandes; **70** Fachagentur Nachwachsende Rohstoffe e.V. (FNR), Hofplatz 1, 18276 Gülzow, Telefon 0 38 43/69 30-0, Fax 0 38 43/69 30-1 02, E-Mail: info (bei) fnr.de, Internet: www.fnr.de, unter: www.nachwachsenderohstoffe.de/fileadmin/fnr/images/aktuelles/medien/RZ_Grafik_Anbau_09_rgb_300_DE.jpg; **70.39** top agrar Landwirtschaftsverlag GmbH (topagrar (Hrsg.): neue Energie vom Bauernhof. Münster-Hiltrup: Landwirtschaftsverlag 2003, S. 6), Münster; **72.43** Quelle & Meyer Verlag, Wiebelsheim; **74.1** Gläser, Ruth, Oberhausen; **74.1** Gläser, Ruth, Oberhausen; **74.1** Gläser, Ruth, Oberhausen; **74.1** Gläser, Ruth, Oberhausen; **74.1** Gläser, Ruth, Oberhausen; **74.1** Gläser, Ruth, Oberhausen; **74.1** Bildagentur Schapowalow (Atlantide), Hamburg; **78.10** Klett-Archiv (Norbert von der Ruhren), Stuttgart; **79.11** Quarks multimedia, Heerlen; **84.RS** images.de digital photo GmbH (Urba Images/P. Guignard), Berlin; **85.22** Raueiser, Prof. Dr. Markus, Köln; **86.25** Getty Images (Jean-Jacques L'Héritier/ AFP), München; **86.27** Ullstein Bild GmbH (Simon), Berlin; **87.29** Nach Horst-Günter Wagner: Mittelmeerraum. Darmstadt: WBG, 2001; **89.34** Getty Images (Robert Harding), München; **90.1** The Associated Press GmbH, Frankfurt am Main; **92.4** Steiger, Ivan, München; **94.9** laif (Schöne), Köln; **95.13** Klett-Archiv (Klett-Perthes), Stuttgart; **95.14** nach Center Automotive Research 2004; **96.16** Action Press GmbH (Northfoto), Hamburg; **100.1** Getty Images (David Goddard), München; **102.6** VISUM Foto GmbH (euroluftbild.de), Hamburg; **103.12** Nach Gerhard Hatz: Wien im Umbruch. Aktuelle Prozesse der Stadtentwicklung. In: Geographische Rundschau 9/2002, S. 6; **105.15** nach Rudolf Juchelka: „Wien an die Donau". Bipolare Stadtentwicklung und das Projekt Donau-City. In: Geographische Rundschau, 54. Jg., H. 9, Braunschweig, Westermann 2002, S. 13; **106.18** Mauritius Images (Photononstop), Mittenwald; **107.20** aktualisiert nach www.hamburg.de / www.hafencity.com; **108.21a** Fraport AG, Frankfurt/Main; **108.21b** Corbis (Yann Arthus-Bertrand), Düsseldorf; **108.21c** photo affairs (J. Bögelspacher), Deisslingen; **108.21d** Picture-Alliance (dpa), Frankfurt; **108.21e** Mauritius Images (Curtis), Mittenwald; **110.23** BBR, Bonn; **116.1** NASA (MODIS Rapid Response Project at NASA/GSFC), Washington, D.C.; **118.5** AKG (Archiv für Kunst und Geschichte (AKG), Berlin), Berlin; **119.6** nach Lichtenberger, E. (1979): Die Sukzession von der Agrar- zur Freizeitgesellschaft in den Hochgebirgen Europas. Innsbrucker Geograph. Studien 5. S. 431; **120.7** Ötztal Tourismus, Sölden;

121.9 Klett-Archiv, Stuttgart; **122.10** VISUM Foto GmbH (Vossberg), Hamburg; **123.12** Picture-Alliance (Paul Mayall), Frankfurt; **124.16** Nach Bundesamt für Verkehr BAV: Alpinfo 2008, Bern: BAV 2009, S. 1; **125.17** Nach VCÖ factsheet: VCÖ: Lkw-Transit über Österreichs Alpen nimmt am stärksten zu. Wien: VCÖ 2008, S. 3; **128** Mauritius Images (White Star/Monica Gumm), Mittenwald; **128** Picture-Alliance (Koch), Frankfurt; **129** FOCUS (Claudio Morelli/Blackarchives), Hamburg; **129** Getty Images (Davis McCardle), München; **129.3** Klett-Archiv (Geiger), Stuttgart; **131.2** Nach Frank Thalheimer: Regierungsbezirke Stuttgart und Karlsruhe unter den wirtschaftsstärksten Regionen Europas. In: Statistisches Monatsheft Baden-Württemberg 5/2009, S. 26; **134.8** iStockphoto (Tom Fewster), Calgary, Alberta; **135.11** nach: The South East Plan Secretary of State'sProposed Changes, Summary prepared by the South East England Regional Assembly, July 2008, p. 22, "South East Plan Key Diagram" © Crown copyright. All rights reserved. Government Office for the South East Licence No. 100018986 (2008); **138.5** Photographic service of the Council of the EU © Eu, Bruxelles; **138.6** Picture-Alliance (dpa-infografik), Frankfurt; **139.10** Picture-Alliance (Globus-Grafik), Frankfurt; **140.11** CCC, www.c5.net (Luff), Pfaffenhofen a.d. Ilm; **142.17** Klett-Archiv, Stuttgart; **143.19** nach Bundesministerium für Verkehr, Bau und Stadtentwicklung (Hrsg.): Karten zur Europäischen Raumentwicklung, Berlin: Selbstverlag 2007, S. 28; **146.1** Logo (Euregio Rhein-Waal, Kleve), Stuttgart; **146.1** Logo (Euregio Maas-Rhein, Maastricht), Stuttgart; **146.1** Logo, Stuttgart; **146.1** Logo, Stuttgart; **146.1** Logo, Stuttgart; **149.6** Imago (Jürgen Schwarz), Berlin; **149.8** Picture-Alliance (euroluftbild.de), Frankfurt; **151.2** Nach http://centrope.info/static/files/baerdtneu/Basisdaten_zur_Region.pdf vom 04.05.2010; **151.3** Europaforum, Wien; **152.5** Klett-Archiv, Stuttgart; **152.6** Europaforum, Wien; **153.9** nach http://centrope.com/centropenew/topics/Economic_Education; **153.10** nach Dr. Thomas Oliva und Dr. Fritz Wedorn: Karte: Verkehrsinfrastruktur: Europaregion Mitte, S. 7: Erstellt und herausgegeben von den Landesgruppen Wien, Niederösterreich und Burgenland der Industriellenvereinigung, Wien; **158.1** BPK, Berlin; **158.2** AKG, Berlin; **158.3** Interfoto, München; **159.4** Die Bildstelle (McPhoto), Hamburg; **159.5** Picture-Alliance, Frankfurt; **159.6** Pressedienst Hörnlein, Reichelsheim; **160.1** Smetek, Wieslaw, Seevetal; **162.3** Bergmoser + Höller Verlag, Aachen (nach Zahlenbilder); **162.4** Bergmoser + Höller Verlag (nach Zahlenbilder 715320), Aachen; **163.6** Sakurai, Heiko, Köln; **164.1** Ullstein Bild GmbH (Sipa), Berlin; **167.7** Nach WTO Country profiles 2006, Trade Statistics 2006; **168.9** Berlin Partner (FTB-Werbefotografie), Berlin; **170.1** iStockphoto (Douglas Freer), Calgary, Alberta; **170.2** nach Rainer Wehrhahn: Global Cities und Global-City-Regions, in: Geographie und Schule, H. 165, 02/2007, S. 4; **172.5** Corbis (Taylor), Düsseldorf; **172.5** Realistic, Wallington, Surrey; **177.1** Klett-Archiv (Rainer Enkelmann, Filderstadt), Stuttgart

Sollte es in einem Einzelfall nicht gelungen sein, den korrekten Rechteinhaber ausfindig zu machen, so werden berechtigte Ansprüche selbstverständlich im Rahmen der üblichen Regelungen abgegolten.

Anforderungsbereiche und Operatoren

Nach einer Vereinbarung der Kultusminister sollen die Prüfungsanforderungen im Abitur in allen Bundesländern vergleichbar sein. Diese Vergleichbarkeit soll dadurch hergestellt werden, dass die Prüfungsaufgaben bzw. Klausuren die **drei** nebenstehenden **Anforderungsbereiche** vorgeben.

Um diesen Anforderungsbereichen gerecht zu werden, aber auch um den Prüflingen das Verständnis für die Aufgabenstellung in den Klausuren zu erleichtern, sind den Anforderungsbereichen sogenannte **Operatoren** zugeordnet. Sie sind als Verben formuliert (z. B. nennen, erläutern, beurteilen) und geben an, was der Prüfling konkret tun soll.

Diese Übersicht bietet Ihnen eine Hilfe zum Verständnis sowohl der Anforderungsbereiche als auch der Aufgabenstellungen in allen Klausuren der Oberstufe bis hin zu den Abiturklausuren sowie in der mündlichen Abiturprüfung. Viele der Operatoren tauchen bereits in den diversen Aufgaben zu den einzelnen Kapiteln dieses Buches auf. Sie decken aber nicht alle Aufgabentypen eines Schulbuches ab, da diese eine primäre Abfrage- bzw. Prüfungsfunktion hat, sondern auch andere, weitergehende Ziele verfolgt.

Anforderungsbereiche	Erläuterungen
Anforderungsbereich I **Reproduktion** Der Anforderungsbereich I umfasst das Wiedergeben und Darstellen von fachspezifischen Sachverhalten aus einem begrenzten Gebiet und im gelernten Zusammenhang sowie die Verwendung gelernter und geübter Arbeitstechniken und Methoden.	– Wiedergeben von grundlegendem Fachwissen unter Verwendung der Fachterminologie – Bestimmen der Art des Materials – Entnehmen von Informationen aus unterschiedlichen Materialien – Benennen und Anwenden von Arbeitstechniken und Methoden
Anforderungsbereich II **Reorganisation und Transfer** Der Anforderungsbereich II umfasst das selbstständige Bearbeiten, Ordnen und Erklären bekannter Sachverhalte sowie das angemessene Anwenden gelernter Inhalte und Methoden.	– Erklären kategorialer, struktureller und zeitlicher Zusammenhänge – sinnvolles Verknüpfen und Einordnen unterschiedlicher (z. B. politischer, ökonomischer, soziologischer, historischer, raumspezifischer) Sachverhalte – Unterscheiden zwischen Sach- und Werturteil
Anforderungsbereich III **Reflexion und Problemlösung** Der Anforderungsbereich III umfasst den reflexiven Umgang mit neuen Problemstellungen, den eingesetzten Methoden und gewonnenen Erkenntnissen, um zu Begründungen, Folgerungen, Beurteilungen und Handlungsoptionen zu gelangen.	– selbstständiges Erörtern unterschiedlicher Sachverhalte – Entfalten einer strukturierten, multiperspektivischen und problemorientierten Fragestellung – Reflektieren der eigenen Urteilsbildung – problemorientiertes Umsetzen von Kenntnissen und Erkenntnissen in gestaltender Form